新时代
技术
新未来

Blockchain
application developer guide

business scenario analysis
and practice

区块链
应用开发指南
业务场景剖析与实战

熊丽兵　董一凡　周小雪　著

清華大學出版社
北 京

图书在版编目（CIP）数据

区块链应用开发指南：业务场景剖析与实战 / 熊丽兵，董一凡，周小雪著. —北京：清华大学出版社，2021.4（2022.2重印）

（新时代·技术新未来）

ISBN 978-7-302-57746-1

Ⅰ. ①区…　Ⅱ. ①熊…②董…③周…　Ⅲ. ①区块链技术　Ⅳ. ①TP311.135.9

中国版本图书馆CIP数据核字(2021)第050882号

责任编辑：顾　强
封面设计：徐　超
版式设计：方加青
责任校对：宋玉莲
责任印制：丛怀宇

出版发行：清华大学出版社
　　　　网　　址：http://www.tup.com.cn，http://www.wqbook.com
　　　　地　　址：北京清华大学学研大厦A座　　　　　　　邮　　编：100084
　　　　社 总 机：010-62770175　　　　　　　　　　　　邮　　购：010-62786544
　　　　投稿与读者服务：010-62776969，c-service@tup.tsinghua.edu.cn
　　　　质 量 反 馈：010-62772015，zhiliang@tup.tsinghua.edu.cn
印 装 者：大厂回族自治县彩虹印刷有限公司
经　　销：全国新华书店
开　　本：187mm×235mm　　　　印　　张：23.25　　　字　　数：408千字
版　　次：2021 年 6 月第 1 版　　　印　　次：2022 年 2 月第 2 次印刷
定　　价：99.00元

产品编号：084220-01

推 | 荐 | 序

2017年之前我就开始关注区块链技术，并启动了该领域的投资调研，几乎看遍了华东地区的所有区块链项目，那时的区块链行业很不成熟：从事技术研发的人敬畏它，在"深宫大院"里捣鼓算法，在计算机的乌托邦里遨游；擅长市场营销的人利用它，尤其是投机分子，用各种奇葩但却非常通俗易懂的方式解读它，反倒成了第一批"区块链技术科普人员"；专业的投资机构者都很困惑，因为专业所以规矩多，比如合规性、逻辑严密性等，即便在今天看来很划算的买卖在当年也实在是无法推演出可靠的盈利模式和自圆其说的估值模型。而我恰恰游走在这三类人的边缘——技术出身但不算研发专家、市场老兵但不算营销大咖、一直做投资但也远非知名投资人，我的身份标签不突出，也就没什么心理负担，于是就看研报、谈项目、交朋友，在这个过程中我投资了本书的作者，决策只用了30分钟，我把这个看作缘分。

区块链本质上是一种健壮和安全的分布式状态机，典型的技术构成包括点对点通信、密码学、共识算法、数据库技术和虚拟机。这也构成了区块链必不可少的5项核心能力。通俗来讲，隐私保护就是"只有群里的人才能看到群内信息"，共同维护就是"每个人都同时参与维护这个群"，分布式存储就是"群聊天记录，每个群成员的手机里都有一个备份"，密码学就是"群里面只说一种方言，其他地方的人看不懂"，局部去中心就是"群主可以有权把群成员踢掉"，共识算法可以类比为"群成员签到后自动回复问候语的机制"，点对点通信就是"虽然我们在一个群里，但我们仍然可以私聊"。打这些比方，我是想说明：区块链很像是一个社区（群），只不过有些社区是应用层面的，而有些社区是基础设施层面的，但都是关系和网络。最小的关系网络是人与人，大一点就是公司与公司，再大一点是行业与行业，甚至还有国家与国家，这些"前台"的背后是数据与数据、信息与信息、机器与机器之间的关系、结构和协同机制。

　　我之所以愿意在 30 分钟内砸下数百万支持"无退技术社区"：一方面是因为社区创始人马骏先生很多年前就是国内知名技术社区的大咖，他的理念、心胸与区块链的哲学思想不谋而合；另一方面是因为"无退技术社区"这个名字也很打动我，对！就是这个名字。任何一个人，一旦进入网络（从出生那一刻开始）就失去了可退之路，因为在呱呱坠地的那一秒钟后，很多人的身份就变了，情感连接、关系连接、利益连接瞬间产生，离散的点成为互相干扰的点，所有的"单点"决策都变成了"网络投票决策"，除非从底层把数据库"清零"，但有这样的机制吗？所以"无退"既是无法退，也是退不出来，人生不可撤销、不可逆，我们只有不断前行才能"优化网络"。

　　本书把区块链技术深入浅出地进行了解读，对那些希望进入行业、了解关键技术以及这些技术应用方法的读者来说有很大帮助。如果遇到不清楚的细节还可以关注作者发起设立的"无退技术社区"，里面有大量成熟的应用以及更多可视化的解读，相信读者读后会颇有收获。

　　另外我也要感谢马骏先生在行业发展、技术研发上不断地给我建议和帮助，区块链是伸向未来的一只手，我相信世界会更平、天空会更高、路会更远，到了要真正退出的那一刻，我们的灵魂会更纯粹、更洁净。

方天叶

上海技术交易所副总裁

目 录

第 8 章　智能合约实战 ··· 194

第 9 章　去中心化 DAPP 实战 ··· 252

第10章　以太坊钱包开发·········· 327

第 1 章

区块链概要

1.1　区块链诞生之前

我们通常把比特币的发明看成是区块链诞生的标志性事件。但区块链就像很多技术一样，并不是凭空出现的，通常都会有一些渊源。

1991 年，比特币发明出来的 17 年前，斯图尔特·哈伯（Stuart Haber）和 W. 斯科特·斯托内塔（W. Scott Stornetta）就提出了区块链的前身。他们创造性地把一系列区块链接起来，最终保证了电子文档的时间戳不可篡改。一年之后，他们升级了这套系统，往其中加入 Merkle 哈希树。得益于此，他们系统的效率大大提升，可以在一个区块中放入一组文档。

链接在一起的区块、防篡改特性、Merkle 哈希树，这些最终都成为区块链的重要组成部分。

1.2　区块链的诞生标志——比特币

2008 年 10 月 31 日，一名叫中本聪（Satoshi Nakamoto）的用户在密码学的邮件组中发了一个链接，链接指向一篇叫作《比特币：点对点的电子现金系统》（*Bitcoin: A Peer-to-Peer Electronic Cash*

System）的论文。

论文中指出，比特币使用一组链接在一起的数据块存储转账信息。而这个存储技术就是我们熟知的区块链。之后的区块链系统都是在此基础上根据需要进一步改善而来。从这个角度出发，我们可以说比特币是区块链诞生的标志。

有意思的是，在比特币诞生之后的一段时间内，比特币是区块链的唯一应用，以至于很长一段时间内，人们把比特币和区块链视为等同，甚至到现在也有很多人误把比特币的一些属性加在区块链上。

1.3 比特币之后的区块链

1.3.1 比特币与区块链的分离

比特币诞生的几年后，人们开始意识到区块链本身的潜力，于是形成一股力量，开始把区块链从比特币中分离出来。最终区块链被定义为一种去中心化的分布式账本技术，主要用来记录交易信息，其交易记录具备不可篡改性，并且不需要额外的第三方机构来证明记录的正确性。所以，在很多交易场合，区块链都有着巨大的前景。

需要注意的是，这里所说的交易可以理解为一种广义的交易，并不仅仅是简单的货币交换。正是基于这种认识，整个业界都对区块链报以极大的热情，大量的投资和研发工作因此展开。在健康、保险、供应链、投票等领域都开始出现区块链的身影。到2017年，全世界有15%的银行都开始或多或少地使用区块链。

1.3.2 智能合约

2014年，一名叫维塔利克·布特林（Vitalik Buterin）的年轻人发明了以太坊，并在其中创造性地发明了智能合约，智能合约被认为是比特币之后的又一重大发明。

在以太坊被发明出来前，区块链上可进行交易的一般都是像比特币这样的加密货币，然后在交易的附言阶段附带上一些信息。而以太坊扩大了交易的边界，它让交易发生的同时可以执行一段代码。这也就意味着交易本身具备了逻辑，毕竟现实中的很多交易都会伴随着逻辑，比如分期付款或者多方参与的借贷。像保险合同的执行也是有事前约定的条件，这些合约条件都没办法单纯地依靠比特币这样的转账记录达成。而当交易可以附带一份代码的时候，情况就完全不同了，我们可以通过代码写出这些合约的执行条件，在条件满足的时候才执行真正的加密货币转账。甚至，交易可以完全不产生货币转账，而是用代码来描述一份数字资产。总之，当区块链中可以存储代码，它的想象空间就是无限的。

智能合约是区块链的又一里程碑事件，在智能合约发明出来之后，区块链已经完全从比特币中分离出来。时至今日，智能合约之后发明出来的新技术，像闪电网络、侧链这些都是根据具体应用场景所作出的一些优化。

在未来可能发生更大的变化之前，区块链的主要历史就到此结束。分布式、防篡改、交易、智能合约成为现今所有区块链的基础特点。

1.4　分布式系统

在讲区块链之前，我们先看一下区块链的产生背景。在计算机领域，有一类非常经典的问题是关于多台计算机如何同时运行同一个任务。我们通常把解决这类问题的系统称为"分布式系统"。分布式系统如今已经越来越重要，根本原因是我们要处理的问题越来越复杂，如果单纯只靠一台计算机，哪怕这台计算机有最顶尖的配置通常也不够。另外一个原因就是我们要处理的问题所覆盖的地域越来越广，现在服务全世界已经不是什么特别远大的理想，而是比较常见的一个需求。而不同的地域有不同的网络环境，如果只把服务放在单一某个地方，那么在某些地区就很容易遇到服务质量下降的问题，这时我们就需要把服务放在不同的地域来满足需求。

在这些情况下，最终都是多台计算机同时做一个任务的问题。而如何很好地同步多台计算机之间的状态是一个非常棘手的问题。

CAP 理论

分布式系统的状态同步是一个很有难度的问题，其中诞生了非常重要的 CAP 理论。CAP 理论指出，在分布式存储系统中，有三个主要的指标，而这三个指标在某一时刻不可能同时满足，它们分别是一致性、可用性和分区容忍性。

（1）一致性（Consistency）：当你向系统发出读取数据的请求时，你一定只会读取到最后写入的结果。

（2）可用性（Availability）：当你向系统发出读写请求时，你一定能得到结果。（注意这个结果不一定需要满足一致性，也就是你发起读请求的时候，可能会读到过期的数据。）

（3）分区容忍性（Partition tolerance）：分布式系统中的多台计算机通过网络相连，如果某些计算机之间丢失消息或者消息的发送发生延迟，整个系统需要能够继续正常运行。

考虑到我们解决的是分布式系统问题，所以分区容忍性是一个需要满足的特性，那么当分布式系统中的消息传递出现问题的时候，我们有两个选择：

（1）暂停接下来的操作，等待各计算机节点间的数据同步完成。这样就削弱了可用性，保证了一致性。

（2）继续正常提供服务，这时候访问不同的节点就可能得到不同的数据。这样就削弱了一致性，但保持了可用性。

接下来，我们用大家常用的自动提款机来举一个例子。每台自动提款机可以看成分布式系统中的一个节点。我们假设，某一时刻，某台自动提款机和银行总部的网络连接断开，这就是发生了分区错误。对于自动提款机的设计者来说，有两种选择：一种选择是让自动提款机继续工作，因为毕竟自动提款机中是有现金的，所以理论上能够继续取钱。这时候就是满足了可用性，代价就是用户的账户无法及时同步，可能会出现超额取钱的情况，也就是牺牲了一致性。另一种选择就是让自动提款机暂停工作，直到网络恢复。这就是牺牲了可用性，而保证了一致性。

日常生活中，我们通常都会认为第二种方案更加可取，但其实第一种方案在某些国家也是存在的。不过为了预防太恶劣的情况，实际的设计是如果自动提款机掉线，那么取款就只能是小额取款。这种设计方案就是满足部分可用性，同时也牺牲一致性。

值得提出的是，CAP 理论容易会被误读为一致性、可用性、分区容忍性只能是单纯的满足和不满足两种状态，实际上应该是指满足的程度如何。就好比自动提款机的例子，我们可以把它设计成同时牺牲一部分可用性以及一部分一致性。

另外需要注意的是，我们说不满足一致性，并不是说永远不一致。当出现故障的节点恢复之后，仍然可以继续同步到最新的数据。所以最终所有节点还是能保持一致，这就是最终一致性。

区块链从技术的角度看其实就是一种分布式系统的解决方案。通常的设计都是以满足分区容忍性为前提，然后满足极高的可用性，牺牲数据的一致性。

1.5 什么是区块链

区块链最常见的定义是：去中心化、分布式、公开的数字账本，主要用于记录交易信息。与传统方案不同的是，区块链的交易记录存储在很多不同的计算机上。而任意一个参与记录的计算机都很难修改交易记录，如果想要修改某一条交易信息，那就需要修改之后的所有交易信息。正所谓"牵一发而动全身"，任何微小的修改都会扩散到区块链的所有后续记录上，而这在实际操作中几乎不可能实现。这样的结果就是，所有参与的计算机都可以独立地验证交易或者发起交易，同时这样做的成本还很低。因此，区块链不需要任何独立机构单独维护，却具备不可篡改的特性。正是这种特性，让区块链具备了巨大的潜力。

我们通常把区块链存储交易记录的部分称为"区块链数据库"。区块链数据库和传统数据库也有着巨大的差别，它是存储于点对点的分布式网络之中，和 BT 下载等分布式下载技术有相似之处。这也意味着没有任何一家机构拥有区块链数据库，相反，是参与到网络中的所有计算机共同拥有数据。

区块链中存储的信息非常简单，主要就是表示从一个地址到另一个地址的转账信息。而转账的内容被标注为不可重复，这也就意味着，和传统银行账户一样，当你发起转账之后，转账物的拥有权就发生了永久性的转移。但由于区块链本质上是一堆二进制数据，所以转账的数据并不局限在金钱的范畴。比如你完全可以把对某个网站的操作权限进行转移，当转移过后，操作权限就和新的交易地址唯一绑定，而旧的交易地址也就失去了权限。从这个角度出发，我们可以认为区块链其实是一个价值交换网络。任何有价值的东西都可以通过区块链来完成拥有权的转移。

1.6 代币是什么

需要注意的是，由于区块链记录的是转账信息，自然就会出现转账物的概念。如果任意定义这个转账物，那么区块链和传统的存储技术也就没什么太大的区别。因此，大部分区块链都会定义通用转账物，而其他的数字资产可以通过某种规则映射到这个通用转账物上。随着时间的推移，大家就开始使用代币（token）来表示这个通用转账物。

代币是区块链里的一个关键概念，但是考虑到一些特殊的情况，也有可能出现无币区块链，所以代币并不是区块链的必要属性。

1.7 什么是区块

区块是区块链中的数据存储单元。每一个区块中存储了一组交易信息以及这些交易信息的哈希数据。这些交易信息的哈希数据编码为默克尔树（Merkle 哈希树）存储。

每一个区块还会存储前一个区块的哈希信息，因此区块就能够通过哈希信息链接起来，形成区块链。通过前一个区块的哈希信息去定位，我们就可以不断地往前追溯，直到找到创世区块（区块链启动的时候产生的第一个区块）。由于对区块中交易数据的微小修改都会导致区块自己的哈希信息改变，所以如果篡改了任何一笔记录，就意味着此区块的内容发生了改变，那么此区块的哈希信息也就改变了。由于下一个区块的内容会保存当前区块的哈希信息，那就是说篡改者需要同时修改下一个区块的内容，这同样会导致再下一个区块的哈希信息改变，依此类推，篡改者需要修改后续的所有区块。

1.7.1 区块是怎么产生的

每个区块由参与其中的计算机节点独立生成。由于是分布式网络，所以就会有不同的区块在同一时间被生产出来。区块链数据库中的区块通过哈希信息相连构成了一条基于哈希信息的历史链。不同的区块在同一时间产生,系统中就出现了多条历史链。区块链会提供一套算法来对每一条历史链进行打分,以此来留下分数更高的链,同时淘汰分数低的链。

随着时间的推移,区块链的每一个独立节点都在生产自己的区块,同时接收其他节点传递过来的区块。所以节点本地总是会有多条历史链。这时候,节点就需要在本地生产的区块和接收到的区块中进行选择,如果接收到的区块构成的历史链优于自己本地的,那么就会销毁自己刚刚生成的区块,然后以更优的历史链为基础,再生成新的区块并广播给网络中其他的节点。

由于区块生成一直在各个节点中不停地发生,所以从任何一个节点上得到的历史链都无法保证是最优的。但是由于区块链总是把新的区块不停地加到旧的历史链上,每一次添加都会增加这条链的分数。这也就意味着,随着时间的推移,某一个区块后边总是会跟上很多新的区块,当它被广播出去之后,该区块也更可能被更多的机器所识别,并以此为基础构建本地的新链,所以虽然这个区块后边跟随的新区块在不同的历史链上可能不一样,但是就这个区块来说,这个区块被所有节点都认为是有效的可能性会越来越高。到一定的程度之后,我们就可以认为这是一个不可修改的区块。这也是我们经常听到当区块达到一定高度,我们就信任这笔交易的原因。

1.7.2　区块生成时间

区块生成时间是指区块链系统中生成一个新的区块所需的平均时间。当一个区块生成时间走完,最新的区块进入可验证的状态。区块生成时间越短,交易完成的速度也会越快。但是由于区块的生成涉及数据打包以及处理软分叉的打分系统,这都需要一定的时间开销。而不同的打分系统会有不同的时间开销,同时如果对安全性、稳定性各方面的要求越高,那么生成一个区块的时间自然也会越慢。所以区块生成时间在不同的区块链中的差别会非常大。比如以太坊的区块生成时间在 10 ～ 15 秒,而比特币是 10 分钟。

1.8 区块链的硬分叉

区块链就和传统的程序一样，随着时间的推移，软件的设计本身也会发生改变，甚至是在软件中出现严重的漏洞，如果在传统软件中就会产生升级的操作。而升级后是否向下兼容就会对整个软件造成完全不同的影响。区块链也是一样，区块的数据格式、生成区块的算法以及对区块链进行打分的算法都可能会升级。如果这种升级向下不兼容，就会出现两套算法在同时运行的情况。运行旧软件的计算机节点会继续用旧的协议来继续构建区块，而运行新软件的节点就会用新的协议去构建新的区块。通常升级会从某一个固定的区块开始，所以从这个固定的区块开始，就会分叉出两条完全不同的链。两者再也没有互相融合的可能。这就是区块链的硬分叉。

和传统软件升级不一样的是，硬分叉的代价很大，因为节点是否升级所牵扯的面很广，其中除了技术的原因，还有很多利益纠葛，比如有的节点的硬件就是专门为旧的协议设计，无法很好地适配新的协议，那么这些节点升级新协议的可能性就很小，甚至这种升级根本就不可能实现。更进一步，不同的人对区块链的想法不一样，不同的工作组有可能给出完全不同的升级协议，而这些协议都可能被一定数量的节点所接受，结果就是同一个区块链随着时间的推移，可能会发生很多次硬分叉。例如，比特币就被分叉过很多次，在交易市场上，很多和比特币的名字很类似的币，其实就是硬分叉导致的。以太坊也在某一次 DAO 黑客事件后进行回滚，有的节点不接受这次回滚，结果就是分叉出以太坊和经典以太坊两条链。

要解决硬分叉问题，在技术上并没有什么好的办法。不过随着时间的推移，不同的链在进行公平的竞争，最终总会有一些更好的被留下来，其他一些则被慢慢淘汰。所以，硬分叉到底是不是一个严重的问题，更多的就要看观察角度了。

1.9 区块链的去中心化

区块链数据库本质上存储在区块链所有的计算机节点上，这是一种经典的点对点网络系统，也就是去中心化的由来。通过去中心化，区块链避免了很多中心化系统的风险。

传统的中心化系统中，如果由于人为的攻击或者其他不可抗力的原因，导致服务器发生了故障，那么整个系统也就彻底瘫痪。在去中心化的区块链系统中，我们可以认为每一个节点都是一个功能完备的系统，除非整个区块链网络中的大部分节点都发生故障，不然区块链始终能正常运行，从这个角度看，去中心化的区块链系统很好地避免了单点故障。

由于每一个区块链节点都存储有一份区块链数据的备份，没有一个所谓权威的数据备份，这也就意味着从数据的角度来看，每一个节点的地位都是对等的，大家不用特别信任某一个节点。每个节点做的事情都一样，接受别的节点的数据，比较本地数据，生成新的数据，然后广播出去。区块链的各种算法会协调这些步骤，最终不断地记录合法的数据，如果系统中有恶意节点，随着时间的推移，由于它们的数据在评分系统中会越来越低，所以它们产生的恶意数据会自动被清除出去。

但是现实通常会更微妙，随着区块链系统的发展，很可能会伴随着去中心化的削弱。因为区块链系统的运行需要一定的计算资源，而这个资源有可能会越来越大，以至于普通的节点无法负担，那么大型资源节点最终就会占据越来越大的优势，最终区块链系统可能会被有限的大型资源节点接管。在比特币的发展中，我们就能看到大型矿池的出现。

1.10 区块链的主要种类

1.10.1 公链（public blockchain）

公链是一种公开透明的区块链。作为用户，任何人都能够在公链上发起转账操作，也可以无条件地查询整条链上的交易信息。同时，只要有对应的硬件，任何人都可以根据协议接入区块链，然后成为区块链中的一个节点。公链通常都开放源代码，作为开发者，可以浏览整个公链的实现方式，也可以对公链的实现提出自己的建议，甚至可以给公链提交代码，当然，代码是否被接受需要通过公链开发团队的审核。

公链是完全去中心化的，也就是说没有单一的人或者组织拥有公链。在"交易"和"查询"这两个最基础的区块链操作上，所有人都是平等的，不会说谁有优先权。

这种人人平等的特性使公链具有全球性，既然所有人都拥有公链，那意味着也就没有机构能够关闭一条公链。

为了奖励参与整个区块链运作的工作节点，公链都会有一定的经济刺激机制，一般通过代币（token）来实现。参与工作的节点如果完成了一个区块的创建，通常会收到一定的代币奖励。

公链中的工作节点通常都是匿名的，因此参与公链运作本身会受到匿名性的保护。

做得常见并且成功的公链包括比特币、以太坊等。

1.10.2　私链（private blockchain）

私链，有时候也称为许可链（permissioned blockchain）。和公链相比，私链有以下不同点：

（1）作为用户，必须得到私链拥有者的许可才能够发起转账和查询操作；

（2）作为节点，也需要许可才能加入私链网络；

（3）更为中心化。

需要注意的是，私链的代码也可能是开源的。不同的组织用同样的代码搭建自己的私链，彼此虽然共享代码，但链中的节点以及链上的记录互相独立。

私链对很多企业来说是首选。因为对于企业来说，企业内部的各种信息并不能公开，这和公链天生的透明性正好互相冲突。

私链的拥有者对私链有最高的权限，其权限远远高于其他参与方。比如，拥有者能随时关停私链，也可以在需要的时候进行分叉以此实现记录回滚等操作。

最后，在私链中，由于控制方唯一，所以完全可以做到只用区块链来记录数据而不对参与的节点进行代币奖励。因此，代币在私链中并不是必需项。当区块链中没有代币也就成了无币区块链。无币区块链通常会在私链中出现。

1.10.3　联盟链（consortium blockchain）

联盟链是从私链中分出来的一个概念，联盟链由多个组织共同拥有，而不是像私链一样，只是由唯一的一个组织拥有。但是从其他属性来看，联盟链和私链几乎一样，所以也可以认为联盟链是一种特殊的私链。

从价值上看，联盟链可以让不同的组织之间共享数据，能很好地提升商业行为的效率。同时，因为有多个参与方，各参与方之间互相博弈，让私链那种可以任意修改的情况好了很多，所以又具备了一定的公链优势。

但是从另一个角度来说，也可以说联盟链没有私链那么可控，也没有公链那么开放，所以反而有自己的困境。最大的困境来源是传统的中心化系统，各商业组织之间有很多既有的方法来交换数据，这些都是联盟链最大的竞争对手。而由于联盟链的折中特性，与已有技术相比，很多时候并没有特别大的优势。

1.11　加密货币

加密货币应该算是区块链最为人所熟知的应用，也是目前最为成熟的应用。除了少数的例外，大部分的加密货币底层都是使用区块链技术，更准确地说是使用区块链技术来存储交易数据。其中以比特币网络和以太坊网络最为有名。

早期的加密货币正如其名，主要是突出了加密的特点。一般来说都会使用公、私钥这类的加密技术来加密交易数据，其中包括支付双方的身份、支付的内容等。最终以此来保证交易的安全性以及匿名性。但这些早期货币都没有摆脱中心化的问题。使用者还是需要在某个服务商那里统一注册自己的账户，理论上只要通过服务商的注册系统，那么就有可能破坏加密货币的安全性。

随着比特币的发布，加密货币终于迎来了技术性的突破。比特币底层所使用的区块链技术，让加密货币首次摆脱了中心化的问题。自此以后，加密货币不再依赖于任何机构，自己就可以在全世界的网络中运行。很快，成千上万的加密货币出现，而使用区块链技术的加密货币则成为主流的选择。

随着加密货币的发展，现在大家对加密货币已经形成一定的共识，不再只要是网络上的金钱系统就能称其为加密货币系统。加密货币的研究人员扬·兰斯基（Jan Lansky）在自己的论文《加密货币的可能实现方法》（*Possible State Approaches to Cryptocurrencies*）中认为加密货币系统需要满足以下 6 个条件。

（1）系统的运行不需要任何的中心化机构，分布式共识负责维护系统的状态。

（2）从系统中可以查询到任何一枚加密货币以及对应的拥有者。

（3）新的加密货币的生成由系统决定，当加密货币生成以后，系统负责定义新加密货币的初始状态，同时系统定义了以何种方式确定新加密货币的拥有权。

（4）只需要通过密码学算法就可以验证加密货币的拥有权。

（5）只有在加密货币的拥有权发生转移的时候才能产生交易。只有在某人证明了对加密货币的拥有权的时候才能进行交易。

（6）如果两个不同的拥有权转移指令同时发生，系统最多只能接受其中一个指令。

可以看出，区块链能够很好地满足这 6 点要求，所以在加密货币的实现上，区块链成为一种主流的选择。

1.12　智能合约（smart contract）

1.12.1　什么是智能合约

智能合约是一种电子化的合约，表现为计算机协议的形式。从功能上看，智能合约可以在没有第三方干预的情况下执行合约，并可以随时追踪合约的执行情况。此外，合约本身可以做到绝对无法撤销。智能合约的目标是提供比传统合约更好的安全性。另一方面，在传统的合约执行过程中，需要律师、法院等各种各样的第三方介入，本身的成本非常高。而智能合约着眼于自动执行，以此来减少执行合约的成本。

随着大部分的加密货币都实现了智能合约，现在智能合约的主流实现方式都是基于区块链技术。所以很多时候我们说智能合约，都是特指通过区块链实现的智能合约。

需要注意的是，虽然智能合约中的"合约"二字取材自现实中的合约，但并不是说所有的智能合约必须与现实中存在的合约一一对应。由于智能合约本质上是一组计算机协议，所以智能合约完全可以实现一种现实世界中不存在的协议。

1.12.2　智能合约的实现方式

通过区块链实现的智能合约中，智能合约的去中心化属性通过区块链中的分布式一致性算法来保证。分布式一致性算法就成了智能合约的主要组成部分。除此之外，为了描述智能合约，就需要一种特定的描述语言来支持，这种描述语言一般就是一种特别设计的编程语言。

比特币提供了一种图灵不完备 ① 的脚本语言。通过这种脚本语言可以实现有限的智能合约，主要包括支持多重签名的账户、第三方托管服务、跨链交易等。主流语境中人们通常不认为比特币实现了智能合约，但是从这门脚本语言的成果来看，我们可以认为比特币支持了一定程度上的智能合约。

智能合约最有名的实现成果应该是以太坊。以太坊提供了一门几乎图灵完备的编程语言。结果就是理论上开发者可以在以太坊的智能合约上编写任意复杂的逻辑，甚至可以实现自己能想到的任何程序。得益于此，以太坊上出现了形形色色的应用，甚至因此出现 DApp 这种新的程序类别。

1.13　区块链应用

1.13.1　金融服务

不可否认，目前区块链最大、最成功的应用是加密货币。而由于加密货币天生接近金融的特性，所以区块链在金融服务中也开始逐渐扮演越来越重要的角色。

具体到行业中，首先是银行业。由于银行对记账有着天生的需求，而区块链的分布式账本技术是一种全新的技术，所以有不少银行都在研究区块链技术。区块链技术在某些方面能很好地提高银行业的效率。

例如，在跨境支付中，区块链对现有技术是一种很好的补充。跨境支付业务由于涉及不同的国家，不同的国家有不同的政策法规，结果就是跨境支付的环境十分复杂多样，而为了满足这些多样化的环境，就需要各种各样的系统来配合运行。其中一些问题已经解决得很好，还有一些问题则没有很好的方案。在某些环境下，区块链是一个非常好的解决方案。

---

① 图灵完备是一个计算机学概念，具备图灵完备的语言理论上可以完成一切可计算问题的编程。图灵不完备则表示这门编程语言缺乏一定的基础结构，不能完成所有的编程任务。

举例来说，在网络连接是一种奢侈服务的地区，使用传统的银行记账业务是非常困难的，大多时候会退化到传统的纸笔记账。而在这种环境下，区块链可以有很好的用途，毕竟区块链的分区容忍性非常高，理论上完全可以在没有联网的情况下正常工作，然后在固定的时间连上主网，接着同步数据即可。虽然传统的解决方案也完全可以做到这一点，但是区块链从设计之初就决定了它可以完美适配这种环境，所以在这种情况下，区块链是一个非常好的技术选择。

2019 年，Facebook（脸书）宣布了自己的区块链支付方案 Libra（现更名为 Diem）。这是一个非常有创意的计划。虽然我们很难断言其最终是否成功，毕竟在金融领域，除了技术，还有政治、社会等各方面的因素需要考量。但是只从技术的角度看的话，它确实是把区块链用在了一个非常合适的地方。

1.13.2 游戏

2017 年 11 月，以太猫（CryptoKitties）在以太坊上线。以太猫是一个十分简单的游戏，用户可以通过以太币购买虚拟的以太猫，然后繁育下一代，同时也可以出售自己拥有的以太猫。

以太猫和传统游戏不同的是，以太猫的拥有权完全在用户手里。每一个以太猫就是一个以太坊上的数字，而这个数字和一个以太坊的地址绑定。拥有这个地址的用户就完全拥有这只以太猫，没有任何人、任何机构能够改变这个拥有权。这和传统的游戏非常不一样，传统的游戏数据是存储在游戏公司的服务器上，游戏公司能够任意修改这些数据。从这个角度说，传统游戏中的角色、装备等其实都是由游戏公司所有。

另一个特点，由于以太猫是运行在以太坊上的智能合约，那么即便是开发公司也无法撤销这个合约，也就是说，哪怕以太猫的开发公司倒闭了，用户所拥有的以太猫仍然可以很好地保留在用户手里。这和传统游戏也完全不一样，传统游戏公司如果倒闭了，玩家通常都会永远地失去游戏中的角色和装备。

更进一步，由于用户完全拥有以太猫，所以另一个公司可以根据用户拥有的以太猫来开发新的游戏。这就等同于可以把一个游戏中的资产转移到另一个游戏中。这在传统游戏中也是极为少见。

从这个角度来看，区块链在管理游戏资产方面有非常大的意义。它让玩家真的拥有了自己的游戏资产。

1.13.3 数字资产

我们可以看到区块链在管理游戏资产时的优势，而这种优势完全可以扩展到数字资产的范畴。比如积分、会员等常见的数字资产，完全可以通过区块链来进行管理。

还有就是我们经常听说的"发币"。这种发币和区块链本身自带的代币有着本质区别。它和以太猫类似，是通过智能合约的方式生成的一组数字资产。通过智能合约编写代码，我们可以规定某个币的总量以及币的转账、收取甚至销毁等操作，进而实现更复杂的金融手段。具体可以查看本书 ERC20 相关的章节。

1.13.4 供应链管理

供应链是一个非常复杂的话题。一家企业在运行的过程中，供应链的管理必然是占据了极大的部分。由于有多方的参与，其中产品的移交、数据的记录甚至上下游的金融往来都变成了复杂的问题。

供应链有三个方面非常重要，区块链在其中可以扮演很好的角色。

（1）资金的往来，区块链天然适合记账。

（2）产品各种单据的记录，可以通过区块链来进行数字化记录。

（3）物流，可以通过与物联网设备的结合来实现追踪管理。

当然，所有的部分都可以用其他的技术来实现，但是区块链的优势在于，这个系统不属于任何一方，并且能够自动运行。就好像大家拥有了一个共有数据库，参与其中的各方可以根据自己的需要开发自己的应用。而数据的不可篡改等特性也可以给各方的相互信任提供一层技术保证。

1.13.5 其他

区块链还能用于某些合约的自动签署，比如租房合约这种制式合约就可以直接通过区块链技术存储，然后自动执行一系列的签署、支付等服务。

保险领域也可以使用区块链来实现一些新的业务。比如小额保险、个人对个人的保险等。

之后是共享经济，由于共享经济参与的个体众多，而很多的交易的额度都很小，这时候通过一个中心化的公司来维护，维护成本很可能高于利润，导致商业模式无法正常运行。但是使用区块链就可以极大地减少成本，各方可以直接通过区块链来完成交易。

总之，区块链的去中心化、防篡改等特性，让很多以前很难实现或者实现起来成本过高的商业模式成为可能。

1.14 比特币的历史

1.14.1 比特币前传

1983 年，戴维·查姆（David Chaum）和史蒂芬·布兰德斯（Stefan Brands）开发了 ecash 协议，基于 ecash 协议，不少人发明了电子现金系统。

1997 年，亚当·巴克（Adam Back）开发了 hashcash 协议，主要是为了解决垃圾邮件泛滥的问题，其中用到的技术就是后来被比特币使用的工作量证明算法（proof-of-work）。

1998 年，戴伟（Wei Dai）发明了 b-money，尼克·萨博（Nick Szabo）发明了 bit gold。两者被认为是最早的分布式加密货币。

这一切可以被认为是比特币的前身，它们都或多或少地影响了比特币的设计。

1.14.2 比特币面世

2008 年 8 月 18 日，有人注册了 bitcoin.org 的域名地址。2008 年 10 月 31 日，密码学（cryptography）邮件列表中收到了一个叫中本聪的人发出的链接，链接指向了一篇论文（图 1-1 为这篇论文的部分截图），标题为《比特币：点对点的电子现金系统》（*Bitcoin: A Peer-to-Peer Electronic Cash System*）。

论文中详细介绍了如何使用点对点技术创建一种电子交易系统，以及如何使这种交易系统可以在不依赖第三方背书的环境下工作。

Bitcoin: A Peer-to-Peer Electronic Cash System

Satoshi Nakamoto
satoshin@gmx.com
www.bitcoin.org

Abstract. A purely peer-to-peer version of electronic cash would allow online payments to be sent directly from one party to another without going through a financial institution. Digital signatures provide part of the solution, but the main benefits are lost if a trusted third party is still required to prevent double-spending.

图 1-1 比特币论文截图

2009 年 1 月 3 日，中本聪挖出了比特币的创世区块，标志着比特币网络正式上线。中本聪在挖出创世区块的过程中获得了 50 个比特币的矿工奖励，同时他在创世区块中留下了这句话：

The Times 03/Jan/2009 Chancellor on brink of second bailout for banks.（2009 年 1 月 3 日，财政大臣正处于实施第二轮银行紧急援助的边缘）

这句话是英国《泰晤士报》当天的头版文章标题。通过对头版头条的引用证明了比特币的实际上线时间。

2009 年 1 月 9 日，知名代码托管网站 SourceForge 上发布了第一个开源版本的比特币客户端。

2009 年 1 月 9 日，作为比特币的早期支持者和贡献者的程序员哈尔·芬尼（Hal Finney）下载了比特币客户端，2009 年 1 月 12 日，哈尔·芬尼（Hal Finney）收到了中本聪的 10 枚比特币的转账，这是比特币历史上的第一次转账。

2010 年 5 月 22 日，程序员拉斯洛·汉耶兹（Laszlo Hanyecz）用 10 000 枚比特币购买了 Papa John's 的两份披萨。这是有记录的第一次在现实中发生的比特币交易行为。

据估计，中本聪在比特币早期一共挖出 100 万枚比特币。2010 年之后，中本聪销声匿迹，时至今日也没有人知道他的真正身份。在消失前，他把比特币的开发权交给了加文·安德烈森（Gavin Andresen）。后来加文·安德烈森成为比特币基金会的首席开发者。

2010 年 8 月 6 日，比特币协议中的一个重大缺陷被发现。8 月 15 日，缺陷爆发，超过 1840 亿枚比特币被创造出来，并发送到两个地址。几小时内，问题被修复，比特币主网进行了硬分叉，消除了这笔交易。这是时至今日，比特币历史上唯一的一次重大安全隐患事故。

1.14.3 比特币发展中的主要事件

2011 年，大量基于比特币源代码的替代币出现。

2011 年 1 月，电子前沿基金会（Electronic Frontier Foundation）开始接受比特币，但由于缺乏有法律依据的先例，同年 6 月，它又停止接受比特币。

2011 年 6 月，维基解密（WikiLeaks）开始接受比特币。

2012 年 9 月，比特币基金会成立，旨在通过开源的协议来加速比特币在全球范围内的增长。

2012 年 10 月，总部位于美国的比特币支付公司 BitPay 发布报告称已经有超过 1 000 个商业组织接受比特币作为支付服务。

2013 年 6 月 23 日，M-Pesa 和比特币链接的项目在肯尼亚启动。M-Pesa 是非洲知名的移动支付项目。

2013 年 10 月 29 日，加拿大的两家公司（Robocoin 和 Bitcoiniacs）发布了世界上的第一个比特币 ATM，允许用户在咖啡馆里直接购买和出售比特币。

2014 年 1 月，比特币主网速率超过 10 petahash/ 秒，6 月，主网速率超过 100 petahash/ 秒。

2014 年尼古拉斯·姆罗斯（Nicholas Mross）执导的纪录片《比特币的崛起》（*The Rise and Rise of Bitcoin*）上映，纪录片采访了在比特币增长过程中扮演重要角色的公司和个人。纪录片获得了同年苏黎世电影节的最佳纪录片提名。

2015 年 2 月，接受比特币的商业组织超过十万家。

2015 年 10 月，Unicode 组织收到一份提议，建议把比特币的标志（฿）加入 Unicode 字符集。

2016 年 1 月，主网速率超过 1 exahash/ 秒。

2016 年 3 月，日本内阁认为像比特币这样的虚拟现金具备跟真实世界货币一样的功能。

2016 年 9 月，世界范围内的比特币 ATM 数量比 18 个月前翻了一倍，达到 771 台。

2016 年，比特币激起了学术界更大的兴趣，当年一共有 3 580 篇学术文章被收录。作为对比，2009 年有 83 篇，2012 年有 424 篇。

2017 年，比特币得到了更多的法律上的支持，日本通过立法，接受比特币为合法的支付工具。

2017 年 6 月，比特币标志（₿）正式加入 Unicode 字符集。

2019 年 9 月，纽约证交所的拥有者洲际交易所开始交易比特币期货。

1.15 比特币的设计取舍

1.15.1 区块链

比特币使用的是区块链中的公链技术，其中存储了每一笔比特币的转账记录，可以理解为一个公开的账本。要参与到比特币网络中的每一个节点，需要运行专门的比特币客户端，从而成为比特币区块链中的一个节点。每个节点都可以存储比特币账本的一份独立拷贝。

当比特币网络中发生了转账（用户 1 转账 n 枚比特币给用户 2），每个网络节点收到转账记录，都可以验证这一笔转账，然后加入到自己本地备份的账本记录中，之后再把账本广播给网络中的其他节点，最终实现转账记录被广播给网络中的所有节点。在比特币中，转账记录并不是每条转账记录都立即同步，而是每隔十分钟，一组记录被打包在一起广播。一组打包的记录正好就是区块链中的一个区块。

1.15.2 共识算法

正如前面所说，比特币网络中的所有节点都会接收到一组转账记录（一个区块），然后把这个区块更新到本地的账本记录中。这里就有一个问题，由于各节点处于分布式网络中，有可能不同的节点收到不同的记录，如果节点都随意增加记录，那么整个比特币网络中的记录就无法保持一致。为了保持记录的一致，那么必须确认哪个区块被优先写入，也就是需要以某一个节点的操作为准。但如果人为规定以某个节点为准，就意味着这个节点比其他节点更权威，相当于变成了一个中心节点，那么去中心化的优势就荡然无存。区块链的分布式共识算法就是设计用来解决这个问题。共识算法能够让区块链中的节点认同某一个节点的记录，同时这个认同并不是固定某一个节点，而是区块链中的所有节点都有可能获得这个权利。

比特币使用的共识算法叫作 PoW 共识机制，全称是 Proof of Word，中文翻译为"工作量证明"。PoW 机制是 1997 年由亚当·巴克（Adam Back）发明的，主要是为了解决垃圾邮件泛滥的问题。主要思路是邮件接收者不是任意接受别人的邮件，在一次有效的邮件发送接收过程中，发送者需要计算一个难题，然后把这个难题的答案同时发送给接收者，接受者先验证这个答案是否有效，有效的话才接收邮件。

可以看出，PoW 中最重要的就是计算一个难题。这个难题需要具有一个特点，那就是计算出这个难题的答案比较困难，而验证这个难题却比较简单。因为如果验证和计算一样复杂的话，那发送方和接收方的成本就是一致的。从经济上来说，成本一致也就很难实现防止恶意攻击的目的。

关于计算困难但验证容易的问题，我们可以举一个现实中的例子。比如 323 由哪两个数（要求每个数都大于 1）相乘得到？这个问题的计算就比较复杂，必须一个数字一个数字地去试，相反，验证这个问题很简单，直接把对方给的两个数字相乘，然后看结果是不是 323 就可以，一次乘法就出结果。（注：答案是 19 和 17，并且答案唯一。）

比特币就使用了这种机制，所有节点要记录一个新的区块，需要计算一个非常复杂的问题，先算出答案的节点就获得了记录新区块的权力，其他节点都会使用这个节点的记录。虽然理论上也有可能其他的节点在同一时间计算出答案，但在实际运行中，这个概率可以小到忽略不计，事实上比特币运行这么多年，证明了这个机制是非常稳定安全的。

1.15.3　比特币中的交易

我们每个人的银行账户都有一个账户余额的概念，可以直接知道账户中有多少钱。发生转账的时候，转出则导致账户余额变少，转入则导致账户余额变多。比特币网络和传统的银行记账不太一样，比特币的每一笔交易记录的是转账数量，具体来说，是从一个或多个账户转账到一个或多个账户。比特币的区块链数据库中存储的就是这样的一笔一笔的转账记录。如果需要知道一个账户的余额，那么就把所有转入这个账户的比特币数量减去所有转出的比特币数量即可。

在比特币转账的时候，有一个传统的银行账户余额系统没有出现过的问题。由于一个账户里没有余额，所以一个账户发起转账的时候，区块链数据中只记录有这个账户的转入记录。我们没办法像传统银行一样，直接基于一个余额扣掉转出数量即可。这时候我们只能说要把这个账户中的某几条转入记录一起转出去。这就遇到一个问题，几个转入记录的数量不会正好等于转出数量，通常都是多于转出数量。比特币解决这个问题的办法非常巧妙，由于比特币支持一笔转账中转给多个账户，所以可以在转出账户中加上自己的这个地址，把多余的部分再转回来。等于自己给自己发起了一笔转账。

举个例子，A 账户历史上一共收到过三笔转账，分别是 2 枚、2 枚、3 枚比特币。这时候账户 A 需要转账给 B 账户 6 枚比特币。处理方法就是以这三笔转账记录为依据，生成一个新的转账记录，这个转账记录中有两条信息，一条是给 B 账户 6 枚比特币，一条是给 A 账户也就是是自己 1 枚比特币。

由于转账记录不是简单的一对一，所以比特币的转账记录使用了一个类似 Foth 编程语言的脚本语言，可以写简单的逻辑。Foth 语言是查尔斯·H. 摩尔（Charles H. Moore）在 1970 年发明的，比特币在这里借用了这种语言的语法。

1.15.4　比特币的供应模式

到现在为止，我们讲的都是比特币网络如何处理转账等操作。但我们还需要知道比特币最初从哪里来。传统的金融体系是由各国的中央银行发币。如果比特币也是由一个机构来发出的话，那么就和它去中心化的思路相悖。答案非常巧妙，比特币其实是凭空产生的。

前面已提到，比特币网络中每一个节点都可以把新的区块加到比特币的区块链数据库中，然后通过共识算法来决定以谁为主。这就可以理解为一种争夺记账权的概念。在某个节点打包区块加入到区块链数据库中的时候，它可以额外生成一个转账记录，就是给自己的账户凭空转一定数量的比特币作为奖励，比特币就这样凭空产生出来。

解决了比特币产生的问题，我们又面临比特币数量膨胀的问题，如果节点可以给自己转任意数量的比特币，那比特币岂不是可以源源不断地产生？这里的解决方案是通过程序验证的思路。前面我们提到，网络中的节点会收到其他节点的区块记录，在收到记录之后都会做一次合法性验证，只有通过验证才会加到本地的记录中，如果记录不合法，节点就会拒绝接收。而这个合法性验证已经被写到了比特币的客户端中，所以也就等于固化了比特币的生成协议。

具体来说，最初的时候，在生成区块的时候，可以给自己转账 50 个比特币。之后每大约 4 年减半（具体说，是每隔 210 000 个区块减半，由于每个区块的生成时间大概是 10 分钟，所以大致是 4 年的时间）。最终，奖励会变为 0，到时候比特币的总量非常接近 2100 万枚。这就是大家一直说的比特币总量是确定的由来。

1.15.5　去中心化与中心化

从比特币的特点上来看，比特币是去中心化的，主要特点如下：

- 比特币不需要任何权威机构的背书。
- 比特币是点对点网络，没有中心化的服务器存在。
- 比特币的账本数据存储在区块链中，而区块链本身存储在千千万万的节点中，没有一个中心化的存储设备。
- 比特币账本数据面向所有人公开，任何人都可以把它存储到自己的机器中。
- 比特币网络没有管理员，比特币网络中的所有节点共同管理比特币网络，维持比特币网络的运行。
- 任何人都可以成为比特币网络的一个节点，从而具备和别人同等的管理权。
- 比特币网络中任何节点都是同等地位，它们都可能获得下一个区块的记账权。
- 由于比特币可能由任意节点凭空产生，所以比特币的供应也是去中心化的。
- 和传统银行不同，任何人都可以生成任意数量的比特币账户，不需要任何中心化机构的审批。
- 任何人都可以在比特币网络中发起转账，不需要任何中心化机构的审批。

但是，在现实中，比特币也有一些中心化的倾向，由于奖励机制是凭空生成的比特币，所以比特币网络中的节点争夺记账权的欲望通常比较强大，结果造成了大量的节点联合起来，共同去争夺记账权。当联盟中的任意节点获得记账权，就会把得到的比特币和联盟中的其他节点分享。因此，这种联盟造成了比特币网络节点某种程度上的中心化。这种联盟就是我们经常听说的比特币矿场。

1.15.6　可替换性

可替换性是指同单位的物品是否能被同等对待。比如一块钱和另一个一块钱是一模一样的，都可以用在同样的地方，从使用上看，就是这两个一块钱可以任意替换而不影响结果。我们大致可以认为比特币具有可替换性，因为在大部分的使用场景下，不同的比特币可以被同等对待。

但是也有研究指出，比特币并没有和传统货币一样的可替换性，原因在于交易历史。由于比特币的区块链数据库中存储着所有比特币的交易历史，所以我们可以追踪任意一枚比特币的交易历史。这也就意味着每枚比特币都被赋予了独一无二的交易历史数据。这时候就会出现一些特殊的场景，比如某个收藏家只收藏没有发生过交易的比特币，并且愿意为此付出更高的价格，这就让比特币不具备可替换性。

当然，大部分时候我们并不关心交易历史，所以总的来说比特币还是具备基本的可替换性，但是我们也需要知道，在一些特殊环境下，不同的比特币会有完全不同的表现。

第 2 章

密码学基础

2.1 密码学发展历史

2.1.1 密码学发展的三个阶段

密码学的发展，经历了主要的三个阶段：第一阶段指 1949 年之前，当时的密码学主要表现为满足少数人的特殊用途为主；第二阶段指 1949—1975 年，在这个阶段，密码学逐渐发展成为一门独立的学科；第三阶段一般指 1975 年之后，密码学的新方向——公钥密码学得到了长足的发展与进步。这三个阶段，如果按照密码学的发展进程来分，可以分为"古典密码""对称密钥密码"和"公开密钥密码"三个阶段。不同时期，人们对信息的存储、处理、传输和计算能力是不同的。信息的利用方式也不同，相应使用的密码技术也不相同，密码学的发展经历了从艺术到科学的发展过程，其中的协议和算法设计、分析以及加解密应用，皆发展成为独立的艺术和学问，同时也发展成为一门高度综合的学科，涵盖了数学、统计、网络、计算机等学科内容。那么，在开始介绍区块链中的密码学之前，先让我们来简单回顾一下这三个阶段。

1．"古典密码"阶段

这个阶段的密码学还不是科学，而是一门小众的艺术。这个阶段出现了一些密码算法和加密工具。在这个阶段中，密码算法的基本手段——置换排列网络（Substitution-Permutation Network）出现了，它主要是针对字符进行加密；同一阶段，简单的密码分析手段也出现了。

举例来说，这个阶段出现过"Scytale 密码"：据说公元前 5 世纪古希腊的斯巴达人，有意识地使用一些技术方法来加密信息。他们使用的是一根叫"scytale"的棍子。送信人先绕棍子卷一张纸条，然后把要写的信息纵向写在上面，接着单独把纸送给收信人。对方如果不知道棍子的粗细是不可能解密纸上内容的，如图 2-1 所示。

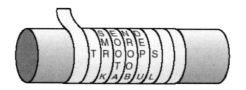

图 2-1　斯巴达人使用的"Scytale 密码"

此外，公元前 1 世纪，著名的恺撒大帝发明了一种密码——"恺撒密码"。在恺撒密码中，每个字母都与其后第三位的字母对应，然后进行替换。据说当时罗马的军队就是使用恺撒密码进行通信。举例如下（字母索引偏移量为 3）：

恺撒密码明文字母表：A B C D E F G …… X Y Z

恺撒密码密文字母表：D E F G H I J …… A B C

例如：明文为"veni, vidi, vici"，密文就是"YHAL, YLGL, YLFL"。

26 个字符代表字母表的 26 个字母，从一般意义上说，也可以使用其他字符表，对应的数字也不一定要选择"3"，可以选其他任意数字。

那个阶段还曾经出现过最早的几何图形密码，例如以一种形式写下消息，以另一种形式读取消息，举例来说（见图 2-2），将"I came I saw I conquered"编码为"IONQC CAIUE WMEAR DESI"：

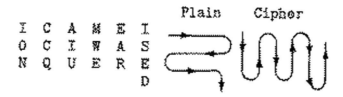

图 2-2　几何编码加密示意

2."对称密钥密码"阶段

对称密钥密码，又称为"单钥密码体制"，即使用相同的密钥（加解密密钥）对消息进行加密/解密，系统的保密性主要由密钥的安全性决定，而与算法是否保密无关。它的设计和实现的中心思想聚焦在：使用哪一种方法，可以产生满足保密要求的密钥，以及用什么方法可以将密钥安全又可靠地分配给通信双方。对称密码体制可以通过分组密码或流密码来实现，它既可以用于"数据加密"，又可以用于"消息认证"。其所谓"对称"，其实就是使用同一把密钥进行加密，使用同一把密钥进行解密。对称加密由于加密和解密使用的是同一个密钥算法，因此在加解密的过程中速度比较快，适用于对数据量比较大的内容进行加解密。它的主要优点就是算法公开、计算量小、加密速度快、加密效率高，但也存在着显而易见的缺点，就是在密钥协商过程中，一旦密钥泄露，别人就可以用获取到密钥对密文进行解密。另外，每一对用户（通信双方），每次使用对称加密算法时，都需要使用其他人不知道的独一密钥（互相隔离），这会使得收、发双方所拥有的密钥数量巨大，密钥管理成为双方的共同负担。常用的对称加密算法有 DES、3DES、AES、TDEA、Blowfish、RC2、RC4 和 RC5 等。

3."公开密钥密码"阶段

相对于"对称密钥密码"阶段，这个阶段进行了公、私钥分离的设计，公钥密码采用了"非对称加密"机制——针对私钥密码体制（对称密钥密码）的缺陷而被提出。非对称加密会产生两把密钥，分别为公钥（Public Key）和私钥（Private Key），其中一把密钥用于加密，另一把密钥用于解密。非对称加密的特征是算法强度复杂、安全性依赖于算法与密钥，但是由于其算法过于复杂，从而使得速度没有对称加密解密的速度快。对称密码体制中只有一把密钥，并且是非公开的，如果要解密就得让对方知道密钥。所以保证其安全性就是保证密钥的安全，而非对称密钥体制有两种密钥，其中一个是公开的，这样就可以不需要像对称密码机制那样传输对方的密钥，安全性就提高了很多。常用的非对称加密算法有 RSA、Elgamal、背包算法、Rabin、D-H、ECC（椭圆曲线加密算法）等。

2.1.2 近代密码学的开端

1949 年，香农（Shannon，美国数学家、信息论之父、现代密码学先驱，见图 2-3）的论文《保密系统的通信理论》（*The Communication Theory of Secret Systems*），阐明了关于密码系统的分析、评价和设计的科学思想，提出了保密系统的数学模型、随机密码、纯密码、完善保密性、理想保密系统、唯一解距离、理论保密性和实际保密性等重要概念，并提出评价保密系统的 5 条标准，即：保密度、密钥量、加密操作的复杂性、误差传播和消息扩展。这篇论文开创了用信息理论研究密码的新途径。

军事领域对于密码学的需求一直是非常旺盛的，战争中信息的保密传输和完整送达一直都被高度重视。在第二次世界大战中，正是波兰和英国密码学家破译了德军使用的恩尼格玛密码机（德语：Enigma，也被译作哑谜机、奇迷机，一种用于加密与解密文件的密码机），才使得战局出现了转机，其中的代表人物就是图灵。在第二次世界大战期间，数学家和工程师运用数学知识和科学技术破译了德国的恩尼格玛密码、"洛伦兹"密码以及日本海军的密码，获得了大量的"超级情报"，成为战争胜利的关键。

图2-3 香农（Shannon）

恩尼格玛密码系统如图 2-4 所示：水平面板的下面部分就是键盘，一共有 26 个键，空格和标点符号都被省略，在图 2-4 中只画了六个键。实物照片中，键盘上方就是显示器，它由标示了同样字母的 26 个小灯组成，当键盘上的某个键被按下时，和此字母被加密后的密文相对应的小灯就在显示器上亮起来。

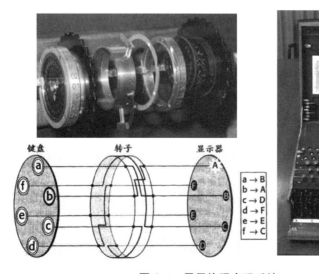

图 2-4 恩尼格玛密码系统

最先破解早期恩尼格玛密码机的是波兰人，1932 年，波兰密码学家马里安·雷耶夫斯基、杰尔兹·罗佐基和亨里克·佐加尔斯基根据恩尼格玛机的原理破译了它。1939 年中期，波兰政府将此破译方法告知英国和法国，但直到 1941 年英国海军捕获德国 U-110 潜艇，得到密码机和密码本后才完全破解了恩尼格玛密码。而英军在计算机理论之父图灵的带领下，通过德军在密钥选择上的失误以及借助战争中夺取的德军密码本，破解出重要的德军情报。1942 年，美国教授约翰·阿塔那索夫和克利夫·贝瑞发明了世界上第一台采用真空管的计算机 ABC（Atanasoff–Berry Computer）。借助于快速电子计算机和现代数学方法，美军成功破解出日军的 PURPLE 码，并在中途岛战役中截击山本五十六。可以说，密码学的发展直接改变了二战后期的格局，加快了战争的结束。在二战的日美太平洋战场上，美国海军使用纳瓦霍语进行情报传递。由于纳瓦霍语的语法、音调及词汇都极为独特且知之者甚少。因此，纳瓦霍语密码也成为近代史上少有的、从未被破译的密码。

恩尼格玛密码的成功破译，让密码学家们深刻地意识到：真正保证密码安全的往往不是加密解密算法，而是应该随时能够改变的密钥。随着计算机技术、电子通信技术的发展，密码的使用被迅速扩张到各个领域，也进一步促进了现代密码学体系的发展和完善。在密码学体系中，"对称加密""非对称加密""单向散列函数""消息认证码""数字签名"和"伪随机数生成器"被统称为密码学家的工具箱。其中，"对称加密"和"非对称加密"主要是用来保证机密性；"单向散列函数"用来保证消息的完整性；"消息认证码"的功能主要是认证；"数字签名"保证消息的不可抵赖性。

2.1.3　区块链去中心化密钥共享

我们先了解一下"秘密共享"的概念，其最早是由著名密码学家阿迪·萨莫尔（Shamir）和乔治·布拉克利（Blakley）在 1979 年分别独立提出的，并给出了其各自的实现方案。Shamir 提出的 (t, n) 门限方案是基于 Lagrange（拉格朗日）插值法来实现的，而 Blakley 提出的 (t, n) 门限方案则是利用多维空间参数曲线与超法面的交点来构建实现的。

秘密共享大致可以分为如下几类：

（1）门限秘密共享方案，在 (t, n) 门限秘密共享方案中，任何包含至少 t 个参与者的集合都是授权子集，而包含 t-1 或更少参与者的集合都是非授权子集。实现 (t, n)

门限秘密共享的方法除了常见的 Shamir 和 Blakley 的方案外，还有基于中国剩余定理（又被称为"中国余数定理"）的 Asmuth-Bloom 法以及使用矩阵乘法的 Karnin-Greene Hellman 方法等实现方案。

（2）一般访问结构上秘密共享方案。门限方案是实现门限访问结构的秘密共享方案，对于其他更广泛的访问结构存在局限性，比如，在"甲、乙、丙、丁"四个成员中共享秘密，使甲和丁或乙和丙合作能恢复秘密，门限秘密共享方案就不能解决这样的情况。针对这类问题，1987 年，密码学研究人士提出了一般访问结构上的秘密共享方案。1988 年有人提出了一个更简单有效的方法——单调电路构造法，并且证明了任何访问结构都能够通过完备的秘密共享方案加以实现。

（3）多重秘密共享方案。只需保护一个子秘密就可以实现多个秘密的共享，在多重秘密共享方案中，每个参与者的子秘密可以使用多次，但是一次秘密共享过程只能共享一个秘密。

（4）多秘密共享方案。多重秘密共享解决了参与者的子秘密重用的问题，但其在一次秘密共享过程中只能共享一个秘密。

（5）可验证秘密共享方案。参与秘密共享的成员可以通过公开变量验证自己所拥有的子秘密的正确性，从而有效地防止了分发者与参与者，以及参与者与参与者之间的相互欺骗问题。可验证秘密共享方案分为交互式和非交互式两种。交互式可验证的秘密共享方案是指，各个参与者在验证秘密份额的正确性时需要相互之间交换信息；非交互式可验证的秘密共享是指，各个参与者在验证秘密份额的正确性时不需要相互之间交换信息。在应用方面，非交互式可验证秘密共享可以减少网络通信费用，降低秘密泄露的机会，因此应用领域也更加广泛。

（6）动态秘密共享方案。动态秘密共享方案是 1990 年提出的，它具有很好的安全性与灵活性，它允许新增或删除参与者、定期或不定期更新参与者的子秘密以及在不同的时间恢复不同的秘密等。

以上是几种经典的秘密共享方案。需要说明的是，一个具体的秘密共享方案往往是几个类型的集合体。

除了以上这些分类中提及的方案，如今在量子秘密共享、可视化秘密共享、基于多分辨滤波的秘密共享以及基于广义自缩序列的秘密共享等方面，均有团队投入研究。

自"秘密共享方案"诞生以来，不同环境下的密钥共享方案层出不穷，其中的大部分方案，都假设密钥被存储在一个可信的中心，即存在并依赖一个可信的、中心化的密钥分发者，由它全权负责将密钥分割成为子密钥，并且负责安全地将子密钥发送给参与者。但是在实际生产环境中，绝对可信的、稳定可用的一个中心往往并不存在。所以，一种新的"无可信中心的密钥共享协议"被提出，以适应那些去中心化的实际运营环境。在无可信中心的密钥共享中，子密钥的产生和分配都是由该分布式架构中的所有参与者本身合作完成的。相比在实际应用中，可信中心的密钥共享可能存在的"权威欺骗"问题，以及在现实中需要成员具有较高的可信度等假设问题，去中心化的可信密钥共享方案的安全性更高，实用性也更强。去中心化的可信密钥共享研究，其核心目的就是要寻找合适的方案来保证信息安全，有效地发布信息和可信地传输信息。此外，去中心化的可信密钥共享中的子密钥如何分发，是当前研究的热点问题，其发展空间还很大。因此，对这个问题的研究不仅具有重要的理论价值，在实际应用中也有着非常广泛的应用前景。

大家都知道，钱包是区块链应用中重要的基础设施，安全的钱包要实现的是去中心化的存储和恢复私钥/助记词的功能。Secret Sharing 是一个不错的解决方案，它的原理是把一个秘密分散、加密存储在多个使用者那里，只有当达到一定数量的使用者时才能拼凑出原始秘密的全貌，而参与者较少时则无法获得这个秘密。这样既可以减少因为链上单一节点失败造成的丢失或可用性风险，又能在一定条件下恢复私钥。同时，理论上说，如果一定数量的使用者联合起来作恶，还是可以获取秘密来侵害秘密持有人利益的。Secret Sharing 的加密算法理论在 1979 年被发表，2014 年就有在区块链领域使用的先例。区块链行业中也有相关工具提供，比如 passguardian 项目，帮助用户把私钥分片加密存储，且存储过程由用户自己选择存储的策略。例如，我们可以选择分别打印出不同部分，分不同的地点保管，也可以分发给几个人共同保管。Vault12 项目和 Tenzorum 项目致力于打造密钥共享的产品化解决方案。Casa 项目在多签密钥安全性的实现上有着极高的代表性。Vault12 的解决方案是私钥持有人可以邀请其他人作为保管人，可以根据保管数据的安全等级来设定恢复难易程度，比如，可以针对不同内容，选择一个或者多个保管方来进行恢复确认，在恢复前需要参与方通过视频、电话等方式验证身份。

2.2 密码系统

从数学的角度来讲，密码系统就是一组映射系统，系统的功能是保证在密钥的控制下，将明文空间中的所有独立元素映射到密文空间上相应的某个元素。映射由具体的密码方案确定，使用哪一个具体的映射，由密钥决定。如果密码分析者可以仅由密文推出明文或密钥，或者可以由明文和密文推出密钥，那么就称该密码系统是可破译的；反过来，则称该密码系统是不可破译的。

2.2.1 定义

明文：可理解的消息。它将被转换为难以理解（加密）的消息。

密文：加密形式的消息。

加密：将明文转换为密文的过程。

解密：将密文转换为明文的过程。

密钥：加密和解密过程中使用的参数。

密码系统：一种加密和解密信息的系统。

对称密码系统：使用相同密钥加密和解密信息的密码系统。

非对称密码系统：加密算法和解密算法分别用两个不同的密钥实现，并且由加密密钥不能推导出解密密钥的系统。

密码分析：破坏密码系统的研究。

密码机制：如果我们用上述内容来对密码机制给出一个相对严格的定义，那么，一套密码机制应该由以下五个部分组成。

（1）明文空间 P：所有可能的明文组成的有限集；

（2）密文空间 C：所有可能的密文组成的有限集；

（3）密钥空间 K：所有可能的密钥组成的有限集；

（4）加密法则 E：由一些公式、法则或程序构成；

（5）解密法则 D：它是加密法则 E 的逆，对任意的密钥 k，都存在一个加密法则 ek

和相应的解密法则 dk，且对任意明文 x，均有 dk(ek(x))=x。

2.2.2 对称加密

在公钥加密出现之前，双方通过"秘密会议""密封信封"或"可信赖的信使"等方式交换重要信息，并依赖"非加密方法"交换的一个"加密密钥"来隐藏重要信息（防止被抓后泄露信息）。如果我们想与某人私下交流，需要亲自见面并使用私密密钥。在现代通信领域，人们需要通过有许多不受信任的参与者的网络进行协调，这种方法是不可行的。这就是为什么对称加密不用于公共网络中的通信。然而，它比非对称加密更快，更有效，因此也广泛应用于加密大量数据、某些支付应用程序、随机数生成或散列场景，如图 2-5 所示。

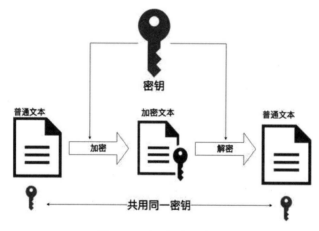

图 2-5 对称加密示意图

2.2.3 非对称加密

非对称加密系统（也称作公钥加密）通过引入两个密钥（公钥和私钥）解决了类似上一节的协调问题。这样的系统中，私钥仅为所有者所知，并且需要保密，而公钥可以提供给任何人。也就是说，任何人都可以使用接收者的公钥加密消息，而此消息只能使用接收方的私钥解密。例如，发件人可以将邮件与其私钥组合在一起，从而在邮件上创建数字签名。任何人现在都可以使用相应的公钥验证签名是否有效，而如何生成密钥取决于使用的加密算法。非对称系统的实例包括 RSA（Rivest-Shamir-Adleman）和 ECC（椭圆曲线密码术），它也被用在比特币网络的实现上，如图 2-6 所示。

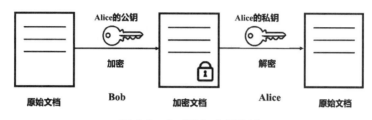

图 2-6　非对称加密示意图

2.3　区块链常用密码学知识

2.3.1　Hash（哈希）算法

基础知识

1.逻辑运算符。&（与）：所有的都是真结果才是真；|"或"：至少一个为真结果也为真；~（非）：真为假，假为真；^（异或）：如果 a、b 两个值不相同，则异或结果为 1，如果 a、b 两个值相同，异或结果为 0。

2.字节序

■ 计算机硬件有两种储存数据的方式：大端字节序（big endian）和小端字节序（little endian）。

■ 举例来说，数值 0x2211 使用两个字节储存：高位字节是 0x22，低位字节是 0x11。

■ 大端字节序：高位字节在前，低位字节在后，这是人类读写数值的方法。小端字节序：低位字节在前，高位字节在后，即以 0x1122 形式储存。

3.循环移位

■ 循环右移就是当向右移时，把编码的最后的位移到编码的最前头，循环左移正相反。例如，对十进制编码 12345678 循环右移 1 位的结果为 81234567，而循环左移 1 位的结果则为 23456781。

什么是 Hash 算法

Hash 算法是一种能将任意长度的二进制明文映射为较短的二进制串的算法，并且不同的明文很难映射为相同的 Hash 值。我们也可以把它理解为空间映射函数——是从一个非常大的取值空间映射到一个非常小的取值空间，由于不是一对一的映射，Hash 函数转换后不可逆，也就是说，不可能通过逆操作和 Hash 值还原出原始的值。

Hash 算法有什么特点

（1）正向快速：给定明文和 Hash 算法，在有限时间和有限资源内能计算得到 Hash 值。

（2）逆向困难：给定 Hash 值，在有限时间内很难逆推导出明文。

（3）输入敏感：原始输入信息发生任何变化，新的 Hash 值都应该出现很大变化。

（4）冲突避免：很难找到两段内容不同的明文，使得它们的 Hash 值一致。

常见 Hash 算法有哪些　MD5 和 SHA 系列，目前 MD5 和 SHA1 已经被破解，而 SHA2-256 算法比较普遍被使用。

Hash 算法碰撞　既然输入数据长度不固定，而输出的哈希值却是固定长度的，这意味着哈希值是一个有限集合，而输入数据则可以是无穷多个，所以建立一对一关系明显是不现实的。既然"碰撞"是必然会发生的，那么一个成熟的哈希算法要求具备较好的抗冲突性，同时在实现哈希表的结构时，也要考虑到哈希冲突的问题。

比如"666"经过 Hash 后，其哈希值是"fae0b27c451c728867a567e8c1bb4e53"，相同 Hash 算法得到的值是一样的。比如 WiFi 密码如果是 8 位纯数字的话，顶多就是 99999999 种可能性，破解这个密码需要做的就是提前生成好 0 到 1 亿数字的 Hash 值，然后做 1 亿次布尔运算（就是 Bool 值判断，0 或者 1），而现在普通 Intel i5 四核 CPU（每秒能到达 200 亿次浮点数计算）做 1 亿次布尔运算，也就是秒级别的时间就破解了。因此，密码尽量不要用纯数字，密码空间有限会导致很难构建高安全性。

加盐防碰撞

常用的防止"碰撞"的方式，就是加盐（Salt）。其实现原理，就是在原来的明文，加上一个随机数之后，再进行运算的 Hash 值，Hash 值和盐通常会分别保存在两个不同的地方，同时泄露才可能被破解。

■ MD5 算法属于 Hash 算法中的一种，它具有以下特性：输入任意长度的信息，经过处理，输出为 128 位的信息（数字指纹）。不同的输入得到不同的结果（唯一性）。根据 128 位的输出结果不可能反推出输入的信息（不可逆）。可见其继承了 Hash 算法的优良特点，用处很多，如登录密码、数字签名等。

算法实现介绍

MD5 是以 512 位分组来处理输入的信息，每一分组又被划分为 16 个 32 位子分组，经过了一系列的处理后，算法的输出由四个 32 位分组组成，将这四个 32 位分组拼接后生成一个 128 位 Hash 值，具体步骤如下：

填充：假如原始信息长度对 512 求余的结果不等于 448（这里说的单位是 bit，就是位，1 字节 (Byte) = 8 位 (bit)），就需要填充使得对 512 求余的结果等于 448。填充的方法是填充一个 1 和 m 个 0。填充完后，信息的长度就为 $n \times 512 + 448$（这里 n 表示的是 512 的整数倍，注意：n 也可以为 0）。

记录长度：用 64 位来存储填充前信息长度，这 64 位加在第一步结果的后面，这样信息长度就变为 $n \times 512 + 448 + 64 = (n+1)*512$ 位，也就是 512 的整数倍。

设置初始值：MD5 的哈希结果长度为 128 位，按每 32 位分成一组共 4 组，这 4 组结果是由 4 个初始值 A、B、C、D 经过不断计算得到的，分别为 16 进制的 A = 0x67452301，B = 0x0EFCDAB89，C = 0x98BADCFE，D = 0x10325476。

准备四个逻辑运算函数：

F(X,Y,Z) = (X & Y) | ((~X) & Z) G(X,Y,Z) = (X & Z) | (Y & (~Z)) H(X,Y,Z) = X ^ Y ^ Z J(X,Y,Z) = Y ^ (X | (~Z))

把原始消息数据分成以 512 位为一组进行处理，每一组进行 4 轮变换，每一轮对应上面的逻辑运算函数。

每一轮中会把 512 位的数据按照每一小块 32 位长度分成 16 块数据，进行 16 次计算，每一次计算会把对 ABCD 中的其中三个作一次逻辑运算，然后将所得结果加上第四个变量，16 块数据其中一块数据和一个常数。再将所得结果向左环移一个规定的数量，并加上 ABCD 中之一。最后用该结果取代 ABCD 中之一。

以上面所说的 4 个常数 ABCD 为起始变量进行计算，重新输出 4 个变量，以这 4 个变量再进行下一分组的运算，如果已经是最后一个分组，则这 4 个变量为最后的结果，即 MD 5 值。

2.3.2 RSA 算法

Rivest-Shamir-Adleman（RSA）算法是最流行和最安全的公钥加密方法之一。该算法利用了这样一个事实：根据数论，寻求两个大素数相对比较简单，但是将它们的乘积进行因式分解却极其困难，因此可以将乘积公开，作为加密密钥。加密密钥是公开的，解密密钥由用户保密。

假设使用加密密钥 key（e，n），其实现算法如下：

将消息表示为 0 到（n-1）之间的整数。大型消息可以分解为多个块。然后，每个块将由相同范围内的整数表示。

取其 e 次方再模 n，得到密文消息 C；

要解密密文消息 C，取其 d 次方再模 n；

加密密钥 (e，n) 是公开的。解密密钥 (d，n) 由用户保密。

如何确定 e，d 和 n 的适当值？

选择两个非常大（100 位以上）的素数，将其表示为 p 和 q。

将 n 设为等于 $p * q$。

选择任何大整数 d，使得 GCD(d, ((p-1)*(q-1)))= 1。

求 e 使得 $e * d = 1(\mod((p-1)*(q-1)))$。

Rivest、Shamir 和 Adleman 为每个所需的操作提供了有效的算法。

2.3.3 默克尔树

默克尔树（Merkle 哈希树）属于二叉树的一种，而比特币的底层交易系统选择了默克尔树进行了实现。

1. 什么是默克尔树？

由一个根节点、一组中间节点和一组叶子节点组成。根节点表示的是最终的那个节点，只有一个。叶子节点可以有很多，但是不能再扩散，也就是没有子节点。

如果把它想象成一棵树，由树根长出树干，树干上长出树枝，树枝长出叶子，但是，叶子上不会再长出叶子，如图 2-7 所示。

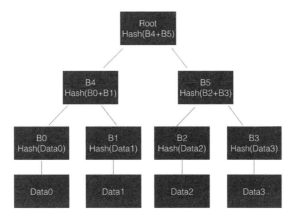

图 2-7 默克尔树示意图

> Root：就是根节点，所有的子节点汇总到这里。
> Hash：能将任意长度的二进制明文映射为较短的二进制串的算法，也叫"哈希算法"，如 2.3.1 小节介绍的 MD5、SHA 等算法，经过哈希算法哈希后的结果，也称为哈希值。
> Data0，Data1……Data3：代表的是具体的原始数据。
> B0，B1……B3：是把原始数据进行哈希运算后得到的对应哈希值。

一个简单的默克尔树就是图 2-7 所显示的那样，由以下三个步骤来实现：

（1）把最底层的 Data0，Data1……Data3 这四条数据，每一条单独进行 Hash，得出 4 个哈希值作为叶子节点。

（2）把相邻的两个叶子节点的哈希值拿出来再进行 Hash，如 B0 的哈希值加上 B1 的哈希值，求和的结果 Hash 后得出 B4。

（3）递归执行这样的 Hash 操作，直到最终 Hash 出一个根节点，就结束了。

默克尔树的运行原理，在图中展现是：B0 + B1 Hash 得出 B4，B2 + B3 Hash 得出 B5，B4 + B5 Hash 得出 Root 根节点。由于每个节点上的内容都是哈希值，所以也叫"哈希树"。

2. 默克尔树的三大特性

（1）任意一个叶子节点的细微变动都会导致 Root 节点发生翻天覆地的变化，这个可以用来判断两个加密后的数据是否完全一样。

（2）快速定位修改，如果 Data1 中数据被修改，会影响到 B1、B4 和 Root，当发现根节点 Root 的哈希值发生变化，沿着 Root → B4 → B1，最多通过 $O(\log n)$ 时间即可快速定位到实际发生改变的数据块 Data 1。

（3）零知识证明（详细内容参见本书第 3 章），它指的是证明者能够在不向验证者提供任何有用信息的情况下，使验证者相信某个论断是正确的。比如怎么证明某个人拥有 Data0……Data3 这些数据呢？创建一棵如图 2-8 所示的默克尔树，然后对外公布 B1、B5、Root；这时 Data0 的拥有者通过 Hash 生成 B0，然后根据公布的 B1 生成 B4，再根据公布的 B5 生成 Root，如果最后生成的 Root 哈希值能和公布的 Root 一样，则可以证明拥有这些数据，而且不需要公布 Data1、Data2、Data3 这些真实数据，具体实现方式如图 2-8 所示。

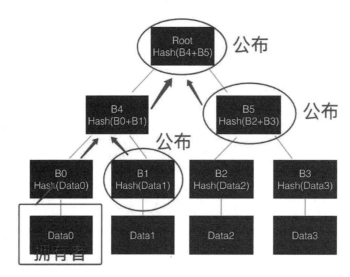

图 2-8　零知识证明原理图

3. 默克尔树在比特币中的应用

- 默克尔路径：表示从根节点到叶子节点所经过的节点组成的路径，图2-8中Root → B4 → B1就是一条路径。

- 比特币中，默克尔树被用作归纳一个区块中打包的所有交易，同时生成整个交易集合的数字签名，且提供了一种校验区块是否存在某交易的高效途径，这就是默克尔路径。生成默克尔树需要递归地对各个子节点进行哈希运算，将新生成的哈希节点插入默克尔树中，直到只剩一个哈希节点，该节点就是默克尔树的根节点。

- 假设一个区块中有16笔交易，根据公式O(log n)可以算出16的对数是4，也就是要找到这个区块中的任意一笔交易，只需要4次就可以，它的默克尔路径会保存4个哈希值，我们来看一个统计（见表2-1），直观感受一下它搜索效率的提升。

表 2-1 交易路径对照表

交易数	区块大小	路径数	路径大小
16	4KB	4	128Byte
256	64KB	8	256Byte
4096	1KB	12	284Byte
262 144	65KB	18	576Byte

（注：一笔交易的大小，大概需要250 Byte左右的存储空间，路径数代表哈希值的数量，路径数是4表示这条路径存了4个哈希值，每个哈希值是32 Byte，区块大小 = 交易数 * 250 Byte，路径大小 = 路径数 * 32 Byte）

可以看出，当区块大小由 16 笔交易（4KB）增加至 262 144 笔交易（65MB）时，为证明交易存在的默克尔路径长度增长极其缓慢，仅仅从 128 字节到 576 字节。有了默克尔树，一个节点能够仅下载区块头（80 字节 / 区块，里面包含上一区块头的哈希值、时间戳、挖矿难度值、工作量证明随机数，包含该区块交易的默克尔树的根哈希值），然后通过从一个满节点[①]，回溯一条小的默克尔路径，就能认证一笔交易的存在，而不需要存储或者传输大量区块链中的大多数内容——这些内容可能有几个 G 的大小。这种不需要维护一条完整的区块链的节点，又被称作"简单支付验证（SPV）节点"，它不需要下载整个区块而仅仅通过默克尔路径去验证交易的存在。

2.3.4 数字签名

公钥密码系统的属性允许用户以数字方式"签署"他们发送的消息。此数字签名提供了来自指定发件人消息的证据。为了有效，数字签名需要既依赖于消息又依赖于签名者。这将阻止电子"剪切和粘贴"以及接收者对原始消息的修改。

假设用户 A 想要向用户 B 发送"数字签名"消息 M：

（1）用户 A 将其解密过程应用于 M，得到密文 C；

（2）用户 A 将用户 B 的加密过程应用于 C，得到密文消息 S；

（3）密文消息 S 通过某个通信信道发送；

（4）收到后，用户 B 将其解密过程应用于 S 得到密文消息 C；

---

① 二叉树中的概念，默克尔树是倒着生长的，所以从任何一个层次叶子节点满的地方开始计算，四次就能证明交易是否存在，是非常高效的验证实现。

（5）用户 B 将用户 A 的加密过程应用于消息 C，得到原始消息 M。

其间，用户 B 无法更改原始邮件，或将签名与任何其他邮件一起使用。但是这样的实现，要求用户 B 知道如何使用 A 的解密过程来解密消息。

2.3.5 零知识证明和 Zcash

"零知识证明"（参见本书第 3 章）简单来说就是：证明者能够在不向验证者提供任何有用的信息的情况下，使验证者相信某个论断是正确的。

举个简单的例子，A 要向 B 证明自己拥有某个房间的钥匙，假设该房间只能用钥匙打开锁，而其他任何方法都打不开。这时有两个方法可以解决：

（1）A 把钥匙出示给 B，B 用这把钥匙打开该房间的锁，从而证明 A 拥有该房间的正确的钥匙。

（2）B 确定该房间内有某一物体，A 用自己拥有的钥匙打开该房间的门，然后把物体拿出来出示给 B，从而证明自己确实拥有该房间的钥匙。

第二种方法就属于零知识证明的范畴。该方法的好处在于，在整个证明的过程中，B 始终不能看到钥匙的样子，从而避免了钥匙的泄露。

零知识证明过程有两个参与方：一方叫证明者，一方叫验证者。证明者掌握着某个秘密，他想让验证者相信他掌握着秘密，但是又不想泄露这个秘密给验证者。双方按照一个协议，通过一系列交互，最终验证者会得出一个明确的结论，即证明者有没有掌握这个秘密。零知识证明是一种更加安全的信息验证或者身份验证机制。安全性和隐私性就是零知识证明的价值所在。

零知识证明的三个基本特性

（1）完备性。如果证明方和验证方都是诚实的，并遵循证明过程的每一步进行正确的计算，那么这个证明一定是成功的，验证方一定能够接受证明方。

（2）合理性。没有人能够假冒证明方，使这个证明成功。

（3）零知识性。证明过程执行完之后，验证方只获得了"证明方拥有这个知识"这条信息，而没有获得关于这个知识本身的任何一点信息。

零知识证明的典范——Zcash

在比特币网络中，用户需要将交易明文广播给所有矿工，由他们来校验交易的合法性。

但是有些情况下，基于隐私的考虑，交易的具体内容希望不对外公开。解决这个问题的关键思路是：校验一个事件是否正确，是否需要对验证者重现整个事件呢？

我们拿比特币举个例子，一笔转账交易是否具备合法性，其实只要证明三件事：

（1）钱是否属于发送交易的一方。

（2）接收者收到的总额等于发送者发送的金额之和（可能转账有多个来源）。

（3）发送者的所有参与转账账户上多个对应的转账金额（金额总和等于接受者收到的总额）确实被正确销毁[①]。

整个证明过程中，矿工其实并不关心具体的交易金额、发送者具体地址、接受者具体地址，矿工只关心系统账本上的钱是不是绝对守恒的。

Zcash 项目就是利用了零知识证明实现了用户的交易内容隐私化。由于零知识证明在近两年的迅速发展，掌握和理解它的概念变得愈发重要，所以本书第 3 章将会对其进行更全面的分析讲解，这里只要有个初步认识就可以。

2.4　加密货币

加密货币是一种令人兴奋的新技术，它以破坏式创新的方式出现，挑战了全球传统金融交易的发生方式。对比传统货币，无论从转账、支付、投资还是单纯作为"金钱"，加密货币代表着我们对金钱看法的范式转变。截至 2021 年 2 月，加密货币总市值已经超过 1.2 万亿美金。

2.4.1　什么是加密货币

加密货币是一种基于互联网的交换媒介，它使用密码算法进行金融交易。加密货币利用区块链技术获得分散化、透明化和不变性。

由于我们可以完全控制加密货币，因此无须依赖中央权限来验证交易，所有验证都由加密货币网络完成。如今，信用卡公司和银行充当了我们所拥有资金的"看门人"。

---

① 数字货币转账允许一笔转账交易可以由不同的数字货币从多个账户上共同完成。

我们信任它们，让它们保护我们的信息和资金，作为交换，它们管理交易以确保一切正常。

但是，加密货币不需要中央权限，而是以分布式的方式管理交易。因此，虽然银行可能拥有一个数据库，这个数据库显然也是黑客窃取资产的首选目标，但加密货币则不容易受到这样的攻击，因为每次的攻击都需要对超过半数的全球分布式网络进行攻击，这显然比攻击一个数据中心困难得多。此外，加密货币可以在几秒钟或几分钟内处理交易，而不是像今天这样可能需要花费数小时或数天的时间（Swift 协议）来处理交易。

加密货币（也被称为数字货币）存储在我们用来管理付款的"数字钱包"中。我们的钱包受私钥保护（将其视为极其复杂的密码），只有我们自己知道。像现金一样，我们可以随心所欲地支配加密货币，无论是借给朋友、支付午餐外卖，还是发给员工作为薪酬，但与传统现金不同的是，由于加密货币是数字货币，我们可以使用手机上的钱包应用进行支付，或仅通过使用特殊的密钥，在未来使用其他更方便的数字支付方式。

2.4.2　热门加密货币

1. 比特币（Bitcoin）

比特币（BTC）是最初的加密货币，由于其在全球的声誉、安全性以及为其提供支持的庞大社区，它是市场的领导者，也具备重要的数字货币研究价值，并时刻受到全世界媒体的关注。越来越多像 Overstock.com 这样的零售商开始接受比特币付款，亚马逊也允许消费者购买加密货币的礼品卡，特斯拉公司也可以接受消费者用比特币购车。目前，比特币是最有价值的加密货币。

2. 以太坊（Ethereum）

虽然比特币被设计为数字货币现金系统，但以太坊（ETH）旨在帮助公司在分布式区块链上部署应用程序。基础货币被称为以太，为这些应用提供"动力燃料"。以太坊通常被称为"瑞士军刀"并支持多种用例，包括售票、托管代理、在线博彩投注等。

3. 瑞波币（Ripple）

瑞波币（XRP）是一种数字资产，旨在使金融机构能够更轻松、更便宜地进行全球支付。为了满足这些机构的需求，这项技术也专注于交易吞吐量，并且每秒可以处理比比特币多 200 倍的交易。瑞波币已经拥有强大的客户名单，其中包括 RBC、瑞银、桑坦德银行、加拿大帝国商业银行等十几家银行，还有交易所和支付服务提供商。

4. 莱特币（Litecoin）

莱特币（LTC）于 2012 年作为比特币的"精简版"发布，使用大部分原始比特币代码库构建。它的主要优势在于它支持比比特币更快的支付和更多的交易吞吐量，能够在不到一秒的时间内处理全球支付。莱特币有时被称为比特币的"试验台"，因为它相较比特币能够更快、更顺利地采用和实施技术进步。

2.4.3　运作方式

区块链是一种支持多种技术的技术，加密货币只是其中一种应用。那么，到底什么是区块链？

1. Blockchain

区块链（Blockchain）是计算机通过解决复杂的数学问题而生成的。一旦数学问题得到解决，该区块就是"完整的"。区块的重要属性是，如果我们更改其中的任何信息（如交易事务数据），整个区块将变为无效或已损坏。解决这一问题的唯一方法是用正确的原始数据替换不正确的数据（不可篡改性）。创建新区块时，它会从链中的前一个区块中获取数据，从而创建一个前区块与当前区块的链接，所有的交易都被打包放在这样的连续、不可逆、不可修改的链结构上，因此它被称为区块链。在区块链中，如果任何区块中的任何数据被更改，则从该点开始的整个区块链将被破坏。我们可以把它想象成一座木块塔，如果在塔的中间打破一个区块（block），它上面的所有区块（block）都会倒塌。修复此"塔"的唯一方法就是纠正被篡改的数据。事实上，区块链通常以"高度"来衡量，"高度"是塔中的区块总数。因此，数据越老，它就越安全。通常，一旦将足够的附加区块添加到链中以确保安全性，区块将被视为"有效"。在加密货币体系中，区块链就是用于存储数字货币的不可变交易分类账基础设施。

2. Mining

Mining（挖矿）负责将交易捆绑在一起，然后解决数学难题。挖矿可能在计算上非常困难，因此需要功能强大的计算机来解决这些难题。计算机需要花钱，需要电力运行。为了激励人们参与挖矿，挖矿的人（矿工）会获得工作奖励，可能是新的币、交易费或者其他。

矿工的一部分工作也是确保交易有效。他们通过确保尝试发送加密货币的人有足够的加密货币来做到这一点——他们可以检查现有的区块链以确定钱包的余额。由于区块链可供任何人查看，因此每个钱包所做的每笔交易都是可见的。虽然这可能看起来涉及隐私，因为有人可以跟踪我们钱包的余额和支出，但实际上我们可以拥有任意数量的钱包，并且选择特定加密货币以提供完全匿名的保障，同时保持区块链的完整性。

3. 分布式分类账和确认

任何人都可以拥有区块链的副本，因此当矿工成功生成新区块时，他们会将其通知整个网络，使其接受新区块或达成共识。其他矿工首先验证交易——这是一种安全措施，以确保恶意矿工不会尝试促进无效交易，然后将新块添加到最新的区块链。随着附加块添加到链中，旧的事务被视为已确认。块的确认越多，它就越受信任。当网络验证事务分类账时，它被称为分布式分类账。这与银行可能维持的中央分类账相对立。与银行的中央分类账不同，分布式分类账不容易被黑客攻击、破坏或伪造。

2.4.4　加密货币的安全性

与我们处理资金的任何时候一样，安全性是最终关注的问题之一。加密货币在技术中设计了许多安全措施，以确保个人和整个网络的安全。

在个人层面上，每个钱包都由私钥保护，只有所有者才能访问。钱包还有一个地址，用于交易。要进行交易，我们必须使用私钥对其进行数字签名，以证明所有者正在授权交易。这意味着，即使其他人找到我们钱包的地址，他们也无法进行任何交易。但是，**如果我们要向某人提供我们的私钥，或者他们以某种方式从我们那里找到它，他们就可以代表我们授权任何交易。**这就是私钥保密的最重要原因！

如前所述，区块链的基础技术使得在事务发生后无法对其进行编辑。此外，由于审查交易的方式，加密货币也不容易受到"双重支出"问题的影响，即一个人试图用相同的钱支付给两个不同的对象。与传统方法相比，网络安全性的提高使得加密货币更安全，因此也更便宜。如果我们回顾一下大多数传统支付方式的交易成本（例如信用卡商家1%的费用），这些费用就是为了抵消欺诈、退款造成的问题，这些问题分散在所有用户身上。如果我们拿走这些费用，我们可以提供超低成本的交易，有时只需几十元人民币的交易费用。

2.5 加密经济学

加密经济学是指对抗性环境中经济互动的研究。在分散的 P2P 系统（点对点网络系统）中，由于不能控制任何集中方，人们必须假设会有不良行为者想要破坏系统。密码经济学将密码学和经济学相结合，创建了强大的分散式 P2P 网络，尽管攻击者试图破坏它们，但这些网络随着时间的推移而蓬勃发展。这些系统所基于的密码学使网络中的 P2P 通信变得安全，经济学鼓励所有参与者为网络做出贡献以使其随着时间的推移而不断发展。

人们普遍存在一种误解，认为来自类似技术的比特币和代币是与欧元、美元等法定货币相当的货币。比特币和其他加密代币其实并不是传统意义上的货币：

（1）从比特币衍生出来的新资产类比特币和其他原生区块链代币，与过去的商品货币更为相似，而不是最先进的法定货币。

（2）它们是一种新型经济体的操作系统，它超越了民族国家的地理边界。比特币区块链的协议协调了那些虽互相不了解但彼此信任的民族和国家边界的人，而不需要经典的中央机构和经典的法律协议。

（3）虽然将比特币称为一种货币可能会有一些不妥之处，因为它引发了很多争议，并非完全正确，但比特币确实与我们所知道的货币有相似之处。当我们试图解释或讨论比特币、区块链和其他加密经济技术时，我们面临的最大挑战是，我们试图用旧术语来解释新现象，这些术语有时不能对新技术进行完美的解释。为了全面了解比特币和加密货币代表的新技术，我们需要深入研究以下问题：货币的作用和功能是什么？什么是比特币或所谓的 Token 呢？

2.5.1 货币的功能

货币的主要目的是促进经济体内部和经济体之间的商品和服务的交换。它使经济交换比礼品经济和易货经济更有效率，避免了系统的低效率。以下列出了它最重要的功能。

1. 交换媒介

货币是一种有效的技术，用于中介商品和服务的交换，因为它提供了一种工具来比较不同对象的价值。

2. 价值衡量

作为一种单位，它是衡量商品、服务和其他交易市场价值的标准数字货币单位：（a）报价和讨价还价的基础；（b）有效会计制度所必需的；（c）制定涉及债务的商业协议的先决条件。

3. 价值存储

金钱的存储必须能够被可靠地保存、存储、检索，并且在检索时可以预测地用作交换媒介。它的价值必须随着时间的推移保持稳定，因为高波动性对贸易起反作用，通货膨胀会降低货币价值，并削弱货币作为价值存储的能力。

4. 债务计价单位

如果钱是有状态的法定货币，它是通过作为债务计价单位和接受的方式来解决债务。当债务以货币计价时，债务的实际价值可能会因通货膨胀和通货紧缩而发生变化。

2.5.2　货币的属性

为履行其各种职能，货币必须具备某些特性。

1. 流动性

易于交易，交易成本低，买卖价格无差价或低价差。

2. 可变性

货币单位必须能够相互替代。必须平等对待每个通证（物理或虚拟），即使它已被前任所有者用于非法目的。

3. 耐久性

能够承受重复使用（不会消失或腐烂）。

4. 便携性

货币必须易于携带和运输。

5. 可认知性

价值必须易于识别。

6. 稳定性

价值不应该波动太大。

2.5.3 货币的种类

在现代经济中，货币主要有以下三类：

1. 商品货币

它是一种在当地经济中具有内在价值和标准价值的对象。价值来源于它本身：金币、银币和其他稀有金属硬币、盐、大麦、动物毛皮、可可、香烟，仅举几例。

2. 代表性货币

它是一种交换媒介，代表着有价值的东西，但它本身几乎没有价值，如黄金或白银证书，或由黄金储备支持的纸币和硬币。更通俗的例子还有粮票。

3. Fiat 货币

Fiat 货币（不兑换纸币）没有像商品那样的内在物理价值。它在钞票上的面值大于它的实质内容。法定货币属于 Fiat 货币。

2.5.4 Fiat 货币

Fiat 货币由政府监管建立，类似于支票或债务票据。它通过政府宣布它是法定货币而获得价值，它的价值本质上是由国家债务来背书。

在现代经济中，流通中的大多数货币不再是钞票和硬币的形式，而是为金融工具服务的一些数字账务记录。

一个国家的货币供应包括货币（纸币和硬币），以及一种或多种类型的银行货币（支票账户、储蓄账户和其他类型的银行账户中的余额）。银行资金是迄今为止发达国家广义货币的最大部分。

Fiat 货币随着时间的推移而发展。钞票和硬币过去常被用来替代黄金和其他贵金属等商品。作为代表性的货币——黄金的地位在 20 世纪发生了翻天覆地的变化。今天的大多数货币都不再与大宗商品挂钩。中央银行通过货币政策影响货币供应，这意味着在它在自认为合适的情况下可以印刷或多或少的货币。但这一切与比特币有何关系？什么是比特币呢？

2.5.5 比特币有货币属性吗

1. 如果有的话，比特币是商品货币，而不是法定货币

虽然比特币具有某些货币属性，但它与商品货币相当，而不是法定货币。只要人们使用比特币网络进行服务，需要以本地商品（比特币通证）支付，该通证本身具有价值，所以加密货币的商品属性变得更加明显。

2. 分散的生产，价格由供需决定

商品的性质是分布式控制，就像比特币一样。没有任何一个政府或其他实体控制黄金、白银、石油等的开采。生产是分配的，这些商品的价格是由商品市场的供求决定的，这与加密代币极为类似，如 Kraken、Bitfinex、Ploniex、Coinbase 等。与法定货币相反，政府和中央银行等单一的集中实体不会影响比特币或其他加密代币的价格。

3. 流动性高于传统商品

与经典交易所交易的经典商品相比，由于基于区块链的 P2P 汇款的性质，加密通证（比特币、以太币等）具有更高的流动性。直接汇款更容易，更快捷，更便宜。如果我们不使用银行或股票经纪人等第三方服务，汇款本身则完全是 P2P。

4. 价格波动

比特币不受中央机构的监管，而是由市场供求决定，波动较大。虽然大多数现代经济体的法定货币具有在外汇市场上确定的波动利率，但国家机构可以进行货币干预，即外汇市场干预或货币操纵，作为政府的货币政策操作。政府或中央银行可以买卖货币以换取本国货币来操纵市场价格。为什么？政府通常更喜欢稳定的汇率，因为过度的短期波动会侵蚀市场信心，产生额外成本并降低公司利润，迫使投资者对外国金融资产进行投资。因此，加密货币/资产和法定货币之间的最大区别是价格波动。通过套期保值，一些特殊的被称为"稳定币"的加密货币开始出现，价格波动可能在不久的将来不成问题。

5. P2P 支付网络

除了与金钱有许多相似之处，底层支付网络还允许我们规避经典银行、信用卡公司、PayPal 等。银行在汇款中的作用被比特币网络的智能合约所取代。比特币没有集中管理的机构，货币政策由比特币区块链协议中的规则所决定。代码只能通过网络参与者的多数共识进行升级。此中细节更复杂，超出了本书的范围。虽然比特币白皮书中的原始愿景更加分散，但现实证明，网络参与者可以私下联合以获得更多控制权（例如，比特币

矿业池与个体矿工相比有更多优势）。

2.5.6 加密货币经济的未来

比特币是一种新的资产类别，并且已经开创了一种新型经济体系，每个人都可以发行自己的通证。比如，每个人都可以通过几行代码在以太坊区块链上创建应用程序通证、本机区块链通证，甚至更简单。有了这项新技术，我们现在可以创造全新的经济类型，我们可以将行为经济学模型化为智能合约，目的是激励某些行为——比如激励人们种树，或鼓励人们用自行车代替汽车来节省二氧化碳排放量。

加密通证也是一种技术，它允许我们为实物资产创建数字代表——所谓的资产支持通证——结果是这些资产现在可以以低得多的交易成本进行交易。未来已来，但大多数人还没有意识到这一点。截至 2018 年 1 月，大约 1 400 个所谓的加密货币（均具有不同的属性和用途）被列在 Coinmarketcap[①] 上。但是，我们仍处于这场革命的最初阶段，面前有一些挑战：

（1）加密资产的价格波动

（2）面向目标的应用型通证的可持续机制设计

（3）关于象征经济的通识教育

（4）立法不明确和非合法化（全球视角）

（5）众所周知的"金钱"定义

2.6 比特币中的密码学

比特币网络主要使哈希与数字签名相结合，通过区块链使用公钥加密来保护数据的完整性。比特币使用公钥加密，更具体地说，是使用椭圆曲线加密。请注意，其他区块链可能会使用其他的加密技术。例如，一些区块链使用更多的隐私保护密码术，例如"Zcash"（零知识证明）和"Monero"（环签名）。比特币社区正在寻找更具隐私性和

---

① 一家记录加密货币价格和市值等信息的网站。

更具可扩展性的替代加密签名方案。

2.6.1　比特币中的哈希处理

加密 Hash 是一种将大量数据转换为难以模仿的短数据的方法。哈希主要与数字签名结合使用。这些功能可确保数据完整性，比特币网络中的哈希用于四个过程：

- 编码钱包地址
- 钱包之间的编码交易
- 核实和验证钱包的账户余额;和共识机制
- 工作证明

比特币网络使用 SHA（安全哈希算法），例如 SHA-256。哈希的一个重要特性是，如果改变一位输入数据，输出会发生显著变化，这使得大文本文件中的小变化很容易被检测到。从接下来的示例中可以看出，当我们只更改一个字母时，会生成完全不同的哈希。这基于所谓的"雪崩效应"，对于验证数据完整性非常有用。"雪崩效应"描述数学函数的行为，即使输入字符串中的轻微变化也会导致生成的 hash 值发生剧烈变化。这意味着在一个广告中，只要有一个单词，甚至一个逗号发生了改变，整个哈希就会改变。因此，文档的哈希值可以作为文档的加密等价物——数字 fingerprint。这就是为什么单向 hash 函数是公钥加密的核心。在为文档生成数字签名时，我们不再需要使用发件人的私钥加密整个文档，这可能会花费大量时间，所以很有必要改为计算文档的哈希值。

"如何买比特币？"相应的 SHA-256 句子看起来像这样：

49c04bf3580376f81232d27c88de48255191f2486335dfd91a0856d216d66caa

如果我们只删除一个符号，例如问号"？"，哈希看起来则像这样：

0ffb7929ea94150e3aa93f06b81daedbaa501c671598236e63a1db32585b4640

2.6.2　比特币中的公钥加密

将公钥加密技术用于比特币区块链，主要目的是创建关于用户身份的安全数字参考。有关"谁是谁"以及"谁拥有什么"的安全数字参考是 P2P 交易的基础。公钥加密允许使用一组加密密钥证明一个人的身份：私钥和公钥。两个键的组合创建了数字签名。这个数字签名证明了一个人的代币所有权，并允许通过一个称为"钱包"的商品来控制代币。数字签名证明了一个代币的所有权，并允许一个人控制一个人的资金。正如我们手工签署银行交易或支票，或者我们使用身份验证进行网上银行业务一样，我们使用公钥加密技术来签署比特币交易或其他区块链交易。

在公钥加密中，双方分发其公钥并允许任何人使用其公钥加密消息。公钥是从私钥数学生成的。虽然从私钥计算公钥非常容易，反过来却只能用粗暴的力量来实现。猜测钥匙是可能的，但是代价非常大。因此，如果知道公钥，则不是问题，但私钥必须始终保密。这意味着，即使每个人都知道一个人的公钥，也没有人可以从中获取一个私钥。现在，消息可以安全地传送给私钥所有者，只有该私钥的所有者能够使用与公钥关联的私钥解密消息。这种方法也可以反过来。使用私钥签名的任何消息都可以使用相应的公钥进行验证。该方法也称为"数字签名"。

公钥的模拟示例是挂锁的示例。让我们假设，小明和小李想要私下交流，因此他们都购买挂锁。如果小李想要向小明发送消息，但是害怕有人可能拦截并阅读它，他会要求小明将挂锁（解锁）发送给他。小李现在可以将他的信放在一个小盒子里并用小明发给他的挂锁锁上。这封信可以在世界各地发送，而不会被未经授权的人拦截。只有拥有挂锁钥匙的小明才能打开这封信。当然，有人可以尝试打破盒子（蛮力），而不是使用钥匙。这是可能的，但困难取决于盒子的弹性和锁的强度。

公钥加密中的关键问题是，增加从公钥导出私钥的难度，同时不会导致从私钥导出公钥的难度同时增加。通过猜测结果来破解加密有多难、猜测私钥需要多长时间，以及它有多贵？私钥由数字表示，这意味着数字越大，不知道该数字的人就越难猜测。随着计算机变得更快、更高效，我们必须提出更复杂的算法，无论是使用更大的数字还是发明更具弹性的算法。

如果猜测一个随机数需要几十年的时间，那么该数字就被认为是安全的。每种加密算法都容易受到所谓的暴力攻击，这种攻击是指通过尝试所有可能的组合来猜测我们的私钥，直到找到解决方案为止。为了确保难以猜测数字，弹性私钥具有最低要求：它必须是（1）随机生成的数字。它需要是一个（2）非常大的数字。它必须使用（3）安全算法来生成密钥。随机性非常重要，因为我们不希望任何其他人或机器使用相同的密钥，并且人类不善于提出随机性。

2.6.3　比特币中的钱包和数字签名

比特币网络中的这种数字签名和类似的区块链是通过钱包进行的。区块链钱包是一种存储我们的私钥、公钥和区块链地址的软件，并与区块链通信。这款钱包可以在电脑、手机或者专用硬件设备上运行。钱包这样的商品允许管理通证，我们可以通过数字签名发送通证，以及检查发送给我们的通证收据。例如，每次发送或接收比特币时，我们都需要使用存储在钱包中的私钥对交易进行签名。随后，我们的个人账户余额将在分类账的所有副本上进行调整，它分布在 P2P 网络的计算机上，也就是区块链。区块链地址与传统金融交易环境中的银行账号具有类似功能。

与手写签名类似，数字签名用于验证我们的身份。通过将数字签名附加到交易中，没有人可以质疑该交易的钱包地址，并且该钱包不能被另一个钱包冒充。私钥用于签名交易，然后使用公钥来验证计算机的签名。

当第一次启动时，比特币钱包会生成一个由私钥和公钥组成的密钥对。在第一步中，私钥是随机生成的 256 位整数。然后，比特币使用椭圆密钥加密从私钥中以数学方式导出公钥。这个数学函数以一种方式工作，这意味着很容易从私钥生成公钥，但使用反向数学从公钥中导出私钥将几乎是不可能的。

使用不同类型的加密函数来导出地址会增加额外的安全性：如果第一层安全性——椭圆密钥加密被破坏，那么拥有公钥的人将能够破解私钥。这很重要，因为当量子计算机成为现实时，椭圆密钥加密特别容易被破坏，而在第二层用于导出地址的散列不易受量子计算机粗暴的影响。这意味着如果有人拥有区块链地址，并且破解了椭圆密钥加密，那个人仍然必须通过第二层安全保护，从公钥中获取地址。这类似于为什么要锁两次自行车，两个不同的锁具有不同的安全机制（钥匙或数字锁），在街道上锁自行车时可以增加一层安全性。

与流行的看法相反，区块链钱包不存储任何通证。它存储与我们的区块链地址关联的公钥 - 私钥对，但它还记录了涉及钱包公钥的所有交易。钱包还存储特殊交易所需的特殊信息，如多重签名交易以及一些其他信息，但它从不包含任何通证。因此，"钱包"这个词有点误导。"钥匙串"这个词更合适，因为它充当安全密钥存储，并作为区块链的通信工具。区块链钱包的私钥和我们携带的公寓钥匙有很多的相似之处。如果我们丢失了公寓的钥匙，公寓仍然是我们的公寓，但只要我们没有领取钥匙，我们就无法进入公寓；或者找来某些家庭成员、某个锁匠帮助我们闯入自己的房子，打破公寓的锁而进入——即转化为算力攻击来猜测出钱包的私钥。

我们的私钥必须始终保密，不应与其他人共享，除非我们想让他们故意访问我们的通证。如果我们丢失了钱包，没有备份到我们的地址和私钥，或者如果我们丢失了私钥，我们将无法获得资金。通证仍然在区块链上，但我们将无法访问它们。如果我们丢失了托管我们钱包的设备，或者它丢失了，但我们拥有种子短语或私钥的备份，那么我们的资金将不会丢失。因此，许多人更愿意在在线交流中托管他们的代币。与今天的银行类似，这些在线交易所充当基金的托管人。从私钥导出公钥和从公钥导出地址这两步过程是只需要备份私钥的原因。

第 3 章

零知识证明

　　零知识证明技术是现代密码学三大基础之一，由格沃斯（S.Goldwasser）、米加里（S.Micali）及拉科夫（C.Rackoff）在20世纪80年代初提出（SHAFI GOLDWASSER, SILVIO MICALI, AND CHARLES RACKOFF, 1989.《The Knowledge Complexity of Interactive Proof System》， 下 载 地 址：http://crypto.cs.mcgill. ca/~crepeau/COMP647/2007/TOPIC01/GMR89.pdf ）。

　　早期的零知识证明由于其效率和可用性等限制，未得到很好的利用，仅停留在理论层面。

　　从2010年开始，零知识证明的理论研究才开始不断突破，同时区块链也为零知识证明创造了大展拳脚的机会，使之走进了大众视野。

　　零知识证明的英文全称是 zero-knowledge proofs，简写为ZKP，是一种有用的密码学方法。

　　证明过程涉及两个对象：一个是宣称某一命题为真的示证者（prover），另一个是确认该命题确实为真的验证者（verifier）。

　　所谓"零知识"，意味着当证明完成后，验证者除了获得对命题正确与否的答案之外，其他信息一无所知，获得的"知识"为零。

　　零知识证明是构建信任的重要技术，也是区块链这个有机体中不可缺少的一环。

什么是证明?

最早接触"证明"这个概念,应该是在中学课程中见到的各种相似三角形的证明。当我们画出一条"神奇"的辅助线之后,证明过程突然变得简单。其实,证明的发展经历了漫长时间长河的沉淀。

1. 古希腊时期:证明 = 知其然,更知其所以然

数学证明最早源于古希腊。古希腊人发明了公理与逻辑,他们用证明来说服对方,而不是靠权威。这是彻头彻尾的"去中心化"。自古希腊以来,这种方法论影响了整个人类文明的进程。

2. 20 世纪初:证明 = 符号推理

到了 19 世纪末,康托、布尔、弗雷格、希尔伯特、罗素、布劳威、哥德尔等人定义了形式化逻辑的符号系统。而"证明"则是利用形式化逻辑的符号语言编写的推理过程。逻辑本身靠谱么?逻辑本身"自洽"吗?逻辑推理本身对不对,能够证明吗?这让数学家 / 逻辑学家 / 计算机科学家发明了符号系统。

3. 20 世纪 60 年代:证明 = 程序

又过了半个世纪,到 20 世纪 60 年代,逻辑学家哈斯卡•咖里(Haskell Curry)和威廉•霍华德(William Howard)相继发现了在"逻辑系统"和"计算系统——Lambda 演算"中出现了很多"神奇的对应",这就是后来被命名的"柯里 - 霍华德对应"(Curry-Howard Correspondence)。这个发现使得大家恍然大悟,"编写程序"和"编写证明"实际上在概念上是完全统一的。

在这之后的 50 年,相关理论与技术的发展使得证明不再停留在草稿纸上,而是可以用程序来表达。这个同构映射非常有趣:程序的类型对应于证明的定理,循环对应于归纳,在直觉主义框架中,证明就意味着构造算法,构造算法实际上就是在写代码。(反过来也成立)

目前,在计算机科学领域,许多理论的证明已经从纸上的草图变成了代码的形式,比较流行的"证明编程语言"有 Coq、Isabelle、Agda 等。采用编程的方式来构造证明,证明的正确性检查可以机械地由程序完成,并且许多重复性的劳动可以由程序来辅助完成。数学理论证明的大厦正在像计算机软件一样逐步地构建。1996 年 12 月,麦昆(W. McCune)利用自动定理证明工具 EQP 证明了一个有 63 年历史的数学猜想"Ronbins 猜想",《纽约时报》随后发表了一篇题为 *Computer Math Proof Shows Reasoning Power* 的文章,

再一次探讨机器能否代替人类产生创造性思维的可能性。

利用机器的辅助确实能够有效地帮助数学家的思维抵达更多未知的空间，但是"寻找证明"仍然是最有挑战性的工作。"验证证明"则必须是一个简单、机械并且有限的工作。这是一种天然的"不对称性"。

4. 20 世纪 80 年代：证明 = 交互

时间拨到 1985 年，乔布斯刚刚离开苹果，而格沃斯（S. Goldwasser）博士毕业后来到了 MIT，与米加里（S.Micali）、拉科夫（Rackoff）合写了一篇能载入计算机科学史册的经典：《交互式证明系统中的知识复杂性》。

他们对"证明"一词进行了重新的诠释，并提出了交互式证明系统的概念：通过构造两个图灵机进行"交互"而不是"推理"，来证明一个命题在概率上是否成立。"证明"这个概念再一次被拓展。

交互证明的表现形式是两个（或者多个）图灵机的"对话脚本"，或者称为 Transcript。而这个对话过程中有一个显式的"证明者"角色，还有一个显式的"验证者"角色。其中，证明者向验证者证明一个命题成立，同时还"不泄露其他任何知识"。这种证明方式就被称为"零知识证明"。

证明凝结了"知识"，但是证明过程却可以不泄露"知识"，同时这个证明的验证过程仍然保持简单、机械，以及有限。

3.1 抛砖引玉：初识零知识证明

3.1.1 为什么会有零知识证明？

前面已经学习过，在使用私钥 / 公钥体系时，永远不应该暴露私钥，因为任何获得私钥的第三方都能够解密其获得的每一条加密消息。下面来考虑一种情况：

常规密码在大部分数据库中都存储为哈希（*Hash*），而不是明文。这里哈希指一个函数，会把一个输入转换成另一个唯一的字符串数据，从而掩饰或隐藏原始数据。

在哈希函数中，实际上几乎不可能从哈希函数创建的惟一字符串反推出原始数据。例如，系统可以使用 keccak256 哈希算法，将密码"HappyLearningZKP"哈希为 0x8d73

022c3e12c1c41d5bdbeb0bac5574b814301c5353fc72b135a09ccc764f0f。

看看这种字母和数字的组合，即使知道哈希算法并使用强大的算力，也无法倒推出原始密码"HappyLearningZKP"。重要的是，哈希函数在定义上是决定性的，这意味着相同的输入总是会得到相同的输出。因此，如果一个网站将我们的密码存储为 0x8d73022c3e12c1c41d5bdbeb0bac5574b814301c5353fc72b135a09ccc764f0f，那么当我们输入"HappyLearningZKP"时，该网站可以通过对其哈希，并与存储在数据库中的哈希值进行比较，来检查我们是否输入了正确的密码。

在上面的情景中，**请注意**：虽然网站不会存储我们的明文密码，但我们仍然需要通过一个安全通道与网站共享密码，这样才能证明你知道你的正确密码。

如果可以向网站证明我们知道正确的密码，而又不必向它共享或透露该密码，那不是更好吗？或者再进一步：证明以前的那个你就是现在你说的这个你？

总体来说，这种方法代表了当今大多数行业验证信息的方式——需要**提供信息**来验证它，需要重新执行计算来验证它是否完整地正确执行。比如，如果银行想批准一笔从我们的账户到另一账户的电子汇款，银行必须在转账前检查你的账户，来确认你的账户中有足够的钱，以此证明我们不是在花费你实际不拥有的钱。同样，如果你想证明自己的身份，你必须提供你的社会安全号码或政府签发的其他身份证明。

而在另一些情况下，不需要知道知识的细节就可以检查结果。例如，供应商甲的出价是否高于供应商乙？供应商乙不应该看到供应商甲的出价，同样，很可能双方都不想向客户以外的第三方披露自己的出价。这时，通过零知识证明的方式，监管或审计机构可以得知，供应商甲的出价低于供应商乙。

这就是零知识证明：一方（证明者）能够向另一方（验证者）证明，自己拥有某一条特定的信息，而又无须披露该信息是什么。

3.1.2 简述零知识证明在区块链中的应用

在区块链上，假设存在一个中转地址，记为 AddrExchange，所有人都把 Token 转到这个地址（AddrExchange），然后，再从 AddrExchange 转出 Token。中转地址被使用之后，有心人就可以通过交易金额等信息，慢慢核对并反推对应关系来找到交易对象。通过技术手段使得转入的交易记录和转出的交易记录无法一一对应，也就真正实现了交易的匿名。零知识证明首先在隐藏对应关系的环节就可以起作用。

现在，让我们把整个区块链系统想象成一个大的中转地址，所有人都往这个地址里转 Token，所有人都从这个地址里把 Token 转走。所有参与交易的人之间不需要合作，转账随时可以进行，不需要等待其他交易。如果在整个系统中，历史上所有的交易都被混合在一起，交易越频繁，交易数量越多，其匿名性也就越高（逆向复杂度高，时间长）。

那么，零知识证明是怎样实现 Token 转入和转出的分离，并且同时保持可以被验证呢？

假设：每个人在转入 Token 的时候，都会生成一个数字（不告诉别人），转账的时候在 Token 上附带一个用这个数字生成的哈希值 Alpha，写入区块链账本系统。在转出 Token 的时候，只需要向系统证明：

交易者知道一个数字，这个数字生成的哈希值是 Alpha。

大家经过区块链上的共识，确认这个证明有效之后，就允许交易者把 Token 转走。因为哈希值 Alpha 在区块链上，说明转入的 Token 是确实存在的，而一旦有人知道哈希值 Alpha 背后的数字，说明其真的是转入 Token 的交易者。

而零知识证明保证了在交易者整个操作过程中，没有人知道交易者的数字是什么，也就无法伪装成交易者把 Token 转走。

问题来了，上面的这个证明其实并没有实现转入交易和转出交易的隔离。因为交易者在转出的时候暴露了哈希值 Alpha，其他人通过哈希值 Alpha 就可以找到转入的那笔交易，从而存在把两笔交易关联起来的可能性。

所以，我们有必要把证明过程再升级一下。因为系统中所有的转入交易都会附带一个哈希值，成了一个哈希值的列表。交易者的哈希值 Alpha 也在这个列表中。如果可以证明：

交易者知道一个数字，这个数字生成的哈希值在系统的哈希值列表中。

那么交易者的哈希值 Alpha 没有暴露，也就没人能把交易者的转入交易和转出交易关联起来。

上面加粗的两句话，就是零知识证明可以做到的事情。当然零知识证明不仅仅可以用作匿名交易，为了更好地帮助读者理解和掌握，我们用具体的实例，通过一些适用的场景来进一步探讨零知识证明。

如果对工程实现有兴趣，现有匿名交易的实现主要有三类，使用环签名的比如门罗

（Monero），使用零知识证明的 Zcash，还有使用 Mimblewimble 协议的 Grin 等。读者也可以思考一下，相对于环签名，零知识证明带来了哪些收益。后续章节我们也会进一步探讨以太坊的运用。

3.2 零知识证明使用场景案例

3.2.1 场景一：万圣节糖果

故事是这样的：一年一度的万圣节到来，小丽和小明分别领取到了一定数量的糖果。他们想知道他们是否收到了相同数量的糖果，却不想透露糖果的数量，因为他们不想彼此分享。

现在我们假设，他们袋子里可能装有 10、20、30 个或 40 个糖果，如图 3-1 所示。

图 3-1   万圣节糖果

这时小明想了个办法，为了比较他们拥有的糖果数量，小明拿到 4 把钥匙和盒子，盒子上分别写上 10、20、30、40，分别对应糖果的数量。小明最后只保留了自己糖果数量跟盒子数字一样的钥匙，其他 3 把钥匙就丢弃了（假设小明只保留了写着 20 的盒子的钥匙）。

然后，小丽在 4 张纸条上，其中一张写上"+"，另外三张写上"-"。然后，把写有"+"的纸条放到跟自己糖果数量是相同数字的盒子里，其余纸条放到其他盒子（假设小丽把"+"放到写着 30 的盒子）。

这时，小明回来后打开他有钥匙的那个盒子（写着 20），然后看它是否包含"+"或"-"的纸条。

（1）如果纸条上写着"+"，说明两个人的糖果数量**一致**。

（2）如果纸条上写着"-"，说明两个人糖果数量**不一致**，但是并不知道对方糖果的具体数量。

（3）这里小明看到纸条上写着"-"，意味着两人的糖果数量不一样，但是小明无法知道小丽的糖果数量。这时候，小丽看到小明手上拿着一张写"-"的纸条，那她也知道两人的糖果数量不一样，但是也无法知道对方拥有糖果的确切数量。

上面这个过程，就是一个零知识证明。

ZKP（"零知识证明"的英文缩写）允许我们证明自己在通信的另一"端"知道某个人的某个秘密（或许多秘密），而没有实际透露出秘密。术语"零知识"源于以下事实：第一方没有透露有关机密的信息（"零"），但是第二方（被称为"验证者"）确信第一方（被称为"证明者"）知道有关机密。

3.2.2　场景二：洞穴

如图 3-2 所示，R 和 S 之间存在一道密门，并且只有知道咒语的人才能打开它。小明知道咒语并想向小丽证明，但证明过程中又不想泄露咒语。他该怎么办呢？

（1）首先两人都走到 P，然后小明走到 R 或者 S。

（2）小丽走到 Q，然后让小明从洞穴的一边或者另一边出来。

（3）如果小明知道咒语，就能正确地从小丽要求的那一边出来。

小丽重复上述过程很多次，直到她相信小明确实知道打开密门的咒语为止。

在这里，小明是证明方，小丽是验证方。小明通过上述方法证明了自己确实知道咒语，但是没有跟小丽透露任何咒语的相关信息，这一过程也就是零知识证明。

这个例子似乎让我们想到了什么——《**阿里巴巴和四十大盗**》。

阿里巴巴不幸遭遇四十大盗，他如果说出藏有财宝的山洞的咒语，他自然也就没命了；但是，如果他不能证明自己知道山洞的开启咒语，也会没命。阿里巴巴灵机一动，想出了一个办法，他对强盗们说："你们必须保持距离我一箭之地，并用弓箭指着我，你们举起右手我就念咒语打开石门，举起左手我就念咒语关上石门，如果我做不到或逃跑，你们就用弓箭射死我"。这样，阿里巴巴就能在距离大盗足够远的位置，说出咒语打开石门，同时，大盗们也无法获知咒语。但是大盗们也眼见为实，看到石门的确被打开，验证了阿里巴巴的确掌握咒语。这个过程阿里巴巴没有直接把咒语透露给大盗们，咒语就是有用的信息。

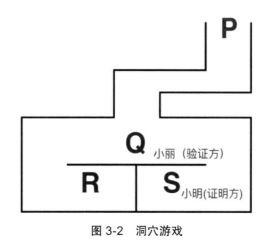

图 3-2 洞穴游戏

3.2.3 场景三：数独挑战

我们知道数独是一种逻辑性的数字填充游戏，玩家必须以数字添进每一格，而每行、每列和每个宫（即 3×3 的大格）有 1~9 所有数字，且同一个数字在行、列、对角线中皆不重复。游戏设计者会提供一部分数字，使得谜题只有一个答案，如图 3-3 所示。

3			5		6			8
	1			8		5		
		8			4		7	
2		3						9
		5	3			1		
7					2	8		6
	9		8			4		
		7		4			8	
8			1		5			7

图 3-3 数独

小明、小丽、小刚三个好朋友很喜欢玩数独游戏。他们三个经常互相出题给对方做。有时候，他们会找来一些非常难的题互相挑战对方。

1. 你行你证明

一天，小明想出了一道非常难的数独题，小丽花了很长时间尝试去解开这个数独，但是怎么都解不出结果。小丽觉得小明在耍她，"这题压根就无解！你做给我看看。"她跑到小明那里抱怨。

"我能证明给你看这题是有解的，而且我知道这个解。"小明淡定地回答道。

小丽想："等你证明给我看之后，我就把解记下来然后去找小刚，给他也做一下这题。"

不料，小明却说："我会用零知识证明的方法给你证明我会这解这道题。也就是说，我不会把解题步骤给你看，却能让你信服我确实会解这道题。"

小丽半信半疑，也好奇这个零知识证明的方法。

2. 证明就证明

小明准备了 81（9×9）张空白的卡片放在桌上，每张纸上写上 1~9 中的一个数字，然后让小丽闭上眼睛转过身去，随后把这 81 张卡片小心翼翼地按照解的排列放在桌上，代表谜底的卡片，有数字的那一面朝下放在桌上；那些代表谜面的卡片，有数字的那一面则朝上放在桌上。

3. 随机抽查验证

如图 3-4 所示，放置好所有卡片后，小明让小丽转过身，睁开眼。小明对小丽说："你不能偷看这些面朝下的卡片。"

小丽很是失望，她原本以为可以看到一个完整的解。

小明说："我能让你检验这些解，你可以随意选择按照行，或者按照列，或者按照3×3 的九宫格来检验我的解。你挑一种吧。"

小丽很困惑，嘴上不住念叨着，然后告诉小明她决定选择按照行的方法来验证，小明接着把每一行的 9 张卡片收起来单独放到一个麻布袋里。所有卡片都被收起来放在 9 个麻布袋里（见图 3-4）。小明接着摇了摇每个麻布袋，把里面的卡片顺序都打散。最后把这 9 个麻布袋交给小丽。

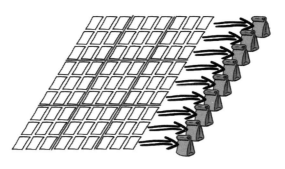

图 3-4 九宫格与麻布袋

4. 不暴露题解的验证方法

"好了,你可以打开这些布袋了,"小明对小丽说,"每个布袋里应该都有正好 9 张,没有重复数字的,分别是数字 1~9 的卡片。"小丽打开每个布袋一看,果真是这样,如图 3-5 所示。

图 3-5 装有卡片的麻布袋

"可是,这证明不了什么吧?我也可以这样做给你看。只要保证每一行都是 1~9 这 9 张卡片,不去管纵列和九宫格里的数字是不是也都是没有重复的,不就行了?"小丽费解地问道。

小明解释说:"可是我事先并不知道你会按照'行'还是按照'列'来收集卡片,或者是按照'九宫格'。我又不是你肚子里的蛔虫……我是按照题解来放置卡片的。"

小丽仔细想了想小明说的话,确实,一个数独只有在有真正正确的解的情况下,才能保证每一行、每一列、每一个九宫格里的数字都是没有重复的 1~9。小明如果真的在骗她,随机抽查至少有 1/3 的概率可以抓到他在骗人。

5. 不信!随机验证多试几次

小丽心里还是有些不服,觉得小明仍然有欺骗她的可能性,所以要求小明再把卡片复原,按照原来的方法,重新选。这样反复验证了几次,每次都选一个不一样的试验方法。

试了好多次都是一样的结果。小丽这下不得不承认，小明要么运气非常非常好，每次都能押中小丽会选择哪种试验方式，要么就是他确实知道题的解。同时也很失望，这么多次试验下来，也还是不知道真正的解，她只知道小明放置卡片的排列里大概率每行、每列、每个九宫格都是没有重复的数字，这就说明这题是大概率有解的，同理得证，小明很可能确实知道数独的解。

小刚在看了这种**零知识证明**的方法后，三个好友养成了通过**零知识证明**去证明自己知道数独题的解的习惯。毕竟每个人在解题的时候都花了很大工夫，不想轻易地把题解直接告诉别人。虽然每次零知识证明的过程很花时间，但是他们的成就感得到了满足。

6. 席卷全球的数独风暴

通过互联网，小明和小丽发现了全世界更多的数独爱好者，他俩决定开一个直播间，直播解数独。为了展现自己的聪明才智，每周开播前，小明在粉丝团里随机抽取一个粉丝递交的数独，直播时，小明会把题解告诉小丽，然后由小丽用零知识证明的方法向观看直播的人们证明这题有解，并且自己知道题解。

7. 作弊风波

这一天，小明和小丽准备直播一个非常难的数独，可是小明发现他把解出的答案落在自己家了。时间紧迫，要重新算一遍指定赶不上开播的时间。但是他和小丽还是决定开播。开播前，小明和小丽说：“咱俩假装弄一弄零知识证明，我告诉你一会儿我会怎么选试验方式。你只要确保每次我选的那种试验方式（每行、每列或每个九宫格）里的数字不要重复就行。”

小丽同意了。

事后，小明和小丽把他俩这次作假的方法告诉了小刚，小刚很失望地斥责他俩：“你们这样做和作弊有什么区别？对得起支持你们的人吗？我再也不相信你们俩的零知识证明了！”

8. 非交互式证明（Non-interactive Proofs）

小刚很不爽。他很享受之前和小明、小丽一起挑战数独的乐趣，但是，现在的他觉得无法信任小明和小丽。小刚想找到另一种方法来保证直播中的小明和小丽不能再这样作假。冥思苦想之后，小刚告诉小明、小丽，他终于想到了一个好方法。小刚把自己关在屋里忙活了一整天，第二天他把小明、小丽叫来，给他们展示自己的新发明：零知识数独非交互式证明机——"The Zero-Knowledge Sudoku Non-Interactive Proof Machine"

65 | 第 3 章 零知识证明

（zk-SNIPM）。

这台机器基本上就是把小明和小丽之前做的那套证明自动化，不再需要人为交互。小明只要把卡片放在传送带上，机器会自动选择按行、列或九宫格来收取卡片，放到袋子里打乱顺序，然后把袋子通过传送带再送出来。然后小明就可以当着镜头的面拆开袋子展示里面的卡片。

这台机器有一个控制面板，打开里面是一串旋钮，这些旋钮用来指示每次试验的选择（行——Rows、列——Columns、九宫格——Blocks），如图 3-6 所示。

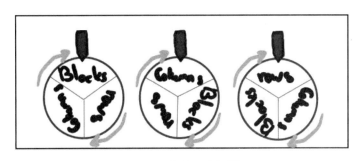

图 3-6　非交互式机器

小刚已经设置好了试验的序列，然后把控制面板焊死，以保证小明和小丽不会知道他到底选择了哪一个试验序列。

小刚可以完全信任自己这台机器，他放心地把机器交给小明和小丽，让他俩下次直播就直接用这台机器来证明。

9. 魔法盒子的开启仪式

小明和小丽很羡慕小刚有这台机器，并且想也能用这台机器来验证小刚自己出的数独题。问题来了，小刚如果知道自己选了什么样的试验序列，那么，用这台机器去验证小刚自己的数独题解，小刚就可以作弊。

怎么解决这个问题呢？其实也挺简单的，只要把大伙聚集起来，共同把控制面板重新打开，然后由大家一起来设置控制面板上的试验序列即可。这个过程可以称之为"可信任的初始设置仪式"（Trusted Setup Ceremony）。

为了增加随机性和保密性，如果把这台机器放在一个漆黑的房间里，并且把旋钮上的指示贴纸也都撕去。三人分别进入到这个屋子，大家进房间时蒙上眼睛来减少作弊的可能性。这样，最后这些旋钮所代表的试验序列他们三个人基本上就都没有办法知道。

即便他们三个人中有两个人事先商量好自己会怎么选，他们也无法得知第三个人会怎么选，从而没有办法作假。等仪式结束之后，他们一起把控制面板焊死，这样至少比原来的可信度增加了不少。

10. 如何破解魔法盒子？

有那么一天，小明在家守着这台机器。他开始反思它是不是像大家认为的那样安全可靠。过了一会儿，他开始尝试给机器故意传送一些假的题解（只保证每行、每列或每个九宫格的数字不重复），试图通过这种试错来找出机器里设置的试验序列。慢慢反复尝试，终于把机器里的试验序列都推断出来了。他既兴奋又沮丧，如何能设计一个更好的证明机呢？

11. 故事的本质

看到这里，相信读者又巩固了对零知识证明的基本认知：**零知识证明的本质，就是在不暴露我所知道或拥有的某样东西的前提下，向别人证明我有很大概率（零知识证明说到底是一个概率上的证明）确实知道或拥有这个东西。**

故事里要证明的，就是一个数独题的题解，小明让小丽每次随机抽取行、列、九宫格的卡片，并收集在一起随机打乱，小丽通过拆开袋子并不能知道题的解，但是却能相信小明很大概率知道题的解。

本场景中的 zk-SNIPM 也是暗指零知识证明现在最普遍的 zk-SNARKs（Zero-Knowledge Succinct Non-Interactive Argument of Knowledge）算法。zk-SNIPM 还有改进的余地，比如用一台扫描仪把第一次卡片的组合就全扫描下来，然后一次性同时验证所有的试验序列。这样就很难用试错的方式来破解机器。

小明和小丽最开始的那种互动式证明方法暗指的是交互式零知识证明（interactive zero-knowledge proof）。交互式零知识证明需要验证方（小丽）在证明方（小明）放好答案（commitment）后，不断发送随机试验。如果验证和证明双方事先串通好，那么他们就可以在不知道真实答案的情况下作弊（simulate/forge a proof）。

非交互式证明则不需要这种互动，但会额外需要一些机器或者程序，并且需要一串试验序列，这个试验序列不能被任何人知道。有了这么一个程序和试验序列，证明机就能自动算出一个证明，并且能防止任何一方作假。

这里需要再升级一下，通过同态加密的方法，把采样点隐藏起来，把加密后的点写入区块链，一样可以完成验证，同时还不暴露采样点。这样就形成了最终的 zk-

SNARKs。

zk-SNARKs 目前也存在很多已知的问题，比如：第一步从函数到代数表达式再到多项式的转换过于复杂，实际操作起来难度太高。采样点的生成仍然需要依赖一个可信的操作方。这个操作方知道采样点，可以伪造任何证明（这也是 Zcash 引入 Trusted Setup 的原因）。这个设置的过程需要在系统初始化的时候完成。如果在以太坊上，我们部署了一个新的函数，就没法通过链上的方法完成这个安全的初始化，这也间接限制了其应用。

而技术的问题最终总会被技术升级所解决。零知识证明为区块链带来保护隐私的特性，有可能带来区块链的下一个爆发点。

Zcash 是在 2016 年 10 月 28 日推出的一种新的加密货币。它是一个比特币的克隆，来自比特币代码库 0.11 的分叉，Zcash 通过增加**完全匿名交易**的附加功能与比特币、以太坊区分开来。因此，Zcash 被誉为"不可跟踪的"加密学货币。

Zcash 为了实现匿名交易，采用了**零知识证明**的密码学和计算机科学分支技术。即使是这个世界上最聪明的数学家也将零知识证明描述为"月球数学"，全球只有少数专门的研究人员对零知识证明运作细节有完全的了解。

零知识证明通过在公共 Zcash 区块链上创建匿名交易来实现 Zcash 的"不可跟踪"。**Zcash 上加密的交易隐藏了发件人和收件人的地址，以及一个地址发送给另一个地址的价值。**这是独一无二的，因为迄今为止，其他区块链会显示从一个地址到另一个地址的价值传输，并且区块链上的任何人都可以看到此交易的值。与其他区块链不同，Zcash 用户可以完全隐藏交易，唯一公开的是在某个时间点发生了某件事。

发送 Zcash 的地址都是匿名的，这意味着如果你不知道他们的实际身份或真实世界的地址，则无法看到货币从哪里流入或流出。

3.2.4　场景四：一个"真实世界中"的案例

某电信业巨头打算部署新一代的 5G 电信网络。这个网络的结构如图 3-7 所示。图中的每个顶点代表一个无线电塔，每一条连线（边）代表无线电塔信号两两重叠的区域，这意味着连线上的信号会互相干扰。

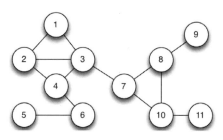

图 3-7　重叠无线电塔结构图

这种重叠的情况是有问题的，这表示来自相邻电塔的信号会互相混淆。幸好在设计之初预见了这个问题，现在通信网络允许传递三种波段的信号，这样就避免了临近电塔信号干涉的问题。

不过现在我们有了新的挑战！这个挑战来自我该如何部署不同的波段，使得任意相邻的两个电塔不具有相同波段。我们现在用不同颜色来表示不同波段，可以很快找到一种解决方案，如图 3-8 所示。

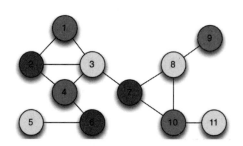

图 3-8　相邻电塔用不同波段来规避重叠

到目前为止，这个难题就是著名的算法问题——三色问题（graph three-coloring）。这个问题有趣的地方在于：某些非常庞大的网络中，我们很难找到解，甚至连证明问题有解都办不到。

如果只是上面给的这种示例图，我们用人工计算就能轻松找出题的解。但是，如果无线通信网路规模特别复杂而庞大，动用企业常规所有能调配的计算资源都无法找到解答的情况下，该怎么处理呢？

假设某个乙方公司动用了大量的算力来寻找有效的着色方法。必然，在电信公司在得到确实有效着色方法之前，并不打算付钱给乙方。同样，对于乙方来说，在电信公司付款之前，也不愿意给出着色方法的真正副本。因此双方就会陷入僵局。

谷歌工程师向在麻省理工学院的米加里（Micali）等人进行了咨询，同时想出了一种非常聪明而优雅，甚至不需要任何计算机的方法来打破上述的僵局。只需要一个大仓库、大量的蜡笔和纸张，以及一堆帽子。

首先，电信公司先进入仓库，在地板上铺满纸张，并在空白的纸上画出电塔图。接下来离开仓库，换谷歌工程师进入仓库。谷歌工程师先从一大堆的蜡笔中，随机选定三个颜色（与上面的例子一样，假设随机选中红色 / 蓝色 / 紫色），并在纸上照着自己的解决方案上色。请注意，用哪种颜色上色并不重要，只要上色的方案是有效的就行！

谷歌工程师们上色结束后，在离开仓库前，会先用帽子把每张纸上的电塔盖住。所以当电信公司回到仓库的时候，会看到如图 3-9 所示的界面。

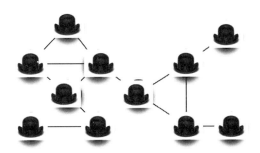

图 3-9　谷歌对着色方法进行保密

显然的，这种方法保障了谷歌着色方法的秘密性。但是如何证明进行了有效的着色呢？

谷歌工程师们决定给我机会"挑战"他们的着色方案。电信公司被允许——随机选择图上的一条边（两个相邻帽子中间的一条线），然后要求谷歌工程师揭开两边覆盖着的帽子，让我看到他们着色方案中的一小部分，如图 3-10 所示。

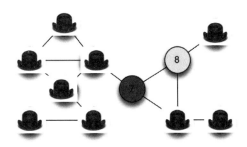

图 3-10　局部检验去重性

这样做，会产生两种结果：

（1）如果两个点颜色相同（或是根本没有被着色！），则表明谷歌工程师们对我撒谎。

（2）如果两个点颜色不同，那么谷歌工程师可能没有撒谎。

即使我刚才进行了一轮观察，毕竟我只揭开两顶帽子，只看到两个点，仍然不能保证谷歌工程师所给的方法是有效的。假如图上有 E 条不同边，在目前条件下谷歌仍有很大的可能是给了一个无效的着色方案。实际上，在经过一次揭帽观察后，仍有高达 $(E-1)/E$ 的概率会被骗（假如有 1 000 条边，有 99.9% 的概率这个方案无效）。

那就再一次、重新进行观察！

再次走出仓库，让他们重新铺上新的纸张，并把空白的电塔图画上。谷歌工程师再次从大量蜡笔中随机选出三种颜色进行着色。再次完成有效着色方案，但使用新的三种随机颜色。接着又盖上帽子。

电信公司走进仓库再一次进行"挑战"，选择一条新的、随机的边。上述逻辑再一次适用。如此持续反复 n 次，那么如果谷歌工程师作弊，他必须连续 n 次都这么幸运。这当然有可能发生——但发生的可能性相对较低。现在谷歌工程师连续两次都骗到我的概率为 $[(E-1)/E] * [(E-1)/E]$（在 1 000 条边的情况下，大约有 99.8% 的可能性，还是很高）。

电信公司被骗的概率总会存在，即使概率很小。但经过大量的迭代后，最终可以将信心提升到一个程度，那时候谷歌工程师只剩下微不足道的概率可能骗到我——这概率低到我可以安全地把钱交给谷歌工程师。

在这个过程中，谷歌工程师同样受到保护。即使电信公司试图在挑战的过程中推敲出正确的着色方案，那也不要紧。因为谷歌工程师在每一次迭代前随机更换三种新的颜色，这让电信公司获得的讯息毫无帮助，每次挑战的结果也无法被串联起来。

1. 是什么让它"零知识"的

最难说明的就是"零知识性"。为此，必须进行一项非常奇怪的思想试验。

从一个假设开始。假如谷歌工程师花了数周时间，仍然没有想出着色问题的解决办法。现在只剩下 12 小时就得展示了，绝望使人疯狂，他们决定诱导电信公司相信他们已经完成有效的着色，而实际上并没有完成。

怎么办呢？他们潜入 Google X 研究室，并"借用"谷歌时光机的原型机。最初想将时间倒退几年，这样可以获得更多时间来解决问题。不幸的是，这台原型机有限制——只能倒退四分半钟的时间。

虽然使用时光机获得更多工作时间的想法已经不可行，但这有限的功能已经足够完成欺骗。

因为谷歌工程师们**实际上不知道**正确的着色方案，只能直接从大量蜡笔中随机选出颜色来涂，然后盖上帽子。如果足够幸运，电信公司在挑战时选中不同颜色点，他们就可以松口气然后继续进行挑战，以此类推。万一某次挑战揭开两顶帽子时，发现两个**相同颜色**的点！他们就用时光机挽回颓势——让时间倒退四分半钟，然后再以新的完全随机方式着色。接着时间正常前进，挑战将继续进行。

时光机让谷歌工程师可以挽回在欺骗过程中的任何失误，同时让电信公司误以为这个挑战过程完全符合规则。从谷歌工程师的角度来看，造假被发现的情况只有1/3，所以整个挑战时间只会比诚实情况下（即知道有效解答）的挑战时间稍微长一点；从电信公司的角度来看，会认为这是完全公平的挑战，因为电信公司并不知道时光机的存在，所以看到的每一次挑战结果，都会认定这就是真实的！而统计结果也完全一致。（在时光机作弊的情境下，**谷歌工程师们绝对不知道正确着色方案**。）

2. 这到底说明了什么

请注意，上例其实是一个**计算机仿真**的例子。在现实世界中，时间当然不能倒退，也没有人能用时光机器骗我，所以基于帽子的挑战协议是合理且可靠的。这表示在 E^2 轮挑战后，电信公司应该相信盖着的图是被正确着色的，同时谷歌工程师们也遵守协议规则。

如果时间不只能够前进——特别的是谷歌能"倒退"我的时间，那即使他们没有正确的着色方案，他们仍然能使挑战正常进行。

从电信公司的角度出发，这两种情况有什么区别？考虑从这两种情况下的统计分布，会发现根本没有区别，两者都表达了相同量级的有效信息。这恰好证明了下面这件非常重要的事情。

假设电信公司（验证者）在正常挑战协议过程中，有办法"提取"关于谷歌正确着色方案的相关信息。那么当电信公司被时光机愚弄的时候，验证者的"提取"策略应该仍然有效。但从验证者的角度来看，协议运行结果在统计学上毫无二致，验证者根本无法区别。因此，如果验证者在"公平的挑战"和"时光机实验"下，所能得到的信息量相同，且谷歌在"时光机实验"中投入的**信息量为零**，则证明即使在公平的挑战下，也不会透露任何相关信息给验证者知道。

3. 抛开帽子和时光机

在现实世界中一般不会想使用帽子来验证协议，谷歌（可能）也没有真正意义上的时光机。

为了将整件事情串起来，我们先把这个协议放到数字世界。这需要我们构建一个相当于"帽子"功能的等价物——它既能隐藏数字价值，又能同时"绑定"（或"承诺"）创建者，这使得事实被公布后他也不能不认账。

幸运的是，我们恰好有这种完美的工具。这就是所谓的数字承诺方案。这个方案允许一方在保密的情况下"承诺"给出的信息，然后再"公开"承诺的信息。这种承诺可以有很多结构组成，包含（强）加密哈希函数。

我们现在有了承诺方案，也就有一切电子化运行零知识证明的要素。首先证明者可以将每个点以数字信息形式"着色"（例如以数字 0,1,2…），然后为每个数字信息生成数字承诺。这些数字承诺会发送给验证者，当验证者进行挑战的时候，证明者只需要展示对应两个点的承诺值就行。

所以，我们已经设法消除帽子了，但如何证明这个过程是零知识的？

我们现在身处数字世界，不再需要一台时光机证明与此相关的事。其中的关键在于数字世界中，零知识证明协议不是在两个人之间运行，而是在两方不同的计算机程序上运行（或者更规范地说，是概率图灵机）。

现在可以证明下面的定理：如果你能做出一套程序，使得验证者（计算机）能够在挑战过程中"提取"额外的有用信息，则我们就有办法在程序中加入"时光机"的功能，使得它能够在证明者没有投入任何信息的情况下（注：即谷歌工程师没有正确解），从"假"的挑战过程获得等量的额外信息。

因为现在讨论的是**计算机程序**，回退、回滚等倒退时间的操作根本不是难事。实际上，我们在日常使用上就不断在回滚程序，比如带有快照功能的虚拟机软件。

即使没有复杂的虚拟机软件，任何计算机程序也都可以回滚到先前状态。我们只需要重新启动程序，并提供完全相同的输入即可。只要输入的所有参数（包含随机数）都是相同的，程序将永远按照相同的执行路径操作。这意味着我们可以从头开始运行程序，并在需要的时间点进行"分叉"（forking）。

最终我们得到以下定理：如果存在任何的验证者计算机程序，它可以通过与证明者的协议交互过程中提取信息，那么证明者计算机同样可以通过程序回滚来"欺骗"验证者——即证明者无法通过挑战，却以回滚的方式作弊。我们已经在上面给出了相同的逻辑：如果验证者程序能从真实的协议中提取信息，那么它也应该能从模拟的、会回滚的协议中获取等量的信息。又因为模拟的协议根本没有放入有效信息，因此没有可提取的信息。所以验证者计算机能提取的信息一定始终为零。

4. 我们到底知道了什么

根据上面的分析，我们可以知道这个协议是完整且可靠的。该论点的可靠性在我们知道没有人玩弄时间的前提下都是站得住脚的。也就是说，只要验证者计算机正常运行，并且保证没有人在进行回滚作弊的话，协议是完整且可靠的。

同时我们也证明这种协议是零知识的。我们已经证明了任何能成功提取信息的验证者程序，也一定能从回滚的协议运行中提取信息，而后者是没有信息放入的。这明显自相矛盾，间接论证该协议在任何情况下都不会泄露信息。

这一切有个重要的好处。比如，在谷歌工程师向我证明他们有正确的着色方案后，我也无法将这个证明过程转传给其他人（如法官）用以证明同样的事，这使得伪造协议证明变成了不可能的事。因为法官也不能保证我们的视频是真是假，不能保证我们没有使用时光机不断回滚修改证明。所以零知识证明只有在我们自己参与的情况下才有意义，同时我们可以确定这是实时发生的。

5. 证明所有的 NP 完全问题 [①]

我们讲了半天的三色电信网络，其实并不有趣——真正有意思的地方在于，三色问题属于 NP 完全问题。简单来说，这件事的奇妙之处在于任何其他的 NP 问题都可以转化为这个问题的实例。在一次不经意的尝试下，格雷奇（Goldreich）、米加里（Micali）和威德森（Wigderson）发现"有效的"零知识证明大量存在于这类问题的表述中。其中的许多问题比分配网格问题有趣得多。你只需要在 NP 问题中找到想要证明的论述，比如上面的哈希函数示例，然后转化为三色问题，然后再进行数字版的帽子协议就行啦！

单纯为了兴趣来运行这项协议，对任何人来说都是疯狂的——因为这样做的成本包含原始状态和证人的规模大小、转化为图形的花费，以及理论上我们必须运行 E^2 次才能说服某人这是有效的。

---

① NP 完全问题指无法在多项式时间内解决的问题。

所以我们迄今展示的，是要表达这种证明是"可能的"。我们仍然需要找到更多的实例来支撑零知识证明的可用性，还好，区块链的世界里不乏这样的例子。

3.3 零知识证明的应用发展

让我们先从以太坊的应用进展说起。

要想成功解决公链的可扩展性问题，不仅仅要做到提高交易吞吐量。区块链世界里所谓的可扩展性，就是系统要能够在**满足数百万用户的需求的同时，不以去中心化为代价**。而加密货币能大规模普及的前提条件是速度快、费用低、用户体验流畅，并且能保护隐私。

在没有技术突破的情况下，现有的可扩展性解决方案不得不在一个或多个条件上做出重大妥协。幸运的是，零知识证明技术的最新进展为我们带来了更多新的解决方案。

Matter Labs 团队宣告了 ZK Sync 的愿景：基于 ZK Rollup 的免信任型可扩展性和隐私性解决方案，旨在带来绝佳的用户和开发者体验。ZK Sync 的开发者测试网络也已经上线。

ZK Sync 旨在将以太坊上的吞吐量提高到像 VISA 那样，每秒可达几千笔交易，同时又能确保资金像存储在底层账户那样安全，并维持较高水平的抗审查性。该协议的另一个重要方面，是延迟性极低：ZK Sync 上的交易具有即时经济确定性。

项目遵行精益设计理念，并支持以循序渐进的方式推进协议，按顺序逐一引入各个功能，让每个步骤都能为用户带来最实际的价值。从最基础的部分（安全性）开始，首先聚焦于基础可扩展性（代币转移），然后是可编程性（智能合约），最后是隐私性。

ZK Sync 特性一览：

- 严格持平于L1的安全性
- VISA级别的吞吐量
- 亚秒级交易确认速度
- 抗审查，抗DDoS攻击
- 隐私保护型智能合约

3.3.1　区块链扩容的挑战

在没有得到真正的普及之前，互联网货币、DeFi、Web 3.0 等区块链概念的价值主张在很大程度上都无法实现。

可扩展性指的不仅仅是交易吞吐量，还有区块链系统是否能够满足数百万用户的需求。

我们来看一看将区块链推向大众所面临的三大挑战。

3.3.1.1　挑战一：保持去中心化的信任基石

要想在现实生活中推广区块链，目前去中心化程度最高的区块链在交易处理量上比现有的交易技术还差了一个数量级。比特币网络每秒能处理几笔交易，以太坊网络每秒能处理几十笔交易——而 VISA 平均每秒能处理两千多笔交易。

但是，对于比特币和以太坊而言，低效是一种特色，而非缺陷！只要减少验证者的数量，就能轻而易举地加快交易处理速度。作为两大顶尖区块链网络，比特币和以太坊上大量的全节点是它们最重要的资产。因此，这就为区块链带来了强韧性，从根本上将其与现有金融机构区别开来。

另一个热门的扩容方案就是，要求每个验证者只验证一部分相关的区块链流量，而非全部流量。但这难免会引入另外的信任假设，系统所依据的博弈论基础也会变得极为脆弱。

3.3.1.2　挑战二：实现真正的隐私性

现实世界中，绝大多数人都不会愿意自己转移财富的交易往来公之于众。毕竟这是隐私数据。在某些动荡地区，如果暴露自己拥有多少财产的话，就不可能愿意用加密货币来完成支付。再比如，如果付款时有可能暴露自己的真实身份，生产或消费成人内容的人就不可能使用加密货币来代替其他支付方式，如支付宝、微信支付等。

此外，链上交易在不具备保密性的情况下，《通用数据保护条例》（GDPR）和《2018年加州消费者隐私法案》（CCPA）之类的隐私条例，会促使普通企业从公链转向更加中心化的支付和金融中心，这会让我们这个日益无现金化的社会变回成电影里演绎的《楚门的世界》或者《少数派报告》。

谁想要财务隐私？

财务隐私合法使用案例的范围很广。事实上，财务隐私对于世界上发生的大多数交易来说可能是需要的。

例如：

- 一家公司不想让竞争对手知道自己的供应链信息。
- 明星不想被公众知道自己正在支付向破产律师或离婚律师咨询的费用。
- 一个家庭因为害怕被歧视，希望对雇主和保险公司隐瞒他们的孩子有慢性病症或遗传问题的事实。
- 一个富有的人不希望犯罪分子了解他的行踪以及试图勒索他的财富。
- 交易柜台或不同商品的买卖双方之间的其他中间商公司希望避免交易被切断。
- 银行、对冲基金和其他类型的交易金融工具（证券、债券、衍生工具）的金融实体；如果其他人可以弄清楚它们的仓位或兴趣所在，那么此信息会使此交易者处于劣势，影响它们顺利交易的能力。

隐私性是普及区块链的必备条件。

但是在公链上很难实现隐私性，原因有如下三个方面。

（1）隐私性必须是协议的默认配置。引用以太坊创始人 Vitalik Buterin 的话来说，"如果隐私模型的匿名集是中等大小，实际上就只有很小。如果隐私模型的匿名集很小，实际上就约等于没有。只有全球化的匿名集才是真正强健可靠的"。

（2）要让隐蔽交易成为大家的默认选择（普及），隐蔽交易的交易费用必然要保持非常低，但是在技术上，隐蔽交易必将带来高昂的计算成本。

（3）隐私模型必须具有可编程性，因为现实世界的用例不仅仅局限于转账，还需要账户恢复、多签和消费限额等。

3.3.1.3 挑战三：达到符合预期的用户体验

现实世界的产品竞争是激烈、残酷的。产品经理都很愿意迁就用户来进行产品体验、交互的设计。用户越来越喜欢轻松、轻量的用户体验，享受即刻带来的满足感，却会无意之间忽略了长尾风险。要想驱动用户从熟悉的事物切换到新事物，这需要非常强大的驱动力，无论是利益驱动还是结果驱动。对于一些人来说，加密货币的价值主张（彻底的自主产权、抗审查性和健全货币）就已经有足够的吸引力。但是这些先行者或者极客很可能已经入场了。加密货币若要实现当初的承诺，其用户群体的规模就算不用数十亿，也要有数百万才行。

如果要吸引数百万主流用户，需要为他们提供符合乃至超出期望的用户体验。也就是说，必须持续不断地提供全新的功能，还要尊重保留人们已经习惯的、传统互联网产品的所有便利属性，即"快速、简单、直观且具有容错性"。

3.3.2　ZK Sync 的承诺：免信任、保密、快速

下面从技术角度，让我们来看看 ZK Sync 的架构、设计原则以及协议的良好特性。

1. 安全性：扎根于 ZK Rollup

ZK Sync 是基于 ZK Rollup 的概念搭建的。

简而言之，ZK Rollup 是一种二层（Layer 2）扩展方案，所有的资金都存储在主链上的智能合约内，计算和存储则在链下执行。每创建一个新的 Rollup 区块，就会生成一个状态转换的零知识证明（SNARK），并提交给主链上的合约进行验证。这个 SNARK 包含了对 Rollup 区块中所有交易有效性的证明。此外，每个区块的公开数据更新，都会作为便宜的 calldata 发布到主链上。

该架构提供了以下保证：

（1）Rollup 验证者永远不能破坏状态或窃取资金（注意，这里不同于侧链）。

（2）即使验证者不配合，用户也可以追回 Rollup 上的资金，因为 Rollup 具备数据可用性（注意，这里不同于 Plasma）。

（3）得益于有效性证明，无论是最终用户，还是可信的第三方，都不需要通过在线监视 Rollup 区块来防止诈骗（注意，这里不同于使用错误性证明的系统，例如支付通道或 optimistic rollup）。

综上所述，ZK Rollup 严格继承了底层链的安全保障。正是有了这种安全保障，再加上丰富的以太坊社区和现有的基础设施，以太坊才决定专注于二层解决方案，而不是试图搭建自己的底层链。感兴趣的读者可以去继续了解 ZK Rollup 和 Optimistic Rollup 之间的区别，会更有收获。

Matter Labs 在过去的一年以来都在研究 ZK Rollup 技术。自首个原型发布以来，团队已经全部重写了架构和 ZK 的电路。最新的版本融合了从社区获得的反馈，并实现了

各种可用性和性能改进。

简单概括一下，ZK Rollup 实现的安全性体现在如下几点：

- 完全的免信任性
- 具备与底层链（以太坊）同样的安全保障
- 第一次确认之后，就具有由以太坊背书的确定性

2. 可用性：实时交易

尽管大家乐观相信，但是仍然还需要证明的是：ZK 证明技术的最新发展成果将缩短证明时间，将 ZK Rollup 区块的出块时间控制在一分钟之内。一旦区块证明被提交到主链，并在 Rollup 智能合约中验证通过，这个区块内的所有交易都会得到最终确定，并且受到 Layer-1 抵御链重组的能力保护。

尽管如此，就零售和线上支付领域而言，以太坊上 15 秒的区块延迟也有些不可接受，如何才能够做得更好呢？

所以，大家打算在 ZK Sync 中引入**即时交易收据（instant tx receipts）**。

简单来说，那些选择参加 ZK Sync 区块生产的验证者，必须向主网上的 ZK Sync 智能合约提交一笔可观的安全保证金。由验证者达成的共识会为用户提供**亚秒级**确认，确保其交易包含在下一个 ZK Sync 区块内，并由绝大多数（2/3 以上）的共识参与方签署（按权益加权）。

如果一个新的 ZK Sync 区块被创建出来并提交到主链上，它是无法被撤回的。但是，如果这个区块不包含已承诺的交易，则签署过原始收据和新区块的验证者，其安全保证金会被罚没。这部分验证者所质押的保证金必定超过总金额的 1/3 以上。也就是说，惩罚会覆盖 1/3 乃至以上的安全保证金，而且只有恶意验证者会遭受惩罚。

被罚没的金额中有一部分会用来补偿交易接收者，剩下的会被销毁。

罚没机制既可由用户自己触发，也可由任意签署过原始交易收据的诚实共识参与方触发。后者天生就有触发罚没机制的动机：如果他们参加下一轮区块生产，可能也会遭到惩罚。因此，共识参与者中只要有一个是诚实的就足以检测欺诈。

再细说一遍：ZK Sync 设计了一种零确认的交易模式，也就是让一笔交易附带一个即时交易数据，该收据会指向一个尚未发布到链上的 ZK Sync 区块。

在区块证明发布到主链之前，只有短短几分钟的时间可以对 ZK Sync 上的零确认交易发起双花攻击。此外，恶意验证者要想诱使用户相信自己的交易已成为零确认交易，

得做好 1/6 的安全准备金被罚没的打算。

从买卖双方的角度来看,零确认交易是:

(1)即时的;

(2)存在逆转的可能性,不过只在短短的几分钟之内;

(3)只有在同时而非逐个对上千个卖方发起攻击的情况下才可逆。

相比信用卡支付,ZK Sync 在用户体验和安全性上有很大提升!

现在让我们站在不同参与者的角度来看:

■ **出售实物商品的线上商店**会立即向用户确认订单,但是不会遭受攻击,因为卖家会等到完全确认之后再发货。

■ **实体店**在交易量较少之时是几乎不可能遭受攻击的。即使你是以即时收据的形式来出售一台Macbook,也要有数千名协调一致的攻击者在不同的地点发起攻击,还要依靠大多数验证者串谋才能成功。

说得再深入一些。为了量化风险,我们可以将保证金提供的经济保证与 PoW 区块链提供的结算保证进行比较。举例来说,经过 35 个交易确认之后,Coinbase 才会接收一笔以太坊资金存款。如果是通过亚马逊云服务租用 GPU 来发起51% 攻击的话,要持续攻击 10 分钟才能撤回这个交易,成本大约在 6 万美元。假设安全保证金高达数百万美元,撤回一个即时 ZK Sync 收据所需的成本会高得多。因此,这些即时收据的经济确定性相比以太坊有过之而无不及。

要注意的是,即时交易数据不会受到 ETH 区块重组的影响,因为这些收据的有效性与以太坊无关。此外,以太坊的结算保证与 ZK Sync 的结算保证是结合在一起的。

3. 总结:实时交易

■ 亚秒级交易确认的经济确定性堪比以太坊。

■ 几分钟之后就具有由以太坊背书的确定性。

3.3.2.1　活性:抗审查性和抗 DoS 攻击

扩展方案必然具备的一个属性是,大多数用户都无法参与所有交易的验证。因此,所有二层扩展方案都需要专门设置一个角色(Plasma 和 Rollup 上的验证者、Lightning hub,等等)。这类角色对于安全性和性能的要求较高,带来了中心化和审查的风险。

为了解决这一问题,ZK Sync 在设计上引入了两种不同的角色:验证者和守护者。

1. 验证者（Validitor）

验证者负责将交易打包到区块内，并为这些区块生成零知识证明。他们要参与共识机制，必须缴纳一笔安全保证金，才能创建即时交易收据。验证者节点必须在网络带宽良好的安全环境中运行。或者，他们也有可能按自己心意在不安全的云平台上生成零知识证明。

验证者将获得交易费作为奖励，是用被交易代币来支付的（为终端用户提供最大程度的便利）。

为了快速达成 ZK Sync 共识，验证者的人数是有限制的（根据我们的分析，30~100人比较合适）。但是别忘了，ZK Rollup 验证者是完全免信任的。在 ZK Sync 上，恶意验证者既不能破坏系统的安全性，也不能欺骗诚实的验证者触发罚没机制。因此，不同于 optimistic rollup，系统的守护者（Guardian）可以频繁更换一小部分验证者。与此同时，只要有 2/3 的提名验证者是诚实且可进行操作的，就能确保满足活性要求（liveness）。

2. 守护者（Guardian）

大部分通过质押代币份额来提名验证者的 ZK Sync 持币者会成为守护者。守护者的目的是监控点对点交易流量，探测审查行为，并确保不会提名那些有审查行为的验证者。为了保护自己的质押物不被罚没，守护者必须确保 ZK Sync 可以抵御 DoS 攻击，不会实施审查。

虽然投票密钥通常来说都是在线保存的，但是这不会给 ZK Sync 上的守护者带来罚没或盗窃的风险（所有权密钥是冷存储的）。守护者就可以选择只监控一小部分流量。因此，守护者节点可以运行在普通的手提电脑或云服务器上，也就是说，不需要提供专门的验证者服务。

守护者会获得验证者的费用作为奖励，是以 ZK Sync 原生代币的形式发放的。其收益和押金会被锁定较长一段时间，以此促进 ZK Sync 代币的长期升值。

3. 总结：活性

- 两种角色：验证者和守护者都受到交易费的激励。
- 由验证者运行共识机制并生成证明。
- 由运行在普通硬件上的守护者防止审查。

3.3.3 RedShift：透明的通用 SNARK

要实现基于零知识证明的智能合约（无论是透明的还是保护隐私的），最大的障碍就是缺乏一种通过递归组合实现的高效且通用的零知识证明系统（efficient generic ZK proof systems with recursive composition）。Groth16 曾是最高效的 ZK SNARK，但它需要为每一个应用专门启动一套受信任的初始化设置，而且在采用递归方式时会很低效。另一方面，基于 FRI 的 SNARK 需要高度专业化的构建技能，而且缺乏针对任意通用电路的高效递归组合。

这也是开发 RedShift 的主要动机之一：从基于 FRI 协议的多项式承诺方案（polynomial commitment scheme）中衍生出一个透明、高效且简洁的新型 SNARK。RedShift 目前正在进行同行评议和社区反馈，之后会将 RedShift 作为一个核心部分部署在 ZK Sync 上。

Redshift 是一种通用的 SNARK，能让我们将任意程序转换为可证明的 ZK 电路。异构电路（如不同的智能合约）可以通过递归的方式在一个 SNARK 中构成。RedShift 仅依赖于抗碰撞的哈希函数，因此可被认为具有后量子安全性。

总结：Redshift

- 透明的：不需要可信的设置。
- 可被认为具有后量子安全性：基于久经考验的密码学。
- 通用的：适用于通用程序（这点与STARK相反）。

3.4 libsnark 开源实践简介

libsnark 是目前实现 zk-SNARKs 电路最重要的框架，在众多私密交易或隐私计算相关项目间广泛应用，其中最著名当然要数 Zcash。Zcash 在 Sapling 版本升级前一直使用 libsnark 来实现电路（之后才替换为 bellman）。毫不夸张地说，libsnark 支撑并促进了 zk-SNARKs 技术的首次大规模应用，填补了零知识证明技术从最新理论到工程实现间的空缺。

libsnark 是用于开发 zk-SNARKs 应用的 C++ 代码库，由 SCIPR Lab 开发并维护。libsnark 工程实现背后的理论基础是近年来（尤其是 2013 年以来）零知识证明特别是 zk-

SNARKs 方向的一系列重要论文。

从 Github 上可以看到这个项目的主要开发者，如：

- 马达斯·维嘉（Madars Virza）
- 霍华德·吴（Howard Wu）
- 伊兰·特鲁莫（Eran Tromer）

他们大多都是这个领域内顶尖的学者或研究牛人。扎实的理论基础和工程能力，让 libsnark 的作者们能够化繁为简，将论文中的高深理论和复杂公式逐一实现，高度工程化地抽象出简洁的接口供广大开发者方便地调用。

libsnark 的模块总览如图 3-11 所示，摘自 libsnark 代码贡献量第一作者马达斯·维嘉在 MIT 的博士论文。

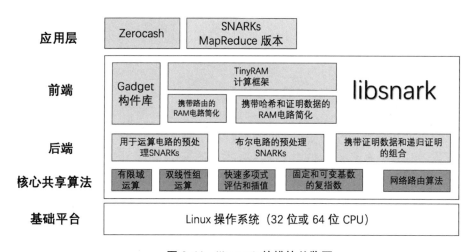

图 3-11　libsnark 的模块总览图

libsnark 框架提供了多个通用证明系统的实现，其中使用较多的是 BCTV14a 和 Groth16。

查看 libsnark/libsnark/zk_proof_systems 路径，就能发现 libsnark 对各种证明系统的具体实现，并且均按不同类别进行了分类，还附上了实现依照的具体论文。

其中，zk_proof_systems/ppzksnark/r1cs_ppzksnark 对应的是 BCTV14a，zk_proof_systems/ppzksnark/r1cs_gg_ppzksnark 对应的是 Groth16。

ppzksnark 是指 preprocessing zkSNARK。这里的 pp/preprocessing 其实就是指我们常

说的 trusted setup，即在证明生成和验证之前，需要通过一个生成算法来创建相关的公共参数（proving key 和 verification key）。我们也把这个提前生成的参数称为"公共参考串"（Common Reference String），或简称为 CRS。

基本原理与步骤

使用 libsnark 库进行开发 zk-SNARKs 应用，从原理上可简要概括为主要 4 个步骤：

（1）将待证明的命题表达为 R1CS（Rank One Constraint System）；

（2）使用生成算法（G）为该命题生成公共参数；

（3）使用证明算法（P）生成 R1CS 可满足性的证明；

（4）使用验证算法（V）来验证证明。

R1CS 是一种表示计算的方法，使其能够满足零知识证明。基本上任何计算都可以简化（或平铺）为一个 R1CS。例如向量 w 上的一个秩为 1 的约束被定义为

```
function C(x, out) {
    return ( x^3 + x + 5 == out );
}
```

第一步：我们需要将函数 C(x, out) 在 libsnark 中进行表达。此处先省略，后面介绍详细过程。

第二步：对应下面的 Generator 函数 G，lambda 为随机产生，也就是常说的 trusted setup 过程中产生的"toxic waste"。人们喜欢称它为"有毒废物"，是因为它必须被妥善处理（如必须销毁，不能让任何人知道），否则会影响证明协议安全。

```
lambda <- random()
(pk, vk) = G(C, lambda)
```

最终生成 proving key (pk) 和 verification key (vk)。

第三步：对应使用 Prove 函数（P）生成证明。这里想证明的是 prover 知道一个秘密值 x 和计算结果 *out* 可使等式满足。因此将 x、*out* 还有 *pk* 作为输入一起传给 P，最终生成证明 proof。

```
proof = P(pk, out, x)
```

第四步：对应使用 Verify 函数（V）验证证明，将 *proof*、*out* 还有 *vk* 传给 G，即可

在不暴露秘密的情况下证明存在一个秘密值可使等式满足。

```
V(vk, out, proof) ?= true
```

而**开发者主要工作量就集中在第一步**，需要按照 libsnark 的接口规则手写 C++ 电路代码来描述命题，由代码构造 R1CS 约束。整个过程也就对应图 3-12 的计算（Computation）→算法电路（Arithmetic Circuit)→ R1CS。

图 3-12　电路代码过程图

具体的例子，可参见如下两个项目：

■ https://github.com/howardwu/libsnark-tutorial

■ https://github.com/christianlundkvist/libsnark-tutorial

根据霍华德·吴（libsnark 作者之一）的 libsnark_tutorial，run_r1cs_gg_ppzksnark() 是主要部分。很容易发现，真正起作用的实质代码只有下面 5 行。

```
    r1cs_gg_ppzksnark_keypair<ppT> keypair = r1cs_gg_ppzksnark_
generator<ppT>(example.constraint_system);

    r1cs_gg_ppzksnark_processed_verification_key<ppT> pvk = r1cs_gg_
ppzksnark_verifier_process_vk<ppT>(keypair.vk);

    r1cs_gg_ppzksnark_proof<ppT> proof = r1cs_gg_ppzksnark_
prover<ppT>(keypair.pk, example.primary_input, example.auxiliary_input);

    const bool ans = r1cs_gg_ppzksnark_verifier_strong_IC<ppT>(keypair.vk,
example.primary_input, proof);

    const bool ans2 = r1cs_gg_ppzksnark_online_verifier_strong_IC<ppT>(pvk,
example.primary_input, proof);
```

我们从"超长"的函数名上能直观地看出每一步是在做什么，但是却看不到如何构造电路的细节。实际上这里仅仅是调用了自带的 r1cs_example，隐去了实现细节。

下面通过一个更直观的例子来学习电路细节。研究 src/test.cpp，这个例子改编自克里斯汀·伦德伟（Christian Lundkvist）的 libsnark-tutorial。

代码开头仅引用了三个头文件：

```
#include <libsnark/common/default_types/r1cs_gg_ppzksnark_pp.hpp>
#include <libsnark/zk_proof_systems/ppzksnark/r1cs_gg_ppzksnark/r1cs_gg_ppzksnark.hpp>
#include <libsnark/gadgetlib1/pb_variable.hpp>
```

前面提到 r1cs_gg_ppzksnark 对应的是 Groth16 方案。这里加了 gg 是为了区别 r1cs_ppzksnark（也就是 BCTV14a 方案），表示 Generic Group Model（通用群模型）。Groth16 安全性证明依赖 Generic Group Model，以更强的安全假设换得了更好的性能和更短的证明。

第一个头文件是为了引入 default_r1cs_gg_ppzksnark_pp 类型，第二个则为了引入证明相关的各个接口。*pb_variable* 则是用来定义电路相关的变量。

下面需要进行一些初始化工作，定义使用的有限域，并初始化曲线参数。这相当于准备工作。

```
typedef libff::Fr<default_r1cs_gg_ppzksnark_pp> FieldT;
default_r1cs_gg_ppzksnark_pp::init_public_params();
```

接下来就需要明确"待证命题"是什么。这里不妨沿用之前的例子，证明秘密 x 满足等式 $x^3 + x + 5 == out$。这实际也是维塔利（Vitalik）博客文章 *Quadratic Arithmetic Programs: from Zero to Hero* 中用的例子。如果对下面的变化陌生，可尝试阅读该文章。

通过引入中间变量 sym_1、y、sym_2 将 $x^3 + x + 5 = out$ 扁平化为若干个二次方程式，几个只涉及简单乘法或加法的式子，对应到算术电路中就是乘法门和加法门。你可以很容易地在纸上画出对应的电路。

```
x * x = sym_1
sym_1 * x = y
y + x = sym_2
sym_2 + 5 = out
```

通常文章到这里便会顺着介绍如何按照 R1CS 的形式编排上面几个等式，并一步步推导出具体对应的向量。这对理解如何把 Gate 转换为 R1CS 有帮助，然而却不是本书的核心目的。所以此处省略这些内容。

下面定义与命题相关的变量。首先创建的 protoboard 是 libsnark 中的一个重要概念，顾名思义就是"原型板"或者"面包板"，用来快速搭建电路，在 zk-SNARKs 电路中则是用来关联所有变量、组件和约束。接下来的代码定义了所有需要外部输入的变量以及中间变量。

```
// Create protoboard
protoboard<FieldT> pb;

// Define variables
pb_variable<FieldT> x;
pb_variable<FieldT> sym_1;
pb_variable<FieldT> y;
pb_variable<FieldT> sym_2;
pb_variable<FieldT> out;
```

下面将各个变量与 protoboard 连接，相当于把各个元器件插到"面包板"上。allocate() 函数的第二个 string 类型变量仅是用来方便 DEBUG 时的注释，方便 DEBUG 时查看日志。

```
out.allocate(pb, "out");
x.allocate(pb, "x");
sym_1.allocate(pb, "sym_1");
y.allocate(pb, "y");
sym_2.allocate(pb, "sym_2");
pb.set_input_sizes(1);
```

注意，此处第一个与 pb 连接的是 out 变量。我们知道 zk-SNARKs 中有 public input 和 private witness 的概念，分别对应 libsnark 中的 primary 和 auxiliary 变量。那么如何在代码中进行区分呢？我们需要借助 set_input_sizes(n) 来声明与 protoboard 连接的 public/primary 变量的个数 n。在这里 $n = 1$，表明与 pb 连接的前 $n = 1$ 个变量属性是 public，其余变量的属性都是 private。

至此，所有变量都已经顺利与 protoboard 相连，下面需要确定的是这些变量间的约束关系。这个也很好理解，类似元器件插至面包板后，需要根据电路需求确定它们之间的关系再连线焊接。如下调用 protoboard 的 add_r1cs_constraint() 函数，为 pb 添加形如 a * b = c 的 r1cs_constraint，即 r1cs_constraint(a, b, c) 中参数应该满足 a * b = c。根据注释，不难理解每个等式和约束之间的关系。

```
// x*x = sym_1
pb.add_r1cs_constraint(r1cs_constraint<FieldT>(x, x, sym_1));
// sym_1 * x = y
pb.add_r1cs_constraint(r1cs_constraint<FieldT>(sym_1, x, y));
// y + x = sym_2
pb.add_r1cs_constraint(r1cs_constraint<FieldT>(y + x, 1, sym_2));
// sym_2 + 5 = ~out
pb.add_r1cs_constraint(r1cs_constraint<FieldT>(sym_2 + 5, 1, out));
```

至此，变量间的约束添加完成，针对命题的电路构建完毕。下面进入前文提到的"4个步骤"中的第二步：使用生成算法（G）为该命题生成公共参数（pk 和 vk），即 trusted setup。生成出来的 proving key 和 verification key 分别可以通过 keypair.pk 和 keypair.vk 获得。

```
const r1cs_constraint_system<FieldT> constraint_system = pb.get_
constraint_system();
const r1cs_gg_ppzksnark_keypair<default_r1cs_gg_ppzksnark_pp> keypair
= r1cs_gg_ppzksnark_generator<default_r1cs_gg_ppzksnark_pp>(constraint_
system);
```

进入第三步，生成证明。先为 public input 以及 witness 提供具体数值。不难发现，x = 3, out = 35 是原始方程的一个解，则依次为 x、out 以及各个中间变量赋值。

```
pb.val(out) = 35;

pb.val(x) = 3;
pb.val(sym_1) = 9;
pb.val(y) = 27;
pb.val(sym_2) = 30;
```

再把 public input 以及 witness 的数值传给 prover 函数进行证明，可分别通过 pb.primary_input() 和 pb.auxiliary_input() 访问。生成的证明用 proof 变量保存。

```
const r1cs_gg_ppzksnark_proof<default_r1cs_gg_ppzksnark_pp> proof
= r1cs_gg_ppzksnark_prover<default_r1cs_gg_ppzksnark_pp>(keypair.pk,
```

```
pb.primary_input(), pb.auxiliary_input());
```

最后我们使用 verifier 函数校验证明。如果 verified = true 则说明证明验证成功。

```
    bool verified = r1cs_gg_ppzksnark_verifier_strong_IC<default_r1cs_gg_
ppzksnark_pp>(keypair.vk, pb.primary_input(), proof);
```

从日志输出中可以看出验证结果为 true，R1CS 约束数量为 4，public input 和 private input 数量分别为 1 和 4。日志输出符合预期。

```
Number of R1CS constraints: 4
Primary (public) input: 1
35

Auxiliary (private) input: 4
3
9
27
30

Verification status: 1
```

实际应用中，trusted setup、prove、verify 会由不同角色分别开展，最终实现的效果就是 prover 给 verifier 一段简短的 proof 和 public input，verifier 可以自行校验某命题是否成立。对于前面的例子，就是能在不知道方程的解 x 具体是多少的情况下，验证 prover 知道一个秘密的 x 可以使得 $x^3 + x + 5 = $ out 成立。

通过上面短短的几十行代码，就已经使用了 zk-SNARKs。

使用它进行实战，我们可以参见安比实验室的开源代码示例：https://github.com/sec-bit/libsnark_abc。

3.5 术语介绍

- SP——Span Program，采用多项式形式实现计算的验证。
- QSP——Quadratic Span Program，QSP 问题，基于布尔电路的 NP 问题的证明和验证。

- QAP——Quadratic Arithmetic Program，QAP 问题，基于算术电路的 NP 问题的证明和验证，相对于 QSP，QAP有更好的普适性。

- PCP——Probabilistically Checkable Proof，在 QSP和QAP 理论之前，学术界主要通过 PCP 理论实现计算验证。PCP 是一种基于交互的、随机抽查的计算验证系统。

- NIZK——Non-Interactive Zero-Knowledge，统称"无交互零知识验证系统"。NIZK 需要满足三个条件：
  - 完备性（Completeness），对于正确的解，肯定存在相应证明。
  - 可靠性（Soundness），对于错误的解，能通过验证的概率极低。
  - 零知识（Zero Knowledge）。

- SNARG——Succinct Non-interactive ARGuments，简洁的、无须交互的证明过程。

- SNARK——Succinct Non-interactive ARgumentss of Knowledge，相比 SNARG，SNARK 多了 Knowledge，也就是说，SNARK 不光能证明计算过程，还能确认证明者"拥有"计算需要的 Knowledge（只要证明者能给出证明就说明证明者拥有相应的解）。

- zkSNARK——zero-knowledge SNARK，在 SNARK 的基础上，证明和验证双方除了能验证计算外，验证者对其他信息一无所知。

- Statement—— 对于 QSP/QAP和电路结构本身（计算函数）相关的参数。比如说，某个计算电路的输入/输出以及电路内部门信息。Statement 对证明者和验证者都是公开的。

- Witness—— Witness只有证明者知道，可以理解成某个计算电路的正确的解（输入）。

第 4 章
进入以太坊世界

在开始进行以太坊智能合约或去中心化应用（DApp）开发之前，我们先对以太坊的核心概念做一些介绍，帮助大家了解以太坊的工作原理。

4.1　以太坊概述

以太坊（Ethereum）是一个建立在区块链技术之上的去中心化应用平台。它允许任何人在平台上建立和使用通过区块链技术运行的去中心化应用（DApp）。

去中心化应用（DApp）和我们现在互联网客户端 / 服务端架构（C/S 架构）的应用不同，应用的后端是一个有 N 个节点计算机（矿机）组成的网络，如图 4-1 所示。

我们在平时使用的应用程序中看到的内容通常是由后端的服务器提供，请求也是发送到后端的服务器处理。

而在去中心化应用中，与客户端连接的节点不能够单独处理来自用户的请求（这个请求通常称之为"交易"），而是要把用户的请求广播到整个网络，待整个网络达成共识之后，整个请求才算处理完成。

去中心化应用中一个很重要的部分就是智能合约，智能合约就是刚才描述的场景中，处理用户情求的程序。

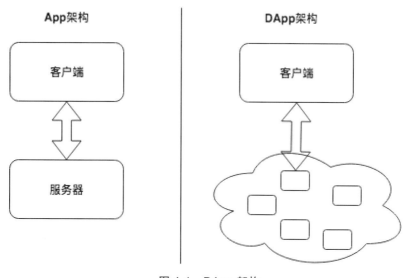

图 4-1　DApp 架构

4.2　智能合约

到底什么是智能合约呢？那就是以太坊上运行的程序，和其他程序一样，它也是由代码和数据组成的。智能合约中的数据也称为"状态"，因为整个区块链就是由所有数据确定的一个状态机。

> 智能合约的英文是 smart contract，和人工智能（AI：Artificial Intelligence）所说的智能没有关系，智能合约的概念最早由尼克·萨博提出，就是将法律条文写成可执行代码，让法律条文的执行中立化，这和区块链上的程序可以不被篡改地执行在理念上不谋而合，因此区块链引入了智能合约这个概念。

以太坊智能合约是"图灵完备"的，因此理论上我们可以用它来编写能做任何事情的程序。

　　智能合约现在的主要编程语言是 Solidity 和 Vyper，Solidity 更为成熟一些，本书中的智能合约代码都是用 Solidity 编写，通常合约文件的扩展名是 .sol。下面就是一个简单的计数器合约。

```solidity
pragma solidity ^0.5.0;
contract Counter {
    uint counter;
    constructor() public {
        counter = 0;
    }
    function count() public {
        counter = counter + 1;
    }
}
```

　　这段代码有一个类型为 uint（无符号整数）名为 "counter" 的变量。counter 变量的内容（值）就是该合约的状态。每当我们调用 count() 函数时，此智能合约的区块链状态将增加 1，这个状态是对任何人都可见的。

　　图 4-2 很好地表示了智能合约的内容[①]。

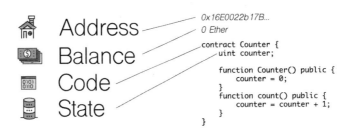

图 4-2　智能合约包含的内容

　　从本书第 5 章开始，我们会进一步介绍智能合约开发。

---

① 引用自《完全理解以太坊智能合约》，https://learnblockchain.cn/2018/01/04/understanding-smart-contracts/。

4.3 账户

智能合约在以太坊网络中表现为一种特殊账户：**合约账户**。

账户在以太坊中是非常重要的概念，开发过程中离不开它，以太坊中有两类账户：

（1）外部用户账户（EOAs）——该类账户被公钥—私钥对控制（由人控制）。

（2）合约账户——该类账户被存储在账户中的代码控制。

外部用户账户和合约账户，都用同样的地址形式表示，地址形式为：0xea674fdde714fd979de3edf0f56aa9716b898ec8，是一个 20 字节的 16 进制数。

> **本书中，账户（或账号）和地址两个概念没有区别，有时地址也会指代账户。**

外部用户账户的地址是由私钥推导出来的（在本书第 10 章会作进一步介绍），合约账户的地址则由创建者的地址和 nonce 计算得到，这里就不深入介绍，有兴趣的读者可以延伸阅读《以太坊合约地址是怎么计算出来的？》[①] 这篇文章。

外部用户账户和合约账户都可以有余额；合约账户使用代码管理所拥有的资金，外部用户账户则是用私钥签名来花费资金；合约账户存储了代码，外部用户账户则没有。它们还有一个不能忽视的区别：只有外部用户账户可以发起交易（主动行为），合约账户只能被动地响应动作。

账户状态

账户状态有 4 个基本组成部分，不论账户类型是什么，都存在这 4 个组成部分。

- nonce：如果账户是外部用户账户，nonce 代表从此账户地址发送的交易序号。如果账户是合约账户，nonce 代表此账户创建的合约序号

> **提示：以太坊中有两种 nonce，一种是账号 nonce——表示一个账号的交易数量；一种是工作量证明 nonce——一个用于计算满足工作量证明的随机数。**

- balance：此地址拥有以太币余额数量。单位是 Wei，1 ether=10^{18} wei，当向地址

---

① 文章地址：https://learnblockchain.cn/2019/06/10/address-compute/。

发送带有以太币的交易时，balance会随之改变。

> **ether 和 wei 是以太坊中以太币的两种面额单位，就像人民币的元和分，除此之外，还有一个常用的面额单位 Gwei，用来给 gas 定价，1 Gwei = 10^9 wei。**

- storageRoot：Merkle Patricia树的根节点哈希值。Merkle树会将此账户存储内容的哈希值进行编码，默认是空值。
- codeHash：此账户代码的哈希值。对于合约账户，就是合约代码被哈希计算后的哈希值作为codeHash保存。对于外部用户账户，codeHash是一个空字符串的哈希值。

以太坊的全局共享状态是由所有账户状态组成，它由账户地址和账户状态组成的映射存储在区块的状态树中，如图 4-3 所示。

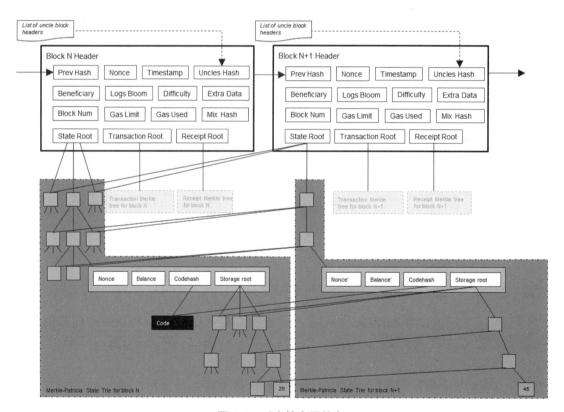

图 4-3　以太坊全局状态

4.4 以太币的单位

以太币是一种货币，不同单位的货币就像法定货币中不同的面额，对于用户来讲，最常用的是 ether，1 个 ether 就是我们常说的一个以太币（通常也简称为以太），对于开发者来说可能最常用的是 wei，它是以太币的最小单位，其他的单位包括 finney、szabo 以及 gwei。

它们的换算关系是：

- $1 \text{ ether} == 10^3 \text{ finney}$
- $1 \text{ ether} == 10^6 \text{ szabo}$
- $1 \text{ ether} == 10^{18} \text{ wei}$
- $1 \text{ gwei} == 10^9 \text{ wei}$

以太币的单位其实很有意思，以太坊社区为了纪念密码学家的贡献，使用密码学家的名字作为货币单位，就像很多国家的货币会印上对国家有卓越贡献的伟人头像一样。

> wei 名字来自于 Wei Dai（戴伟），密码学家，发表了 B-money。
>
> finney 来自于 Hal Finney（哈尔·芬尼），密码学家，提出了工作量证明机制（PoW）。
>
> szabo 来自于 Nick Szabo（尼克·萨博），密码学家，智能合约的提出者。

4.5 以太坊虚拟机（EVM）

以太坊虚拟机（Ethereum Virtual Machine），简称 EVM，用来执行以太坊上的交易，提供智能合约的运行环境。

> 熟悉 Java 的同学，可以把 EVM 当作 JVM 来理解，EVM 同样是一个程序运行的容器。

以太坊虚拟机是一个被沙箱封装起来、完全隔离的运行环境。

而以太坊虚拟机本身运行在以太坊节点客户端上，各层关系如图 4-4 所示。

图 4-4　EVM 位置

gas

前面提到，在 EVM 上运行的智能合约是"图灵完备"的，理论上可以编写能做任何事情的程序。既然如此，恶意的执行者就可以通过执行一个包含无限循环的交易轻易地让网络瘫痪。

以太坊通过每笔交易收取一定的费用来保护网络不受蓄意攻击，这一套收费的机制称为 gas 机制。

gas 是衡量一个操作或一组操作需要执行多少"工作量"的单位。例如，计算一个 Keccak256 加密哈希函数，每次计算哈希时需要 30 个 gas，再加上每 256 位被哈希的数据要花费 6 个 gas。EVM 上**执行的每个操作都会消耗一定数量的 gas**，而需要更多计算资源的操作也会消耗更多的 gas，以太坊黄皮书中定义了每一步操作需要的 gas。

如果 gas 仅仅是一个"工作量"单位，那怎么支付费用呢？还有另一个概念——gas 价格。其实每笔交易都要指定预备的 gas 及愿意为单位 gas 支付的 gas 价格（gas price），这是两者的结合，**gas * gas 价格 = 交易预算**。

gas 价格是用以太币（ether）来表示，**没有任何实际的 gas 代币（Token）。也就是说，你不能拥有 1 000 个 gas。**

之所以称为预算，是因为如果交易完成还有 gas 剩余，这些 gas 对应的费用将被返还给发送者账户。我们也可以认为 gas 是以太坊虚拟机的运行燃料，它在每执行一步的时候消耗一定的 gas，如果给定的 gas 不够，无论执行到什么位置，一旦 gas 被耗尽（比如降为负值），将会触发一个 out-of-gas 异常，当前交易所作的所有状态修改都将被还原。

4.6 以太坊客户端

以太坊客户端是以太坊网络中的节点程序，这个节点程序可以完成如创建账号、发起交易、部署合约、执行合约、挖掘区块等工作。

很多编程语言都参考以太坊协议开发出以太坊客户端，常用的为 Geth 和 OpenEthereum。

Geth 是以太坊官方社区开发的客户端，基于 Go 语言开发。OpenEthereum 是 Rust 语言实现的客户端。使用 Geth 的开发者更多，接下来介绍 Geth 的使用方法。Geth 提供了一个交互式命令控制台，我们可以在控制台中和以太坊网络进行交互。

4.6.1 geth 安装

Ubuntu 系统可以使用以下命令安装 geth：

```
sudo apt-get install software-properties-common
sudo add-apt-repository -y ppa:ethereum/ethereum
sudo apt-get update
sudo apt-get install ethereum
```

Mac OS 系统可以使用以下命令安装 geth：

```
brew tap ethereum/ethereum
brew install ethereum
```

如果是 Windows 系统，可以在这个地址 [①] 下载 zip 压缩包，解压出 geth.exe 文件。

其他系统上的安装可参考：https://github.com/ethereum/go-ethereum/wiki/Building-Ethereum。

4.6.2 geth 使用

geth 启动

直接在命令行终端输入 geth 命令，就可以启动一个以太坊节点。不过一般在开发过

---

① 参见 https://geth.ethereum.org/downloads/。

程中，我们会附加一些参数，如指定同步数据的存放目录、连接哪一个网络（稍后将介绍以太坊网络）等，该命令举例：

```
> geth --datadir testNet --dev console
```
-- datadir：后面的参数是区块数据及密钥存放目录。
-- dev：启用开发者网络模式，开发者网络会使用 POA 共识，默认预分配一个开发者账户并且会自动开启挖矿，如果不指定网络，默认会连接主网。
console：表示启动控制台。

更多命令请参考：https://github.com/ethereum/go-ethereum/wiki/Command-Line-Options。

账户操作

我们先来看看开发者网络分配的账户，在控制台使用以下命令查看账户（数组）：

```
> eth.accounts
```

也可以使用 personal.listAccounts 查看账户。

再来看一下账户里的余额，使用以下命令：

```
> eth.getBalance(eth.accounts[0])
```

还可以创建自己的账户：

```
> personal.newAccount("pwd")
```

执行一个转账操作：

```
eth.sendTransaction({from: '0x...', to: '0x...', value: web3.toWei(1,
"ether")})
```

通过 geth 还可以组建一个自己的区块链私有网络，本书后面的章节也会进一步介绍如何通过 geth 部署智能合约。

4.7 以太坊钱包

除了 geth 这样的相对"重"的以太坊客户端，还有一种是比较"轻"的客户端：钱包。普通用户用得较多的钱包是 imToken 等，而开发者常用的钱包是 MetaMask，它是一个浏览器插件（支持 Chrome、Firefox、Opera 等浏览器），它可以和 Remix 配合使用，用来部署和执行智能合约。

　　MetaMask 可以在一家网站（https://metamask.io）找到对应的插件来安装，安装完成经过账号导入或创建之后，可以看到 MetaMask 的界面，如图 4-5 所示。

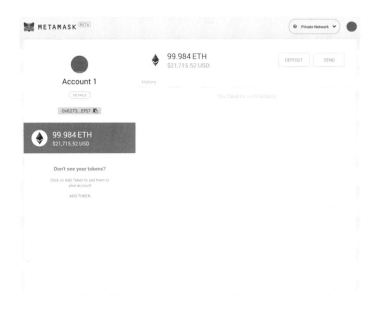

图 4-5　MetaMask 界面截图

　　右上角可以切换不同的网络，如图 4-6 所示。

图 4-6　MetaMask 网络选择

4.8　以太坊交易

我们知道，比特币交易非常简单，它只做一件事，就是进行货币的转移。可以归纳为 **TO**（谁收钱），**FROM**（谁汇款）和 **AMOUNT**（多少钱）。

以太坊与之很大的不同在于其交易还有 DATA 字段。DATA 字段支持以下三种类型的交易。

1. 价值传递（和比特币相同）
   - **TO**：收款地址
   - **DATA**：留空或留言信息
   - **FROM**：谁发出
   - **AMOUNT**：发送多少
2. 创建合约
   - **TO**：留空（这就是触发创建智能合约的原因）
   - **DATA**：包含编译为字节码的智能合约代码
   - **FROM**：谁创建
   - **AMOUNT**：可以是0或任何数量的以太币，它是我们想要给合约的存款
3. 调用合约函数
   - **TO**：目标合约账户地址
   - **DATA**：包含函数名称和参数——标识如何调用智能合约函数
   - **FROM**：谁调用
   - **AMOUNT**：可以是0或任意数量的以太币，例如可以支付给合约的服务费用

虽然实际交易有更多复杂的细节，但核心概念就是这些。

4.8.1　价值传递

```
{
    to: '0x687422eEA2cB73B5d3e242bA5456b782919AFc85',
```

```
    value: 0.0005,
    data: '0x'                    // 也可以附加消息
}
```

非常简单，就是转移一定数量的以太币到某个地址，如果我们愿意也可以向交易添加消息。

4.8.2　创建智能合约

```
{
    to: '',
    value: 0.0,
    data: '0x6060604052341561000c57x1b60405160c0806……………'
}
```

如上所述，**TO** 为空表示创建智能合约，**DATA** 包含编译为字节码的智能合约代码。

4.8.3　调用合约方法

```
{
    to: '0x687422eEA2cB73B5d3e242bA5456b782919AFc85', // 合约地址
    value: 0.0,
    data: '0x06661abd'
}
```

函数调用信息封装在 **DATA** 字段中，把这个交易信息发送到要调用的智能合约的地址。假设我们要调用前面的 count() 函数，如：

```
object.count()
```

那如何把这个函数调用封装为 data 字段呢？它其实是通过对函数签名字符串进行 sha3(keccak256) 哈希运算之后，取前四个字节，用代码表示就是：

```
bytes4(keccak256("count()")) == 0x06661abd
```

4.9　以太坊网络

4.9.1　主网网络（Mainnet）

以太坊主网网络，或直接称为以太坊网络，是真正产生价值的全球网络，是矿工挖矿的网络。

可以通过 https://ethstats.net 查询到以太坊网络实时数据，如当前的区块、挖矿难度、gas 价格和 gas 花费等信息。在区块浏览器（https://cn.etherscan.com/）可以查询到部署在主网的智能合约、相关交易信息等。

4.9.2　测试网络（Testnet）

在主网，任何合约的执行都会消耗真实的以太币，不适合开发、调试和测试。因此以太坊专门提供了测试网络，在测试网络中可以很容易地获得免费的以太币。测试网络同样是一个全球网络。

目前以太坊公开的测试网络包括：

（1）Morden（已退役）。

（2）Ropsten（https://ropsten.etherscan.io/）——Ropsten 使用的共识机制为 PoW，挖矿难度很低，普通笔记本电脑的 CPU（中央处理器）也可以支持挖出区块。

（3）Rinkeby（https://rinkeby.etherscan.io）——Rinkeby 使用了权威证明（Proof-of-Authority）的共识机制，简称 PoA。

（4）Kovan（https://kovan.etherscan.io/）——Kovan 也使用了 PoA，目前 Kovan 网络仅被 Parity 钱包支持。

（5）Goerli 为升级到以太坊 2.0 而准备的测试网。

不过使用测试网络依然有一个缺点，那就是需要花较长时间初始化节点，在实际使用中，测试网络更适合担当如灰度发布（正式上线之前用于验证功能的发布）的角色。

4.9.3 私有网络、开发者模式

我们还可以创建自己的私有网络，通常也称为私有链，进行开发、调试、测试。通过上面提到的 Geth 可以很容易地创建一个属于自己的测试网络（私有网络），在自己的测试网络中，以太币很容易挖到，也省去了同步网络的耗时。例如，公司里多个团队共享一个网络用来测试。

当然，我们也可以直接使用 Geth 提供的开发者模式（这也是一种私有链）。在开发者网络模式下，它会自动分配一些有大量余额的开发者账户给我们使用。

4.9.4 模拟区块链网络

另一个创建测试网络的方法是使用 Ganache，Ganache 在本地使用内存模拟的以太坊环境，对于开发调试来说，更加方便快捷。而且 Ganache 可以在启动时帮我们创建 10 个存有 100 个以太币的测试账户，Ganache 是一个桌面 App，可以在这个地址下载：https://www.trufflesuite.com/ganache，其界面如图 4-7 所示。

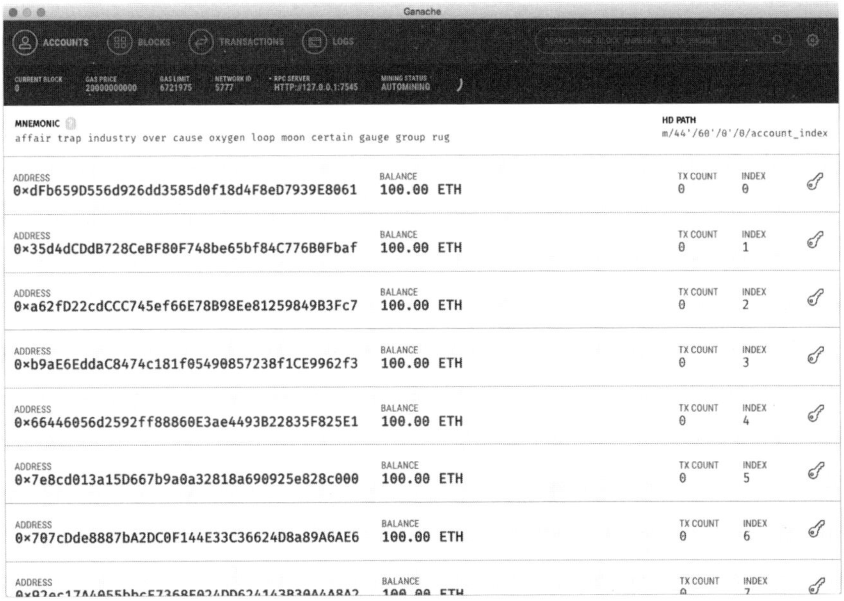

图 4-7 Ganache 运行截图

注意一点，由于 Ganache 默认的数据是在内存中，因此每当 Ganache 重新启动后，所有的区块数据会消失。进行合约开发时，可以在 Ganache 中测试通过后，再部署到 Geth 节点中。

4.10　以太坊历史回顾

本章的最后一节，来回顾一下以太坊的发展历史，我们现在看到的以太坊是经过一次次的分叉升级发展而来。以太坊的发展大概有以下几个阶段，每个阶段都命名了一个代号。

4.10.1　奥林匹克（Olympic）

以太坊区块链在 2015 年 5 月开始向用户（主要是开发者）开放使用。版本称为"奥林匹克"，这是一个测试版本。主要供开发人员提前探索以太坊区块链开放以后的运作方式，比如测试交易活动、虚拟机使用、挖矿方式和惩罚机制，同时尝试使网络过载，并对网络状态进行极限测试，了解协议如何处理流量巨大的情况。

4.10.2　边疆（Frontier）

经过几个月对奥林匹克的压力测试，以太坊在 2015 年 7 月 30 日发布官方公共主网，第一个以太坊创世区块产生。边疆依旧是一个很初级的版本，交易都是通过命令行来完成。

不过，边疆版本已经具备以太坊的一系列关键特征：

（1）区块奖励：当矿工成功挖出一个新区块并确认后，矿工仅得到 5 个以太币的奖励。

（2）Gas 机制：通过 gas 来限制交易和智能合约的工作量。

（3）引入了合约。

4.10.3　家园（Homestead）

家园是以太坊网络的首次硬分叉升级计划，在 2016 年 3 月 14 日发生在第 1 150 000

个区块上。家园版本为以太坊带来的主要更新有：

（1）完善了以太坊编程语言 Solidity；

（2）上线 Mist 钱包，使用户能够通过 UI 界面持有或交易 ETH，编写或部署智能合约。

家园升级是第一个通过以太坊改进提案（EIP）实施的分叉升级。

> **EIP（Ethereum Improvement Proposal）即以太坊改进提案，是以太坊去中心化治理的一部分，所有人都可以提出治理的改进方案，当社区讨论通过后，就会囊括在网络升级版本中。**

家园升级主要包括三个 EIP 提案：EIP2、EIP7、EIP8。这些提案具体包含的内容可以通过 EIP 文档查看：https://eips.ethereum.org/。

> **作者翻译一些 EIP 文档，英文不好的同学可前往 https://learnblockchain. cn/docs/eips/ 阅读。**

4.10.4　DAO 分叉

这是一个计划外的分叉，并非为了功能升级，而是以太坊社区为了对黑客攻击防止损失，而采取的硬分叉回滚了黑客的交易。事情是这样的：2016 年，去中心化自治组织 "The DAO" 通过发售 DAO 代币募集了 1.5 亿美元的资金，作为 DAO 代币持有人可以投票及审查投资项目，并获得一定比例的项目收益，所有的资金均由智能合约管理。然后在 2016 年 6 月，the DAO 合约遭到黑客攻击，黑客可以利用漏洞源源不断地从合约中盗取以太币。

最终在以太坊社区投票后实行了硬分叉（在 1 920 000 块高度时发生），将资金返还到原钱包并修复漏洞。不过这次硬分叉仍旧引来很大的争议，以太坊社区的一些成员认为这种硬分叉方式违背了 "Code Is Law" 原则，他们选择继续在原链上进行挖矿和交易。未返还被盗资金的原链则演变成以太坊经典（即 ETC）。

> **The DAO 事件的分析，可以阅读上海对外经贸大学区块链研究中心主任乐扣老师的文章：https://learnblockchain.cn/article/644。**

4.10.5　拜占庭（Byzantium）

拜占庭（Byzantium）和君士坦丁堡（Constantinople）是以太坊称为"大都会"（Metropolis）升级的两个阶段。拜占庭在 2017 年 10 月第 4 370 000 个区块上激活，拜占庭分叉更新有：增加"REVERT"操作符、增加一些加密方法、调整难度计算、推迟难度炸弹、调整区块奖励（5 个减为 3 个）。

> **"难度炸弹"（Difficulty Bomb）是这样一种机制：一旦被激活，将增加挖掘新区块所耗费的成本（即"难度"），直到难度系数变为不可能或者没有新区块等待挖掘。这在以太坊中称为进入冰河时代，"难度炸弹"机制在 2015 年 9 月就被引入以太坊网络。它的目的是促使以太坊最终从工作量证明（PoW）转向权益证明（PoS）。因为从理论上来说，未来在 PoS 机制下，矿工仍然可以选择在旧的 PoW 链上作业，而这种行为将导致社区分裂，从而形成两条独立的链。为了预防这种情况的发生，通过"难度炸弹"增加难度，将最终淘汰 PoW 挖矿，促使网络完全过渡到 PoS 机制。**

这次分叉包括 9 个 EIP：EIP100、EIP658、EIP649、EIP140、EIP196、EIP197、EIP198、EIP211、EIP214，详细的变更可以参考这个链接：https://github.com/ethereum/wiki/wiki/Byzantium-Hard-Fork-changes。

4.10.6　君士坦丁堡（Constantinople）

"大都会"升级的第二阶段被称作"君士坦丁堡"，原计划于 2019 年 1 月中旬在第 7 080 000 个区块上执行。不过由于潜在的安全问题，以太坊核心开发者和社区其他成员投票决定推迟升级，直到该安全漏洞得以修复。最终在 2019 年 2 月 28 日区块高度 7 280 000 上得到执行。

其中主要的 EIPs 包括：EIP145——增加按位移动指令；EIP1052——允许智能合约只需通过检查另一个智能合约的哈希值来验证彼此；EIP1014——添加了新的创建合约的指令 CREATE2；EIP1234——区块奖励从每块 3 ETH 减少到 2 ETH，难度炸弹推迟 12 个月。

4.10.7 伊斯坦布尔（Istanbul）

伊斯坦布尔是在 9 069 000 在块高执行的，执行时间是在 2019 年 12 月 8 日，伊斯坦布尔分叉有以下几个重要改进：

（1）降低 calldata（是一个存储数据的位置，将在第 6 章介绍）参数的 gas 消耗（EIP2028）；

（2）降低 alt_bn128（椭圆曲线）预编译函数的 gas 消耗（EIP1108）；

（3）增加了 chainid 操作码，让智能合约可以识别自己在主链还是分叉链或二层网络扩容链上（EIP-1344）；

（4）添加 BLAKE2 预编译函数，让以太坊可以和专注隐私功能的 Zcash 链交互，提高以太坊的隐私能力。

其中，前三点对以太坊的二层网络扩容方案是重大利好，因为很多二层网络方案会把很多交易打包在一起传递给（通过 calldata 参数）智能合约验证（通过 alt_bn128 函数验证）。

伊斯坦布尔分叉另外还有两个重新调整 gas 费用的改进：EIP-1884（链接：https://learnblockchain.cn/docs/eips/eip-1884.html）及 EIP-2200（链接：https://learnblockchain.cn/docs/eips/eip-2200.html）。这里不详细介绍，读者有兴趣可以通过链接阅读。

4.10.8 以太坊 2.0

以太坊 2.0 将是以太坊非常重大的改进（以此对应当前的以太坊有时被称为以太坊 1.x），以太坊 2.0 将从现在的工作量证明（PoW）共识完全转换到权益证明（PoS）共识，同时还会引入分片（sharding）概念，让以太坊的网络能力可以提高到每秒处理数千至上万笔交易，以及技术引入新的虚拟机 eWASM（Ethereum-flavored Web Assembly）执行合约，让编写智能合约有更多的选择，由于以太坊 2.0 是一个庞大的项目，以太坊社区计划分为 3 个阶段来完成：

（1）第 0 阶段：建立信标链（Beacon Chain）。信标链主要用来完成从 POW 到 PoS 共识机制的转变，信标链通过质押 32 个 ETH 成为验证人来参与出块（而不再是使用算力参与挖矿）恶意出块的验证人会通过扣除质押金的方式进行处罚。同时信标链将成为之后分片链协调者和管理者。本书写作时（2020 年 6 月）信标链测试网络已经启动。

（2）第 1 阶段：分片。这个阶段将启动 64 条分片链同时进行交易、存储和信息处理，当前的以太坊 1.x 会作为其中的一条分片链，信标链将对分片链的执行情况进行监督。分片是以太坊扩容的关键。

（3）第 2 阶段：引入状态机制 / 执行机制，例如 eWASM。这个阶段会带来哪些内容，还有很多不确定性。

在朝以太坊 2.0 发展的同时，以太坊 1.x 同样会持续得到完善。

第 5 章
探索智能合约

本章我们从生命周期的角度来探索智能合约,看看智能合约是如何从无到有创建的。

5.1　Remix IDE

工欲善其事,必先利其器。开发智能合约,也得有工具,对初学者来说,Remix 是开发智能合约的最佳 IDE,它无须安装,可以直接快速上手。

Remix 目前支持两种开发语言:Solidity 和 Vyper。我们可以通过网站 https://remix.ethereum.org/ 进入 Remix,进入时需要选择对应的编译器环境:Solidity。打开之后的界面如图 5-1 所示,之后就可以进行开发。

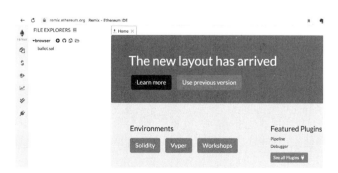

图 5-1　Remix 运行截图

5.2 MetaMask

MetaMask 是在浏览器中与以太坊进行交互的最简单方法，它是 Chrome 或 Firefox 浏览器的插件形式的钱包，可以帮助我们连接到以太坊网络而无须在浏览器所在的计算机上运行完整节点。在我们调用智能合约或者创建智能合约的时候，MetaMask 可以为交易进行签名和支付 gas 费用。

MetaMask 可以连接到以太坊主网以及任何一个测试网（Ropsten、Kovan 和 Rinkeby）或者本地如 Geth、Ganache 创建的区块链。

5.2.1 安装 MetaMask

进入网站 https://metamask.io/，界面如图 5-2 所示。

MetaMask 提供了多个浏览器的插件，包括 Chrome、FireFox、Opera，现在 MetaMask 还推出了移动版（iOS 和 Android）。进入网站后，单击获取插件即可，安装完成之后，会在浏览器地址栏的右侧出现一个"小狐狸"的图标，单击这个图标就可以进入 Metamask 界面。

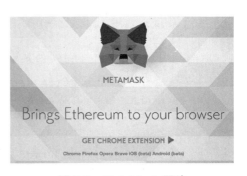

图 5-2　MetaMask 网站

5.2.2 配置 MetaMask 账号

安装完成之后需要进行一些设置来创建账号。方法如下：单击浏览器中的 MetaMask 图标，如果是第一次使用，会出现如图 5-3 所示的界面。

可以直接通过输入密码创建账号，或通过助记词（用来推导出账号私钥的一组词语）导入其他钱包的账号。如果采用第二种方式，则单击最下方"Import with seed phrase"，会进入一个如图 5-4 所示的导入界面。如果我们让 MetaMask 链接 Ganache 生成的模拟区块链网络，就可以使用第二种方式，因为 Ganache 会为我们提供一个助记词。

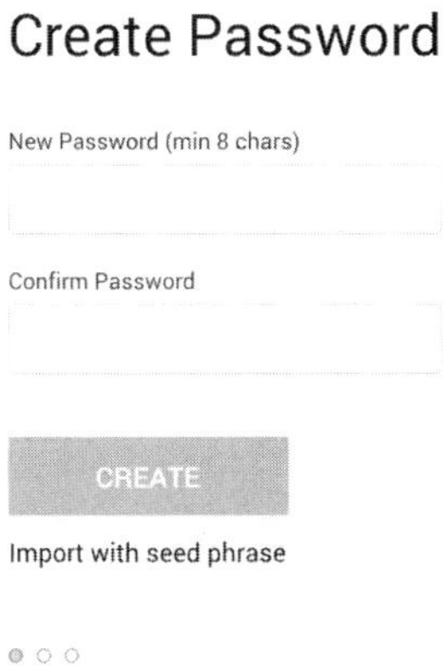

Create Password

New Password (min 8 chars)

Confirm Password

CREATE

Import with seed phrase

● ○ ○

图 5-3　MetaMask 创建账号

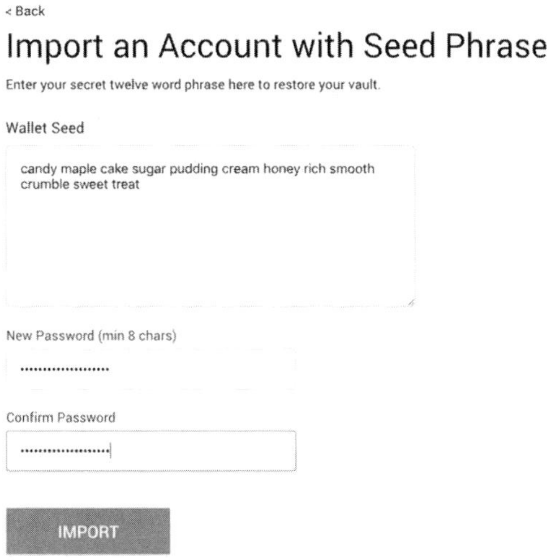

< Back

Import an Account with Seed Phrase

Enter your secret twelve word phrase here to restore your vault.

Wallet Seed

candy maple cake sugar pudding cream honey rich smooth
crumble sweet treat

New Password (min 8 chars)

●●●●●●●●●●●●●●●●

Confirm Password

●●●●●●●●●●●●●●●●

IMPORT

图 5-4　MetaMask 导入账号

5.2.3　为账号充值以太币

要发起以太坊上的交易，需要一个有余额的账号，否则就没办法发起交易。这里注意一下，即使是测试网络交易也同样需要消耗 gas，因为如果测试网络和主网不一致就失去了测试的意义。

如果是新创建的账号，账号是没有余额的，如图 5-5 所示。

图 5-5　MetaMask 主页面

主网的 ETH 是需要真金白金购买的，在进行开发测试的时候，可以选择一个测试网络，单击最上方的网络列表，例如在列表中选择 Ropsten，以太坊的测试网络都会提供"水管"存入以太币到钱包账号，在图 5-5 的界面中，直接单击"存入"，弹出的界面如图 5-6 所示。

图 5-6　获取测试以太币

单击图 5-6 下方的"获取 Ether"，此时浏览器会打开页面：https://faucet.metamask.io/，在页面中单击"request 1 ether from faucet"请求获取 1 个以太币，如图 5-7 所示。等交易确认后，我们可以在钱包里看到 1 个以太币。

图 5-7　获取测试以太币

如果导入的是 ganache 中的账号，并且连接的是 ganache 网络，那么 ganache 会自动为账号提供 100 个以太币。

5.3 合约编写

准备好环境后，开始正式进入代码编写阶段，以第 4 章出现的计数器合约为例进行部署，代码如下。

```solidity
pragma solidity ^0.5.0;
contract Counter {
    uint counter;

    constructor() public {
        counter = 0;
    }
    function count() public {
        counter = counter + 1;
    }

    function get() public view returns (uint) {
        return counter;
    }
}
```

在 Remix IDE，新建一个文件，输入上面这段代码，如图 5-8 所示。

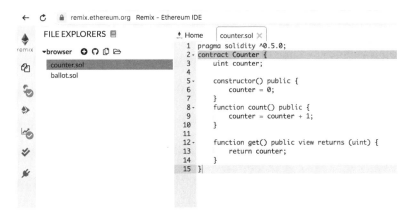

图 5-8　Remix IDE

简单解读这个合约，这个智能合约的作用是在区块链上存储一个计数器变量，任何人都可以通过调用 count() 函数让计数器加 1，调用 get() 函数获取计数器值，这个数字将会被永久留存在区块链的历史上。

用其他语言编写程序时，通常会有一个程序入口方法（如 main 方法），而智能合约没有入口方法，每一个函数都可以被单独调用，并且每一个函数也都只能在合约内部实现，没有实现全局函数。

5.4 合约编译

Solidity 是一门编译型语言，代码编写之后，需要对代码进行编译，在 Remix 左侧工具栏，选择由上至下的第二个，单击编译合约，如图 5-9 所示。

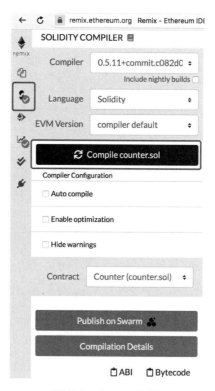

图 5-9 Remix 编译

也可以勾选自动编译,这样它就会在代码更新后,自动进行编译,如果合约代码编译出错,那么在编译信息栏会显示错误详情。

5.5 合约部署及运行

编译之后,如果代码没有错误,就可以部署到以太坊网络上,推荐的正确操作流程是:先在本地的模拟网络进行部署,测试及验证代码逻辑的正确性,确保一切没有问题之后,在以太坊测试网或主网上线。

5.5.1 部署 JavaScript VM

在功能区切换到第三个标签页,在环境(Environment)一栏选择 JavaScript VM[①],单击"Deploy"进行部署,如图 5-10 所示。

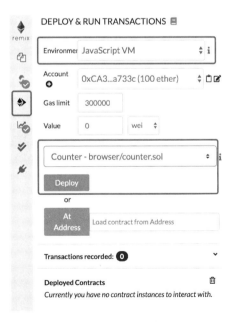

图 5-10 Remix 部署

---

① JavaScript VM 是在浏览器中,模拟实现了一个以太坊 EVM,此处就是部署在这个虚拟的环境中。

此时会提交一个创建合约的交易，交易被矿工挖出后，会打包在一个区块中，可以在代码区的下方——调试信息区域看到部署的交易详情，如图 5-11 所示。

图 5-11　Remix 部署交易详情

现在，我们的第一个智能合约已经创建完成，合约创建完成之后，在功能区的下方会出现智能合约部署后的地址以及合约所有可以调用的函数，如图 5-12 所示。

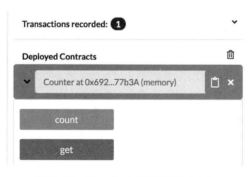

图 5-12　Remix 合约运行图（1）

单击上方的 count 和 get 两个按钮，就可以调用对应的合约函数。Remix 里用橙色按钮来表示这个按钮的动作会修改区块链的状态，蓝色按钮则表示调用仅仅是读取区块链的状态。

每次单击 count 时，计数器变量加 1，单击 get 可以获得当前计数器的值。下面来验证一下：先运行一次 count() 函数，这时会提交一个交易（修改区块链的状态），单击 get 则会直接获得值，如图 5-13 所示。

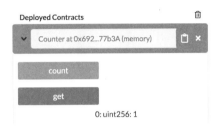

图 5-13　Remix 合约运行图（2）

5.5.2　部署到以太坊网络

前面是部署到模拟环境，现在我们选择在以太坊测试网 Ropsten 进行部署（如果要发布一个真正有价值的、需要给其他用户使用的合约，则可以选择主网），先在 MetaMask 里选择网络，如图 5-14 所示。

然后继续切换到 Remix，环境选择"Injected Web3"，它的意思是使用 MetaMask 插件在网页中注入的 Web3，即选择 Metamask 为 Remix 提供的环境，选择之后，Remix 会自动加载出 MetaMask 的账号，如图 5-15 所示。

图 5-14　MetaMask 选择网络　　图 5-15　Remix 加载 MetaMask 账号

最后单击"Deploy"，弹出交易确认界面，如图 5-16 所示，用于确认交易内容及 gas 消耗，同时在单击确认时完成交易的签名。

chrome-extension...
Ropsten 测试网络
Account1
新合约
合约部署
0
DETAILS
DATA
EDIT
GAS FEE
0.002088
No Conversion Rate Available
AMOUNT + GAS FEE
TOTAL
0.002088
No Conversion Rate Available
拒绝
确认

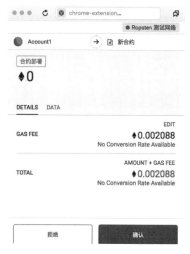

图 5-16　交易确认授权

所有通过 MetaMask 发起的交易，都会弹出这样一个交易确认窗口，提交交易后，在调试信息区域会出现一个链接：https://ropsten.etherscan.io/tx/0x97b009b73e1b89ffc81613776f156522f1526f9d9497a311d8b566a379fa70a5。通过这个链接可以查看交易的状态，如图 5-17 所示。

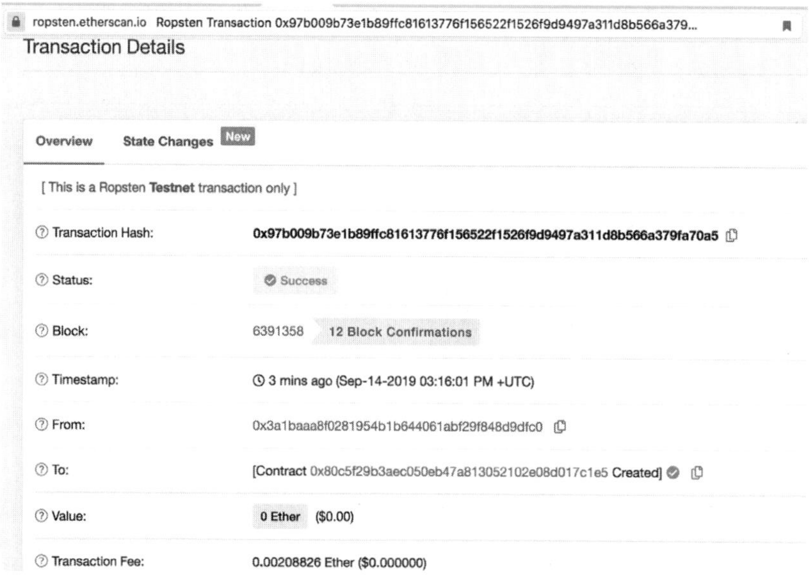

ropsten.etherscan.io Ropsten Transaction 0x97b009b73e1b89ffc81613776f156522f1526f9d9497a311d8b566a379...
Transaction Details
Overview
State Changes
New
[This is a Ropsten Testnet transaction only]
Transaction Hash:
0x97b009b73e1b89ffc81613776f156522f1526f9d9497a311d8b566a379fa70a5
Status:
Success
Block:
6391358
12 Block Confirmations
Timestamp:
3 mins ago (Sep-14-2019 03:16:01 PM +UTC)
From:
0x3a1baaa8f0281954b1b644061abf29f848d9dfc0
To:
[Contract 0x80c5f29b3aec050eb47a813052102e08d017c1e5 Created]
Value:
0 Ether
($0.00)
Transaction Fee:
0.00208826 Ether ($0.000000)

图 5-17　交易状态信息

合约部署之后，和在 JavaScript VM 环境下一样，在功能区的下方会出现智能合约部署后的地址，以及合约中所有可以调用的函数。

5.6 合约内容

再次分析下合约代码，通常一个合约 .sol 文件之后会包含以下两个部分：

（1）声明编译合约使用的编译器版本；

（2）用 contract 定义一个合约（或用 library 定义一个库）。

5.6.1 编译器版本声明

代码中第一行：

```
pragma solidity ^0.5.0;
```

关键字 pragma 的含义是：用来告诉编译器如何编译这段代码，^ 表示版本能高于 0.5.0，但是必须低于 0.6.0，即只有第三位的版本号可以变。类似的还可以使用如：

```
pragma solidity >=0.5.0 <0.6.0;
```

Solidity 中编译器的版本的声明，表达式遵循 npm（Node.js 软件包管理）版本语义，可以参考 https://docs.npmjs.com/misc/semver。

5.6.2 定义合约

```
contract Counter {
}
```

这句定义了一个合约，合约的名字为 Counter（和其他语言定义一个类很相似），一个合约通常又是由**状态变量（合约数据）**和**合约函数**组成。

5.6.3　状态变量

```
uint counter;
```

这行代码声明了一个变量，变量名为counter，类型为uint（一个256位的无符号整数），它就像数据库里面的一个存储单元。在以太坊中，所有的变量构成了整个区块链网络的状态，所以也称为状态变量。

Solidity 是一个静态类型语言，每个变量需要在声明时确定语言。

5.6.4　合约函数

```
constructor() public {
    counter = 0;
}

function count() public {
    counter = counter + 1;
}

function get() public view returns (uint) {
    return counter;
}
```

这里定义了 3 个函数：第一个是构造函数，用来完成合约的初始化，在合约创建时执行；第二个 count() 是普通的函数，它对 counter 变量加 1，任何修改状态变量都需要通过一个交易提交到链上，矿工打包之后交易才算完成；第三个 get() 函数用来读取变量的值，这是视图函数，不需要提交交易。

通过本章的学习，我们对智能合约有了一个初步的了解，知道如何编译部署合约以及一个合约由哪几个部分组成。接下来的第 6 章将进一步介绍如何开发合约。

第 6 章
Solidity语言基础

通过前面几章，我们对以太坊上智能合约开发有了一些宏观的了解，本章我们将开始探索智能合约 Solidity 开发语言基础特性，在本章我们将介绍 Solidity 的数据类型（包含常用整型、地址类型、数组、映射和结构体等），合约及错误处理。

6.1 Solidity 数据类型

Solidity 是一种静态类型语言，常见的静态类型语言有 C、C++、Java 等，静态类型意味着在编译时需要为每个变量（本地或状态变量）都指定类型。

Solidity 数据类型看起来很简单，但却是最容易出现漏洞（如发生"溢出"等问题）。还有一点需要关注，Solidity 的数据类型非常在意所占空间的大小。另外，Solidity 的一些基本数据类型可以组合成复杂数据类型。

Solidity 数据类型分为两类：

- 值类型（Value Type）
- 引用类型（Reference Type）

6.1.1 值类型

值类型变量用表示可以用 32 个字节来存储的数据，它们在赋值或传参时，总是进行值拷贝。

值类型包含：

- 布尔类型（Booleans）
- 整型（Integers）
- 定长浮点型（Fixed Point Numbers）
- 定长字节数组（Fixed-size byte arrays）
- 有理数和整型常量（Rational and Integer Literals)
- 字符串常量（String literals）
- 十六进制常量（Hexadecimal literals）
- 枚举（Enums）
- 函数类型（Function Types）
- 地址类型（Address)
- 地址常量（Address Literals）

本章不打算讲解所有的类型，只重点介绍下常用的整型、地址类型和函数类型，至于其他的类型，可以参考笔者参与翻译的 Solidity 中文文档[1]，英文好的人可以查看官方文档[2]。

6.1.2 整型

整数类型用 int/uint 表示有符号和无符号的整数。关键字的末尾接上一个数字表示数据类型所占用空间的大小，这个数字是 8 的倍数，最高为 256。因此，表示不同空间大小的整型有：uint8、uint16、uint32……uint256，int 同理，无数字时 uint 和 int 对应 uint256 和 int256。

因此整数的取值范围跟不同的空间大小有关，比如 uint32 类型的取值范围是 0 到 $2^{32}-1$。

---

[1] Solidity 中文文档：https://learnblockchain.cn/docs/solidity/types.html#value-types。

[2] Solidity 官方文档：https://solidity.readthedocs.io/en/v0.5.11/types.html。

如果整数的某些操作，其结果不在取值范围内，则会被溢出截断。这些截断可能会让开发者承担严重后果，稍后举例。

整型支持的运算符包括以下几种：

- 比较运算符：<=（小于等于）、<（小于）、==（等于）、!=（不等于）、>=（大于等于）、>（大于）
- 位操作符：&（和）、|（或）、^（异或）、~（位取反）
- 算术操作符：+（加号）、-（减）、-（负号）、*（乘号）、/（除号）、%（取余数）、**（幂）
- 移位：<<（左移位）、>>（右移位）

这里略作说明：

（1）整数除法总是截断的，但如果运算符是字面量（字面量稍后讲），则不会截断。

（2）整数除 0 会抛出异常。

（3）移位运算结果的正负取决于操作符左边的数。x << y 和 x * (2**y) 是相等的，x >> y 和 x / (2*y) 是相等的。

（4）不能进行负移位，即操作符右边的数不可以为负数，否则会在运行时抛出异常。可以使用代码操练一下不同操作符的使用，运行之前，先自己预测一下结果，看是否和运行结果不一样。

```
pragma solidity ^0.5.0;

contract testInt {
    int8 a = -1;
    int16 b = 2;

    uint32 c = 10;
    uint8 d = 16;

    function add(uint x, uint y) public pure returns (uint z) {
        z = x + y;
    }

    function divide(uint x, uint y ) public pure returns (uint z) {
        z = x / y;
    }
```

```
function leftshift(int x, uint y) public pure returns (int z){
    z = x << y;
}

function rightshift(int x, uint y) public pure returns (int z){
    z = x >> y;
}

function testPlusPlus() public pure returns (uint ) {
    uint x = 1;
    uint y = ++x; // c = ++a;
    return y;
}
}
```

整型溢出问题

在使用整型时，要特别注意整型的大小及所能容纳的最大值和最小值，如 uint8 的最大值为 0xff（255），最小值是 0，从 solidity 0.6.0 版本开始可以通过 Type(T).min 和 Type(T).max 获得整型的最小值与最大值。

下面这段合约代码用来演示整型溢出的情况，大家可以预测 3 个函数分别的结果是什么？然后运行看看。

```
pragma solidity ^0.5.0;

contract testOverflow {
    function add1() public pure returns (uint8) {
        uint8 x = 128;
        uint8 y = x * 2;
        return y;
    }

    function add2() public pure returns (uint8) {
        uint8 i = 240;
        uint8 j = 16;
        uint8 k = i + j;
    }
}
```

```
    function sub1() public pure returns (uint8) {
        uint8 m = 1;
        uint8 n = m - 2;
        return n;
    }
}
```

结果分析：add1() 的结果是 0，而不是 256，add2() 的结果同样是 0，sub1 是 255，而不是 -1。溢出就像我们的时钟一样，当秒针走到 59 之后，下一秒又从 0 开始。

业界名气颇大的 BEC（Beauty Chain 的代币符号），就曾经因发生溢出问题被交易所暂停交易，损失惨重。

防止整型溢出问题，一个方法是对加法运算的结果进行判断，防止出现异常值，例如：

```
function add(uint256 a, uint256 b) internal pure returns (uint256) {
    uint256 c = a + b;
    require(c >= a);   // 做溢出判断，加法的结果肯定比任何一个元素大。
    return c;
}
```

以上函数使用 require 进行条件检查，当条件为 false 的时候，就是抛出异常，并还原交易的状态，关于 require 的使用方法在本书 6.3 节会作进一步介绍。

幸运的是，从 Solidity 0.8 开始，编译器集成了 SafeMath 功能，将自动对整型运算做溢出判断。

6.1.3　地址类型

Solidity 中，使用地址类型来表示一个账号，地址类型有两种形式。

- address：保存一个20字节的值（以太坊地址的大小）。
- address payable：表示可支付地址，与address相同也是20字节，不过它有成员函数transfer(和send)。

这种区别背后的思想是 address payable 可以接受以太币的地址，而普通的 address 则不能，不过其实在使用的时候，大部分时间我们不需要关注 address 和 address payable，一般使用 address 就好，如果遇到编译问题，需要 address payable，可以使用以下方式进行转换：

```
address payable ap = payable(addr);
```

> **提示：**上面的转换方法是在 Solidity 0.6 版本加入的，如果是 Solidity 0.5 版本，则使用 address payable ap = address(uint160(addr))；可以看出，address 可以显式地和整型进行转换，除此之外，address 还可以显式地跟 bytes20（20 个字节长度的数组）和合约类型进行相互转换。

当被转换的地址是一个合约地址时，需要合约实现接收（receive）函数或具有 payable 修饰的回退（fallback）函数（这是两个特殊定义的函数，在 6.2 节会详细介绍），才能显式地实现和"address payable"类型相互转换（转换仍然使用 address(addr) 执行），如果合约没有实现接收或回退函数，则需要进行两次转换，将 payable(address(addr)) 转换为 address payable 类型。

地址类型支持的比较运算包括：<=、<、==、!=、>= 以及 >。常用的还是判断两个地址是相等（==）还是不相等（!=）。

地址类型成员

地址类型和整型等基本类型不同，地址类型还有自己的成员属性及函数。

- \<address\>.balance(uint256)

  balance 成员属性：返回地址类型 address 的余额，余额以 wei 为单位。

- \<address payable\>.transfer(uint256 amount)

  transfer 成员函数：用来向地址发送 amount 数量 wei 的以太币，失败时抛出异常，消耗固定的 2300 gas。

- \<address payable\>.send(uint256 amount) returns (bool)

  send 成员函数：向地址发送特定数量（以 wei 为单位，用参数 amount 指定）的以太币，失败时返回 false，消耗固定的 2 300 gas。实际上 addr.transfer(y) 与 require(addr.send(y)) 是等价的。

注意：send（是 transfer）的低级版本。如果执行失败，当前的合约不会因为异常而终止，在使用 send（的时候，如果不检查返回值，会有风险。大部分情况下应该用 transfer）。

地址类型使用示例：

```
pragma solidity ^0.6.0;

contract testAddr {

    // 如果合约的余额大于等于10，而 x 小于10，则给 x 转10 wei
```

```
function testTrasfer(address payable x) public {
    address myAddress = address(this);
    if (x.balance < 10 && myAddress.balance >= 10) {
        x.transfer(10);
    }
}
}
```

本书在 4.2 节中，介绍过外部账号和合约本质是一样的，每一个合约也是它自己的类型，如上代码中的 testAddr 就是一个合约类型，它也可以转化为地址类型，上面代码的 `address myAddress = address(this);` 就是把合约转换为地址类型，然后用 `.balance` 获取余额。

这里有一个很多开发者忽略的知识点：如果给一个合约地址转账，即上面代码 x 是合约地址时，合约的 receive 函数或 fallback 函数会随着 transfer 调用一起执行（这个是 EVM 特性），而 send() 和 transfer() 的执行只会使用 2 300 gas，因此在接收者是一个合约地址的情况下，很容易出现 receive 函数或 fallback 函数把 gas 耗光而出现转账失败的情况。

> 为了避免 gas 不足导致转账失败的情况，可以使用下面介绍的底层函数 call()，使用 addr.call{value:1 ether}("") 来进行转账，这句代码在功能上等价于 addr.transfer(y)，但 call 调用方式会用上当前交易所有可用的 gas。

地址类型还有 3 个更底层的成员函数，通常用于与合约交互。

- <address>.call(bytes memory) returns (bool, bytes memory)
- <address>.delegatecall(bytes memory) returns (bool, bytes memory)
- <address>.staticcall(bytes memory) returns (bool, bytes memory)

这 3 个函数用直接控制的编码 [给定有效载荷（payload）作为参数] 与合约交互，返回成功状态及数据，默认发送所有可用 gas。它是向另一个合约发送原始数据，支持任何类型、任意数量的参数。每个参数会按规则（接口定义 ABI 协议）打包成 32 字节并拼接到一起。Solidity 提供了全局的函数 abi.encode、abi.encodePacked、abi.encodeWithSelector 和 abi.encodeWithSignature 用于编码结构化数据。

例如，下面的代码是用底层方法 call 调用合约 register 方法。

```
bytes memory payload = abi.encodeWithSignature("register(string)",
"MyName");
```

```
    (bool success, bytes memory returnData) = address(nameReg).
call(payload);
    require(success);
```

注意：所有这些函数都是低级函数，应谨慎使用。因为我们在调用一个合约的同时就将控制权交给了被调合约，当我们对一个未知的合约进行这样的调用时，这个合约可能是恶意的，并且被调合约又可以回调我们的合约，这可能发生重入攻击 [1]。与其他合约交互的常规方法是在合约对象上调用函数（即 x.f()）[2]。

底层函数还可以通过 value 选项附加发送 ether（delegatecall 不支持 .value()），如上面用来避免转账失败的方法：addr.call{value:1 ether}("")。

下面则表示调用函数 register() 时，同时存入 1eth。

```
    address(nameReg).call{value:1 ether}(abi.encodeWithSignature("register
(string)", "MyName"));
```

底层函数还可以通过 gas 选项控制的调用函数使用 gas 的数量。

```
    address(nameReg).call{gas: 1000000}(abi.encodeWithSignature("register(
string)", "MyName"));
```

它们还可以联合使用，出现的顺序不重要。

```
    address(nameReg).call{gas: 1000000, value: 1 ether}(abi.encodeWithSign
ature("register(string)", "MyName"));
```

使用函数 delegatecall() 也是类似的方式，delegatecall() 被称为"委托调用"，顾名思义，是把一个功能委托到另一个合约，它使用当前合约（发起调用的合约）的上下文环境（如存储状态，余额等），同时使用另一个合约的函数。delegatecall() 多用于调用库代码以及合约升级。

6.1.4 合约类型

合约类型用 contract 关键字定义，每一个 contract 定义都有它自己的类型，如下代码

---

[1] 重入攻击：被调合约回调我们的合约，引起我们的合约出现状态错误的一种攻击。

[2] 如果 x 是合约对象，f() 是合约内实现的函数，那么 x.f() 就表示调用合约对应的函数。

定义了一个 Hello 合约类型（类似其他语言的类）。

```
pragma solidity ^0.6.0;

contract Hello {
    function sayHi() public {
    }

    // 可支付回退函数
    receive() external payable  {
    }
}
```

Hello 类型有一个成员函数 sayHi 及接收函数，如果声明一个合约类型的变量（如 Hello c），则可以用 `c.sayHi()` 调用该合约的函数。

合约可以显式转换为 address 类型，从而可以使用地址类型的成员函数。

在合约内部，可以使用 this 关键字表示当前的合约，可以通过 `address(this)` 转换为一个地址类型。

在合约内部，还可以通过成员函数 selfdestruct() 来销毁当前的合约，selfdestruct() 函数说明为：

```
selfdestruct(address payable recipient)
```

在合约销毁时，如果合约保存有以太币，所有的以太币会发送到参数 recipient 地址（这个操作不会调用本书后面 6.2.9 小节介绍的 receive() 函数），合约销毁后，合约的任何函数将不可调用。

合约类型信息

Solidity 从 0.6 版本开始，对于合约 C，可以通过 type(C) 来获得合约的类型信息，这些信息包含以下内容。

（1）type(C).name：获得合约的名字。

（2）type(C).creationCode：获得创建合约的字节码。

（3）type(C).runtimeCode：获得合约运行时的字节码。

如何区分合约地址及外部账号地址

我们经常需要区分一个地址是合约地址还是外部账号地址，区分的关键是看这个地址有没有与之相关联的代码。EVM 提供了一个操作码 EXTCODESIZE，用来获取地址相关联的代码大小（长度），如果是外部账号地址，则没有代码返回。因此我们可以使用以下方法判断合约地址及外部账号地址。

```
function isContract(address addr) internal view returns (bool) {
  uint256 size;
  assembly { size := extcodesize(addr) }
  return size > 0;
  }
```

如果我们要限定一个方法只能由外部账号调用，则需要使用 `require(msg.sender == tx.origin, "Must EOA");` 来进行检查。因为当合约创建时，还没有储存其代码，此时用 isContract 检查将失效。

如果是在合约外部判断，则可以使用 `web3.eth.getCode()`（一个 Web3.0 的 API），或者是对应的 JSON-RPC 方法——eth_getcode。getCode() 用来获取参数地址所对应合约的代码，如果参数是一个外部账号地址，则返回 "0x"；如果参数是合约，则返回对应的字节码，下面两行代码分别对应无代码和有代码的输出。

```
>web3.eth.getCode("0xa5Acc472597C1e1651270da9081Cc5a0b38258E3")
"0x"
>web3.eth.getCode("0xd5677cf67b5aa051bb40496e68ad359eb97cfbf8")  "0x6
00160008035811a8181811460125783010005b601b6001356025565b8060005260206000f2
5b60006007820290509190505056"
```

这时候，通过对比 getCode() 的输出内容，就可以很容易判断出是哪一种地址。

6.1.5　函数类型

Solidity 中的函数也可以是一种类型，并且它属于值类型，可以将一个函数赋值给一个函数类型的变量，也可以将一个函数作为参数进行传递，还可以在函数调用中返回一个函数。

```
contract TestFunc {

  function a(uint x) external returns (uint z)  {
    return x * x;
```

```
    }

    function b(uint x) external returns (uint z) {
      return 2 * x;
    }

    // 变量 f 可以被赋值为函数 a 或函数 b
    function select(function (uint) external returns (uint) f, uint x)
external returns (uint z) {
        return f(x);
    }

    // 函数作为返回值的类型
    function getfun() public view returns (function (uint) external
returns (uint) ) {
        return this.b;
    }

    function callTest(bool useB, uint x) external returns (uint z) {
    // 变量 f 可以被赋值为函数 a 或函数 b
    function (uint) external returns (uint) f;
    if (useB) {
        f  = this.b;
    } else {
        f = this.a;
    }
    return f(x);
    }

}
```

　　select() 第一个参数就是函数类型，getfun() 函数的返回值是函数类型，callTest() 函数声明了一个函数类型的变量。

　　函数类型有两类：内部（internal）函数和外部（external）函数。本书将在 6.2 节作进一步介绍。

　　函数类型的表示形式如下：

```
function (<parameter types>) {internal|external}
[pure|constant|view|payable] [returns (<return types>)]
```

函数类型的成员

公有或外部（public /external）函数类型有以下成员属性和方法。

- .address：返回函数所在的合约地址。
- .selector：返回ABI函数选择器，函数选择器在本书7.4节作进一步介绍。

下面的例子展示的是如何使用成员。

```
pragma solidity >=0.4.16 <0.7.0;

contract Example {
  function f() public payable returns (bytes4) {
    return this.f.selector;
  }
  function g() public {
    this.f.gas(10).value(800)();
    // 新语法是 this.f{gas: 10, value: 800}();
  }
}
```

6.1.6 引用类型

值类型的变量，赋值时总是进行完整独立的拷贝。而一些复杂类型如数组和结构体，占用的空间通常超过256位（32个字节），拷贝时开销很大，这时就可以使用引用的方式，即通过多个不同名称的变量指向一个值。目前，引用类型包括**结构**、**数组**和**映射**。

数据位置

引用类型都有一个额外属性来标识数据的存储位置，因此在使用引用类型时，必须明确指明数据存储于哪种类型的位置（空间）里，EVM 中有 3 种位置。

- **memory（内存）**：其生命周期只存在于函数调用期间，局部变量默认存储在内存，不能用于外部调用。
- **storage（存储）**：状态变量保存的位置，只要合约存在就一直保存在区块链中。
- **calldata（调用数据）**：用来存储函数参数的特殊数据位置，它是一个不可修改的、非持久的函数参数存储区域。

如果可以的话，应尽量使用 calldata 作为数据位置，因为它可以避免数据的复制（减小开销），并确保不能修改数据。

引用类型在进行赋值的时候，只有在更改数据位置或进行类型转换时会创建一份拷贝，而在同一数据位置内通常是增加一个引用，接下来我们对其具体分析。

（1）在存储和内存之间两两赋值（或者从调用数据赋值），都会创建一份独立的拷贝。

（2）从内存到内存的赋值只创建引用，这意味着更改内存变量时，其他引用相同数据的所有其他内存变量的值也会跟着改变。

（3）从存储到本地存储变量的赋值也只分配一个引用。

（4）其他的位置向存储赋值，总是进行拷贝。

下面一段代码可以帮助理解数据位置。

```solidity
pragma solidity >=0.4.0 <0.7.0;

contract Tiny {
    uint[] x;                            // x 的数据存储位置是 storage

    // memoryArray 的数据存储位置是 memory
    function f(uint[] memory memoryArray) public {
        x = memoryArray;                 // 将整个数组拷贝到 storage 中，可行
        uint[] storage y = x;            // 分配一个指针（其中 y 的数据存储位置是
storage），可行
        y[7]; // 返回第 8 个元素，可行
        y.pop();                         // 通过 y 修改 x，可行
        delete x;                        // 清除数组，同时修改 y，可行

        // 下面的代码就不可行，需要在 storage 中创建新的未命名的临时数组，但
storage 是“静态”分配的：
        // y = memoryArray;
        // 下面这一行代码也不可行，因为这会“重置”指针，但并没有可以让它指向的合适
的存储位置。
        // delete y;

        g(x); // 调用 g 函数，同时移交对 x 的引用
        h(x); // 调用 h 函数，同时在 memory 中创建一个独立的临时拷贝
    }
```

```
    function g(uint[] storage ) internal pure {}
    function h(uint[] memory) public pure {}
}
```

不同的数据位置的 gas 消耗

- 存储会永久保存合约状态变量，开销最大。
- 内存仅保存临时变量，函数调用之后释放，开销很小。
- 调用数据（**calldata**）保存很小的局部变量，几乎免费使用，但有数量限制。

6.1.7 数组

和大多数语言一样，在一个类型后面加上一个 []，就构成一个数组类型，表示可以存储该类型的多个变量。数组类型有两种：固定长度的数组和动态长度的数组。一个元素类型为 T，固定长度为 k 的数组，可以声明为 T[k]，一个动态长度的数组，可以声明为 T[]。例如：

```
uint [10] tens;
uint [] many;
```

数组声明可以进行初始化：

```
uint [] public u = [1, 2, 3];
string[4] adaArr = ["This", "is", "an", "array"];
```

数组还可以用 new 关键字进行声明，创建基于运行时长度的内存数组，形式如下：

```
uint[] c = new uint[](7);
bytes public _data = new bytes(10);
string [] adaArr1 = new  string[](4);
```

数组通过下标进行访问，序号是从 0 开始的。例如，访问第 1 个元素时使用 tens[0]，对元素赋值，即 tens[0] = 1。

Solidity 也支持多维数组。例如，声明一个类型为 uint、长度为 5 的变长数组（5 个元素都是变长数组），则可以声明为 uint[][5]。要访问第 3 个动态数组的第 2 个元素，使用 x[2][1] 即可。访问第三个动态数组使用 x[2]，数组的序号是从 0 开始的，序号顺序与定义相反。

> 注意，定义多维组和很多语言里顺序不一样，如在 Java 中，声明一个包含 5 个元素、每个元素都是数组的方式为 int[5][]。

bytes 和 string

还有两个特殊的数组类型：**bytes** 和 **string**。它们的声明几乎是一样的，形式如下：

```
bytes bs;
bytes bs0 = "12abcd";
bytes bs1 = "abc\x22\x22";   // 十六进制数
bytes bs2 = "Tiny\u718A";    // 718A 为汉字"熊"的 Unicode 编码值

string str0;
string str1 = "TinyXiong\u718A";
```

bytes 是动态分配大小字节的数组，类似于 byte[]，但是 bytes 的 gas 费用更低，一般来讲，bytes 和 string 都可以用来表达字符串，对任意长度的原始字节数据使用 bytes，对任意长度字符串（UTF-8）数据使用 string。

可以将字符串 s 通过 bytes(s) 转为一个 bytes，通过 bytes(s).length 获取长度，bytes(s)[n] 获取对应的 UTF-8 编码。通过下标访问获取到的不是对应字符，而是 UTF-8 编码，比如中文的编码是变长的多字节，因此通过下标访问中文字符串得到的只是其中的一个编码。

注意：bytes 和 string 不支持用下标索引进行访问。

如果使用一个长度有限制的字节数组，应该使用一个 bytes1 到 bytes32 的具体类型，因为它们占用空间更少，消耗的 gas 更少。

string 扩展

Solidity 语言本身提供的 string 功能比较弱，因此有人实现了 string 的实用工具库，这个库中提供了一些实用函数，如获取字符串长度、获得子字符串、大小写转换、字符串拼接等函数。

数组成员

数组类型可以通过成员属性获取数组状态以及可以通过成员函数来修改数组的状态，这些成员包括以下几种。

- length属性：表示当前数组的长度，这是一个只读属性，不能通过修改length属性来更改数组的大小。

- push()：用来添加新的零初始化元素到数组末尾，并返回元素的引用，以便修改元素的内容，如：x.push().t = 2或x.push() = b，push方法只对存储（storage）中的数组及bytes类型有效（string类型不可用）。
- push(x)：用来添加给定元素到数组末尾。push(x) 没有返回值，方法只对存储（storage）中的数组及 bytes类型有效（string类型不可用）。
- pop()：用来从数组末尾删除元素，数组的长度减1，会在移除的元素上隐含调用delete，释放存储空间（及时释放不再使用的空间，可以节约gas）。pop()没有返回值，pop()方法只对存储（storage）中的数组及 bytes 类型有效（string不可用）。

下面是一段使用数组的示例。

```solidity
pragma solidity >=0.6.0 <0.9.0;

contract ArrayContract {
    uint[2**20] m_aLotOfIntegers;

    // 注意下面的代码并不是一对动态数组
    // 而是一个数组元素为一对变量的动态数组（也就是数组元素为长度为 2 的定长数组的动态数组）
    // 因为 T[] 总是 T 的动态数组，尽管 T 是数组
    // 所有的状态变量的数据位置都是 storage
    bool[2][] m_pairsOfFlags;

    // newPairs 存储在 memory 中（仅当它是公有的合约函数）
    function setAllFlagPairs(bool[2][] memory newPairs) public {

        // 向一个 storage 的数组赋值会对 newPairs 进行拷贝,并替代整个 m_pairsOfFlags 数组
        m_pairsOfFlags = newPairs;
    }

    struct StructType {
        uint[] contents;
        uint moreInfo;
    }
```

```
StructType s;

function f(uint[] memory c) public {
    // 保存引用
    StructType storage g = s;

    // 同样改变了 s.moreInfo
    g.moreInfo = 2;

    // 进行了拷贝，因为 g.contents 不是本地变量，而是本地变量的成员
    g.contents = c;
}

function setFlagPair(uint index, bool flagA, bool flagB) public {
    // 访问不存在的索引将引发异常
    m_pairsOfFlags[index][0] = flagA;
    m_pairsOfFlags[index][1] = flagB;
}

function clear() public {
    // 完全清除数组
    delete m_pairsOfFlags;
    delete m_aLotOfIntegers;
    // 效果和上面相同
    m_pairsOfFlags.length = new bool[2][](0);
}

bytes m_byteData;

function byteArrays(bytes memory data) public {
    // 字节数组（bytes）不一样，它们在没有填充的情况下存储
    // 可以被视为与 uint8[] 相同
    m_byteData = data;
    for(unit i=0;i<7;i++){
    m_byteData.push();
    }
    m_byteData[3] = 0x08;
    delete m_byteData[2];
}
```

```
    function addFlag(bool[2] memory flag) public returns (uint) {
        return m_pairsOfFlags.push(flag);
    }

    function createMemoryArray(uint size) public pure returns (bytes
memory) {
        // 使用 new 创建动态内存数组：
        uint[2][] memory arrayOfPairs = new uint[2][](size);

        // 内联（Inline）数组始终是静态大小的，如果只使用字面常量，则必须至少提供
一种类型

        arrayOfPairs[0] = [uint(1), 2];

        // 创建一个动态字节数组
        bytes memory b = new bytes(200);
        for (uint i = 0; i < b.length; i++)
            b[i] = byte(uint8(i));
        return b;
    }
}
```

数组切片

数组切片是数组的一段连续的部分，用法是：x[start:end]。

start 和 end 是 uint256 类型（或结果为 uint256 的表达式），x[start:end] 的第一个元素是 x[start]，最后一个元素是 x[end - 1]。start 和 end 都可以是可选的：start 默认是 0，而 end 默认是数组长度。如果 start 比 end 大或者 end 比数组长度还大，将会抛出异常。

数组切片在 ABI 解码数据的时候非常有用，示例代码如下。

```
pragma solidity >=0.6.0 <0.7.0;

contract Proxy {
    /// 被当前合约管理的客户端合约地址
    address client;

    constructor(address _client) public {
        client = _client;
    }
```

```
        /// 在进行参数验证之后，转发到由 client 实现的 "setOwner(address)"
        function forward(bytes calldata _payload) external {
            bytes4 sig = abi.decode(_payload[:4], (bytes4));
            if (sig == bytes4(keccak256("setOwner(address)"))) {
                address owner = abi.decode(_payload[4:], (address));
                    require(owner != address(0), "Address of owner cannot be
zero.");
            }
            (bool status,) = client.delegatecall(_payload);
            require(status, "Forwarded call failed.");
        }
    }
```

6.1.8　映射

映射类型和 Java 的 Map、Python 的 Dict 在功能上差不多，它是一种键值对的映射
关系存储结构，定义方式为 mapping(KT => KV)。如：

mapping(uint => string) idName;

映射是一种使用广泛的类型，经常在合约中充当一个类似数据库的角色，比如在代币
合约中用映射来存储账户的余额，在游戏合约里可以用映射来存储每个账号的级别，如：

```
mapping(address => uint) public balances;
mapping(address => uint) public userLevel;
```

映射的访问和数组类似，可以用 balances[userAddr] 访问。

键类型有一些限制：不可以是映射、变长数组、合约、枚举、结构体。值的类型没
有任何限制，可以为任何类型，包括映射类型。

下面是一段示例代码。

```
pragma solidity ^0.5.0;

contract MappingExample {
    mapping(address => uint) public balances;

    function update(uint newBalance) public {
        balances[msg.sender] = newBalance;
```

```
    }
}

contract MappingUser {
    function f() public returns (uint) {
        MappingExample m = new MappingExample();
        m.update(100);
        return m.balances(this);
    }
}
```

6.1.9 结构体

Solidity 可以使用 struct 关键字来定义一个自定义类型，例如：

```
struct CustomType {
    bool myBool;
    uint myInt;
}
```

除可以使用基本类型作为成员以外，还可以使用数组、结构体、映射作为成员，如：

```
struct CustomType2 {
    CustomType[] cts;
    mapping(string=>CustomType) indexs;
}

struct CustomType3 {
    string name;
    mapping(string=>uint) score;
    int age;
}
```

不能在声明结构体的同时将自身结构体作为成员，但是可以将它作为结构体中映射的值类型，如：

```
struct CustomType2 {
        CustomType[] cts;
        mapping(string=>CustomType2) indexs;
    }
```

结构体声明与初始化

使用结构体声明变量及初始化有以下几个方式。

（1）仅声明变量而不初始化，此时会使用默认值创建结构体变量，例如：

```
CustomType ct1;
```

（2）按成员顺序（结构体声明时的顺序）初始化，例如：

```
CustomType ct1 = CustomType(true, 2);           // 只能作为状态变量这样使用
CustomType memory ct2 = CustomType(true, 2);    // 在函数内声明
```

这种方式需要特别注意参数的类型及数量的匹配。另外，如果结构体中有 mapping，则需要跳过对 mapping 的初始化。例如对 6.1.9 中的 CustomType3 的初始化方法为：

```
CustomType3 memory ct = CustomType3("tiny", 2);
```

（3）具名方式初始化。

使用具名方式可以不按定义的顺序初始化，初始化方法如下：

```
// 使用命名变量初始化
CustomType memory ct = CustomType({ myBool: true, myInt: 2});
```

参数的个数需要保持和定义时一致，如果有 mapping 类型，也同样需要忽略。

6.2　合约

Solidity 中的合约和类非常类似，使用 contract 关键字来声明一个合约，一个合约通常由状态变量、函数、函数修改器以及事件组成。我们前面的实例里已经使用过合约，这一节我们将更详细地介绍它。

6.2.1 可见性

跟其他很多语言一样，Solidity 使用 public private 关键字来控制变量和函数是否可以被外部使用。Solidity 提供了 4 种可见性来修饰函数及状态变量，分别是：external（不修饰状态变量）、public、internal、private。

不同的可见性还会对函数调用方式产生影响，Solidity 有两种函数调用：

- 内部调用
- 外部调用

外部调用是指在合约之外（通过其他的合约或者 web3 api）调用合约函数，也称为消息调用或 EVM 调用，调用形式为：c.f()，而内部调用可以理解为仅仅是一个代码调转，直接使用函数名调用，如 f()。

我们来分析一下 4 种可见性。

- external——我们把external修饰的函数称为外部函数，外部函数是合约接口的一部分，所以我们可以从其他合约或通过交易来发起调用。一个外部函数f()不能通过内部的方式来发起调用，即不可以使用f()发起调用，只能使用this.f()发起调用。
- public——我们把public修饰的函数称为公开函数，公开函数也是合约接口的一部分，它可以同时支持内部调用以及消息调用。对于public类型的状态变量，Solidity还会自动创建一个访问器函数，这是一个与状态变量名字相同的函数，用来获取状态变量的值。
- internal——internal声明的函数和状态变量只能在当前合约中调用或者在继承的合约里访问，也就是说只能通过内部调用的方式访问。
- private——private函数和状态变量仅在当前定义它们的合约中使用，并且不能被派生合约使用。**注意**：所有在合约内的内容，在链层面都是可见的，将某些函数或变量标记为private仅仅阻止了其他合约来进行访问和修改，但并不能阻止其他人看到相关的信息。

可见性标识符的定义位置，对于状态变量来说是在类型后面，对于函数是在参数列表和返回关键字中间，如：

```
pragma solidity  >=0.4.16 <0.7.0;
```

```
contract C {
    function f(uint a) private pure returns (uint b) { return a + 1; }
    function setData(uint a) internal { data = a; }
    uint public data;
}
```

6.2.2 构造函数

构造函数是使用 constructor 关键字声明的一个函数，它在创建合约时执行，用来运行合约初始化代码，如果没有初始化代码也可以省略（此时，编译器会添加一个默认的构造函数 constructor() public {}）。

对于状态变量的初始化，也可以在声明时进行指定，未指定时，默认为 0。

构造函数可以是公有函数 public，也可以是内部函数 internal，当构造函数为 internal 时，表示此合约不可以部署，仅仅作为一个抽象合约，在本书第 7 章，我们会进一步介绍合约继承与抽象合约。

下面是一个构造函数的示例代码。

```
pragma solidity >=0.4.22 <0.7.0;

contract Base {
    uint x;
    constructor(uint _x) public { x = _x; }
}
```

6.2.3 使用 new 创建合约

创建合约常见的方式是通过 IDE（如 Remix）及钱包向零地址发起一个创建合约交易，本书在第 5 章介绍过，如果我们需要用编程的方式创建合约，可以使用 web3 接口来创建（其实这也是 IDE 背后使用的方式），另外还可以在合约内通过 new 关键字来创建一个新合约，示例代码如下。

```
pragma solidity ^0.5.0;

contract D {
```

```
    uint x;
    function D(uint a) public {
        x = a;
    }
}

contract C {
    D d = new D(4);              // 在 C 构造时被执行

    function createD(uint arg) public {
        D newD = new D(arg);
    }

}
```

6.2.4　constant 状态常量

状态变量可以被声明为 constant。编译器并不会为常量在 storage 上预留空间，而是在编译时使用对应的表达式值替换变量。

```
pragma solidity >=0.4.0 <0.7.0;

contract C {
    uint constant x = 32**22 + 8;
    string constant text = "abc";
}
```

如果在编译期不能确定表达式的值，则无法给 constant 修饰的变量赋值，例如一些获取链上状态的表达式：now、address(this).balance、 block.number、msg.value、gasleft() 等是不可以的。

不过对于内建函数，如 keccak256、sha256、ripemd160、ecrecover、addmod 和 mulmod，是允许的，因为这些函数运算的结构在编译时就可以确定。（这些函数会在本书 7.5 节进一步介绍）下面这句代码就是合法的：

```
bytes32 constant myHash = keccak256("abc");
```

constant 目前仅支持修饰字符串及值类型。

6.2.5 immutable 不可变量

immutable 修饰的变量是在部署的时候确定变量的值，它在构造函数中赋值一次之后，就不再改变，这是一个运行时赋值，就可以解除之前 constant 不支持使用运行时状态赋值的限制。

immutable 不可变量同样不会占用状态变量存储空间，在部署时，变量的值会被追加到运行时的字节码中，因此它比使用状态变量便宜得多，同样带来了更多的安全性（确保了这个值无法再修改）。

这个特性在很多时候非常有用，最常见的如 ERC20 代币（本书第 8 章会介绍 ERC20 代币的实现）用来指示小数位置的 decimals 变量，它应该是一个不能修改的变量，很多时候我们需要在创建合约的时候指定它的值，这时 immutable 就大有用武之地，类似的还有保存创建者地址、关联合约地址等。

以下是 immutable 的声明举例。

```
contract Example {

    uint public constant decimals_constant;

    uint immutable decimals;
    uint immutable maxBalance;
    address immutable owner = msg.sender;

    function Example(uint _decimals, address _reference) public {
      decimals_constant = _decimals; // 这里会报错，因为constant 不支持构造
时赋值。
        decimals = _decimals;
        maxBalance = _reference.balance;
    }

    function isBalanceTooHigh(address _other) public view returns
(bool) {
        return _other.balance > maxBalance;
    }

}
```

6.2.6 视图函数

可以将函数声明为 view，表示这个函数不会修改状态，这个函数在通过 DApp 外部调用时可以获得函数的返回值（对于会修改状态的函数，我们仅仅可以获得交易的哈希值）。

以下代码定义了一个名为 f() 的视图函数：

```solidity
pragma solidity  >=0.5.0 <0.7.0;
contract C {
    function f(uint a, uint b) public view returns (uint) {
        return a * (b + 42) + now;
    }
}
```

以下操作被认为是修改状态，在声明为 view 的函数中进行以下操作时，编译器会报错。

（1）修改状态变量。

（2）触发一个事件。

（3）创建其他合约。

（4）使用 selfdestruct。

（5）通过调用发送以太币。

（6）调用任何没有标记为 view 或者 pure 的函数。

（7）使用低级调用。

（8）使用包含特定操作码的内联汇编。

6.2.7 纯函数

函数可以声明为 pure，表示函数不读取也不修改状态。除了上一节列举的状态修改语句之外，以下操作被认为是读取状态。

（1）读取状态变量。

（2）访问 address(this).balance 或者 .balance。

（3）访问 block、tx、msg 中任意成员（除 msg.sig 和 msg.data 之外）。

（4）调用任何未标记为 pure 的函数。

（5）使用包含某些操作码的内联汇编。

示例代码：

```
pragma solidity >=0.5.0 <0.7.0;

contract C {
    function f(uint a, uint b) public pure returns (uint) {
        return a * (b + 42);
    }
}
```

6.2.8　访问器函数（getter）

对于 public 类型的状态变量，Solidity 编译器会自动为合约创建一个访问器函数，这是一个与状态变量名字相同的函数，用来获取状态变量的值（不用再额外写函数获取变量的值）。

值类型

如果状态变量的类型是基本（值）类型，会生成一个同名的无参数的 external 的视图函数，如这个状态变量：

```
uint public data;
```

会生成函数：

```
function data() external view returns (uint) {
}
```

数组

对于状态变量标记 public 的数组，会生成带参数的访问器函数，参数会访问数组的下标索引，即只能通过生成的访问器函数访问数组的单个元素。如果是多维数组，会有多个参数。如：

```
uint[] public myArray;
```

会生成函数：

```
function myArray(uint i) external view returns (uint) {
    return myArray[i];
}
```

如果我们要返回整个数据，需要额外添加函数，如：

```
// 返回整个数组
function getArray() external view returns  (uint[] memory) {
    return myArray;
}
```

映射

对于状态变量标记为 public 的映射类型，其处理方式和数组一致，参数是键类型，返回值类型。

```
mapping (uint => uint) public idScore;
```

会生成函数：

```
function idScore(uint i) external returns (uint) {
    return idScore[i];
}
```

来看一个稍微复杂一些的例子：

```
pragma solidity ^0.4.0 <0.7.0;
contract Complex {
    struct Data {
        uint a;
        bytes3 b;
        mapping (uint => uint) map;
    }
    mapping (uint => mapping(bool => Data[])) public data;
}
```

data 变量会生成以下函数：

```
function data(uint arg1, bool arg2, uint arg3) external returns (uint a,
bytes3 b) {
    a = data[arg1][arg2][arg3].a;
    b = data[arg1][arg2][arg3].b;
}
```

6.2.9 receive 函数（接收函数）

合约的 receive（接收）函数是一种特殊的函数，表示合约可以用来接收以太币的转账，一个合约最多有一个接收函数，接收函数的声明为：

```
receive() external payable { ... }
```

函数名只有一个 receive 关键字，而不需要 function 关键字，也没有参数和返回值，并且必须具备外部可见性（external）和可支付（payable）。

在对合约没有任何附加数据调用（通常是对合约转账）时就会执行 receive 函数，例如通过 `addr.send()` 或者 `addr.transfer()` 调用时（addr 为合约地址），就会执行合约的 receive 函数。

如果合约中没有定义 receive 函数，但是定义了 payable 修饰的 fallback 函数（见本书 6.2.10 小节），那么在进行以太转账时，fallback 函数会被调用。

如果 receive 函数和 fallback 函数都没有，这个合约就没法通过转账交易接收以太币（转账交易会抛出异常）。

一个例外：没有定义 receive 函数的合约，可以作为 coinbase 交易（矿工区块回报交易）的接收者或者作为 selfdestruct（销毁合约）的目标来接收以太币。

下面是使用 receive 函数的例子。

```
pragma solidity ^0.6.0;

// 这个合约会保留所有发送给它的以太币，没有办法取回
contract Sink {
    event Received(address, uint);
    receive() external payable {
        emit Received(msg.sender, msg.value);
    }
}
```

6.2.10 fallback 函数（回退函数）

和接收函数类似，fallback 函数也是特殊的函数，中文一般称为"回退函数"，一个合约最多有一个 fallback 函数。fallback 函数的声明如下：

```
fallback() external payable { ... }
```

注意，在 solidity 0.6 里，回退函数是一个无名函数（没有函数名的函数），如果你看到一些老合约代码出现没有名字的函数，不用感到奇怪，它就是回退函数。

这个函数无参数，也无返回值，也没有 function 关键字，必须满足 external 可见性。

如果对合约函数进行调用，而合约并没有实现对应的函数，那么 fallback 函数会被调用。或者是对合约转账，而合约又没有实现 receive 函数，那么此时标记为 payable 的 fallback 函数会被调用。

下面的这段代码可以帮助我们进一步理解 receive 函数与 fallback 函数。

```
pragma solidity >0.6.1 <0.7.0;
contract Test {
    // 发送到这个合约的所有消息都会调用此函数（因为该合约没有其他函数）
    // 向这个合约发送以太币会导致异常，因为 fallback 函数没有 payable 修饰符
    fallback() external { x = 1; }
    uint x;
}


// 这个合约会保留所有发送给它的以太币，没有办法返还
contract TestPayable {
    // 除了纯转账外，所有的调用都会调用这个函数
    // 因为除了 receive 函数外，没有其他的函数
    fallback() external payable { x = 1; y = msg.value; }
    // 纯转账调用这个函数，例如对每个空 empty calldata 的调用
    receive() external payable { x = 2; y = msg.value; }
    uint x;
    uint y;
}
contract Caller {
    function callTest(Test test) public returns (bool) {
        (bool success,) = address(test).call(abi.encodeWithSignature("
nonExistingFunction()"));
```

```
        require(success);
        //  test.x 结果变成 1
        // address(test) 不允许直接调用 send，因为 test 没有 payable 回退函数
        //  转化为 address payable 类型 ，然后才可以调用 send
        address payable testPayable = payable(address(test));
        // 以下这句将不会编译，但如果有人向该合约发送以太币，交易将失败并拒绝以太币
        // test.send(2 ether);
    }
    function callTestPayable(TestPayable test) public returns (bool) {
        (bool success,) = address(test).call(abi.encodeWithSignature("
nonExistingFunction()"));
        require(success);
        // test.x 结果为 1，test.y 结果为 0
        (success,) = address(test).call{value: 1}(abi.encodeWithSignat
ure("nonExistingFunction()"));
        require(success);
        // test.x 结果为 1，test.y 结果为 1
        // 发送以太币，TestPayable 的 receive 函数被调用
        require(address(test).send(2 ether));
        // test.x 结果为 2，test.y 结果为 2 ether
    }
}
```

需要注意的是，当在合约中使用 send（和 transfer）向合约转账时，仅仅会提供 2 300
gas 来执行，如果 receive 或 fallback 函数的实现需要较多的运算量，会导致转账失败。
特别要说明的是，以下操作的消耗会大于 2 300 gas。

（1）写存储变量；

（2）创建合约；

（3）执行外部函数调用，会花费比较多的 gas；

（4）发送以太币。

6.2.11　函数修改器

函数修改器可以用来改变函数的行为，比如用于在函数执行前检查某种前置条件。
熟悉 Python 的读者会发现，函数修改器的作用和 Python 的装饰器很相似。

函数修改器使用关键字 modifier，以下代码定义了 onlyOwner 函数修改器。onlyOwner 函数修改器定义了一个验证：要求函数的调用者必须是合约的创建者，onlyOwner 的实现中使用了 require，可以参见本书 6.3 节。

```solidity
pragma solidity >=0.5.0 <0.7.0;

contract owned {
    function owned() public { owner = msg.sender; }
    address owner;

    modifier onlyOwner {
        require(
            msg.sender == owner,
            "Only owner can call this function."
        );
        _;
    }

    function transferOwner(address _newO) public onlyOwner {
        owner = _newO;
    }
}
```

上面使用函数修改器 onlyOwner 修饰了 transferOwner()，这样的话，只有在满足创建者的情况下才能成功调用 transferOwner()。

函数修改器一般带有特殊符号"_;"，修改器所修饰的函数体会被插入到"_;"的位置。因此 transferOwner 扩展开就是：

```solidity
function transferOwner(address _newO) public {
    require(
        msg.sender == owner,
        "Only owner can call this function."
    );
    owner = _newO;
}
```

修改器可继承

修改器也是一种可被合约继承的属性，同时还可被继承合约重写（Override）。例如：

```
contract mortal is owned {

    // 只有在合约里保存的 owner 调用 close 函数, 才会生效
    function close() public onlyOwner {
        selfdestruct(owner);
    }
}
```

mortal 合约从上面的 owned 继承了 onlyOwner 修饰符, 并将其应用于 close 函数。

noReentrancy

onlyOwner 是一个常用的修改器, 以下代码用 noReentrancy 来防止重复调用, 这也同样十分常见。

```
contract Mutex {
    bool locked;
    modifier noReentrancy() {
        require(
            !locked,
            "Reentrant call."
        );
        locked = true;
        _;
        locked = false;
    }

    function f() public noReentrancy returns (uint) {
        (bool success,) = msg.sender.call("");
        require(success);
        return 7;
    }
}
```

f() 函数中, 使用底层的 call 调用, 而 call 调用的目标函数也可能反过来调用 f() 函数 (可能发生不可知问题), 通过给 f() 函数加入互斥量 locked 保护, 可以阻止 call 调用再次调用 f()。

注意: 在 f() 函数中 `return 7` 语句返回之后, 修改器中的语句 `locked = false` 仍会执行。

修改器带参数

修改器可以接收参数，例如：

```
contract testModifty {

    modifier over22(uint age) {
        require (age >= 22);
            _;

    }

    function marry(uint age) public over22(age) {
        // do something
    }
}
```

以上 marry() 函数只有满足 age >= 22 才可以成功调用。

多个函数修改器

一个函数也可以被多个函数修改器修饰，这时我们就需要理解多个函数修改器的执行次序，另外，修改器或函数体中显式的 return 语句仅仅跳出当前的修改器和函数体，整个执行逻辑会在前一个修改器中定义的 "_;" 之后继续执行。来看看下面的例子：

```
contract modifysample {
    uint a = 10;

    modifier mf1 (uint b) {
        uint c = b;
        _;
        c = a;
        a = 11;
    }

    modifier mf2 () {
        uint c = a;
        _;
    }
```

```
    modifier mf3() {
        a = 12;
        return ;
        _;
        a = 13;
    }

    function test1() mf1(a) mf2 mf3 public    {
        a = 1;
    }

    function get_a() public constant returns (uint)    {
        return a;
    }
}
```

上面的智能合约在运行 test1() 之后，状态变量 a 的值是多少？是 1、11、12 还是 13 呢？答案是 11，大家可以运行 get_a 获取 a 的值。我们来分析一下 test1，它扩展之后是这样的：

```
uint c = b;
        uint c = a;
            a = 12;
            return ;
            _;
            a = 13;
    c = a;
    a = 11;
```

这个时候通过展开之后的代码看 a 的值就一目了然了，最后 a 为 11。

6.2.12　函数重载（Function Overloading）

合约可以具有多个包含不同参数的同名函数，称为"重载"（overloading）。以下示例展示了合约 A 中的重载函数 f()。

```
pragma solidity >=0.4.16 <0.7.0;

contract A {
```

```
function f(uint _in) public pure returns (uint out) {
    out = _in;
}

function f(uint _in, bool _really) public pure returns (uint out) {
    if (_really)
        out = _in;
}
}
```

需要注意的是，重载外部函数需要保证参数在 ABI 接口（见 7.4 节）层面是不同的，例如下面是一个错误示例：

```
// 以下代码无法编译
pragma solidity >=0.4.16 <0.7.0;

contract A {
    function f(B _in) public pure returns (B out) {
        out = _in;
    }

    function f(address _in) public pure returns (address out) {
        out = _in;
    }
}

contract B {
}
```

以上两个 f() 函数重载时，一个使用合约类型，一个是地址类型，但是在对外的 ABI 表示时，都会被认为是地址类型，因此无法实现重载。

6.2.13　函数返回多个值

Solidity 内置支持元组（tuple），它是一个由数量固定、类型可以不同的元素组成的一个列表。使用元组可以用来返回多个值，也可以用于同时赋值给多个变量，示例如下。

```
pragma solidity ^0.5.0;

contract C {

    function f() public pure returns (uint, bool, uint) {
        return (7, true, 2);
    }

    function g() public {
        // 声明可赋值
        (uint x, bool b, uint y) = f();
    }

}
```

6.2.14 事件

事件（Event）是合约与外部一个很重要的接口，当我们向合约发起一个交易时，这个交易是在链上异步执行的，无法立即知道执行的结果，通过在执行过程中触发某个事件，可以把执行的状态变化通知到外部（需要外部监听事件变化）。

事件是通过关键字 event 来声明的，event 不需要实现，我们可以认为事件是一个用来被监听的接口。

```
pragma solidity ^0.5.0;

contract testEvent {

    constructor() public {
    }

    event Deposit(address _from, uint _value);

    function deposit(uint value) public {
    // do something
        emit Deposit(msg.sender, value);
    }
```

```
    }
}
```

如果使用 Web3.js，则监听 Deposit 事件的方法如下：

```
var abi = /* 编译器生成的 abi */;
var addr = "0x1234...ab67"; /* 合约地址 */
var CI = new web3.eth.contract(abi, addr);

// 通过传一个回调函数来监听 Deposit
CI.event.Deposit(function(error, result){
    // result 会包含除参数之外的一些其他信息
    if (!error)
        console.log(result);
});
```

我们会在本书第 9 章进一步介绍如何监听事件。

如果在事件中使用 indexed 修饰，表示对这个字段建立索引，这样就可以进行额外的过滤。

示例代码：

```
event PersonCreated(uint indexed age, uint indexed height);

  // 通过参数触发
emit PersonCreated(26, 176);
```

要想过滤出所有 26 岁的人，方法如下：

```
var createdEvent = myContract.PersonCreated({age: 26});
createdEvent.watch(function(err, result) {
        if (err) {
        console.log(err)
        return;
        }
        console.log("Found ", result);
})
```

6.3　错误处理及异常

　　错误处理是指在程序发生错误时的处理方式。Solidity 处理错误和我们常见的语言（如 Java、JavaScript 等）有些不一样，Solidity 是通过回退状态的方式来处理错误的，即如果合约在运行时发生异常，则会撤销当前交易所有调用（包含子调用）所改变的状态，同时给调用者返回一个错误标识。

　　为什么 Solidity 要这样处理错误呢？我们可以把区块链理解为分布式事务性数据库。如果想修改这个数据库中的内容，就必须创建一个事务。事务意味着要做的修改（假如我们想同时修改两个值）只能被全部应用，只修改部分是不行的。Solidity 错误处理就是要保证每次调用都是事务性的。

6.3.1　错误处理函数

　　Solidity 提供了两个函数 assert() 和 require() 来进行条件检查，并在条件不满足时抛出异常。

　　assert 函数通常用来检查（测试）内部错误（发生了这样的错误，说明程序出现了一个 bug），而 require 函数用来检查输入变量或合约状态变量是否满足条件，以及验证调用外部合约的返回值。另外，如果我们正确使用 assert 函数，那么有一些 Solidity 分析工具可以帮我们分析出智能合约中的错误。

　　还有另外一个触发异常的方法：使用 revert 函数，它可以用来标记错误并恢复当前的调用。

　　详细说明以下几个函数。

- assert（bool condition）：如果不满足条件，会导致无效的操作码，撤销状态更改，主要用于检查内部错误。
- require（bool condition）：如果条件不满足，则撤销状态更改，主要用于检查由输入或者外部组件引起的错误。
- require（bool condition, string memory message）：如果条件不满足，则撤销状态更

改，主要用于检查由输入或者外部组件引起的错误，可以同时提供一个错误消息。

■ revert()：终止运行并撤销状态更改。

■ revert（string memory reason）：终止运行并撤销状态更改，可以同时提供一个解释性的字符串。

其实我们在前面介绍函数修改器的时候已经使用过 require，再通过一个示例代码来加深印象：

```
pragma solidity >=0.5.0 <0.7.0;

contract Sharer {
    function sendHalf(address addr) public payable returns (uint
balance) {
        require(msg.value % 2 == 0, "Even value required.");
        uint balanceBeforeTransfer = this.balance;
        addr.transfer(msg.value / 2);
// 由于转移函数在失败时抛出异常并且不能在这里回调，因此我们应该没有办法仍然有一半的钱
        assert(this.balance == balanceBeforeTransfer - msg.value / 2);
        return this.balance;
    }
}
```

在 EVM 里，处理 assert 和 require 两种异常的方式是不一样的，虽然它们都会回退状态，不同点表现在：

（1）gas 消耗不同。assert 类型的异常会消耗掉所有剩余的 gas，而 require 不会消耗掉剩余的 gas（剩余 gas 会返还给调用者）。

（2）操作符不同。

当发生 assert 类型的异常时，Solidity 会执行一个无效操作（无效指令 0xfe）。当发生 require 类型的异常时，Solidity 会执行一个回退操作（REVERT 指令 0xfd）。由此，我们可以知道，下面这两行代码是等价的：

if(msg.sender != owner) { revert(); }

require(msg.sender == owner);

下列情况将会产生一个 assert 式异常。

■ 访问数组的索引太大或为负数（例如x[i]其中的i >= x.length或i < 0）。

■ 访问固定长度bytesN的索引太大或为负数。

- 用零当除数做除法或模运算（例如5 / 0 或 23 ％ 0）。
- 移位负数位。
- 将一个太大或负数值转换为一个枚举类型。
- 调用内部函数类型的零初始化变量。
- 调用assert的参数（表达式）最终结算为false。
- 下列情况将会产生一个require式异常。
- 调用require的参数（表达式）最终结算为false。
- 通过消息调用调用某个函数，但该函数没有正确结束（它耗尽了gas，没有匹配函数，或者本身抛出一个异常），上述函数不包括低级别的操作call、send、delegatecall、staticcall。低级操作不会抛出异常，而通过返回false来指示失败。
- 使用new关键字创建合约，但合约创建没有正确结束（请参阅上条有关"未正确结束"的解释）。
- 执行外部函数调用的函数不包含任何代码。
- 合约通过一个没有payable修饰符的公有函数（包括构造函数和fallback函数）接收Ether。
- 合约通过公有getter函数接收Ether。
- .transfer()失败。

6.3.2 require 还是 assert?

以下是一些关于使用 require 还是 assert 的经验总结。

这些情况优先使用 require()：

（1）用于检查用户输入。

（2）用于检查合约调用返回值，如 `require(external.send(amount))`。

（3）用于检查状态，如 `msg.send == owner`。

（4）通常用于函数的开头。

（5）不知道使用哪一个的时候，就使用 require。

这些情况优先使用 assert()：

（1）用于检查溢出错误，如 `z = x + y ; assert(z >= x);`。

（2）用于检查不应该发生的异常情况。

（3）用于在状态改变之后，检查合约状态。

（4）尽量少使用 assert。

（5）通常用于函数中间或结尾。

6.3.3　try/catch

Solidity 0.6 版本之后，加入 try/catch 来捕获外部调用的异常，让我们在编写智能合约时，有更多的灵活性，例如 try/catch 结构在以下场景很有用。

- 如果一个调用回滚（revert）了，我们不想终止交易的执行。
- 我们想在同一个交易中重试调用、存储错误状态、对失败的调用做出处理等。

在 Solidity 0.6 之前，模拟 try/catch 仅有的方式是使用低级的调用，如 call、delegatecall 和 staticcall，这是一个简单的示例，在 Solidity 0.6 之前实现某种 try/catch。

```solidity
pragma solidity <0.6.0;
contract OldTryCatch {
    function execute(uint256 amount) external {
        // 如果执行失败，低级的 call 会返回 false
        (bool success, bytes memory returnData) = address(this).call(
            abi.encodeWithSignature(
                "onlyEven(uint256)",
                    amount
            )
        );
        if (success) {
            // handle success
        } else {
            // handle exception
        }
    }
    function onlyEven(uint256 a) public {
        // Code that can revert
        require(a % 2 == 0, "Ups! Reverting");
        // ...
    }
}
```

```
    }
```

当调用 execute(uint256 amount)，输入的参数 amount 会通过低级的 call 调用传给 onlyEven(uint256) 函数，call 调用会返回布尔值作为第一个参数来指示调用的成功与否，而不会让整个交易失败。不过低级的 call 调用会绕过一些安全检查，需要谨慎使用。

在最新的编译器中，可以这样写：

```
function execute(uint256 amount) external {
    try this.onlyEven(amount) {
        ...
    } catch {
        ...
    }
}
```

注意，try/catch 仅适用于外部调用，因此上面调用 this.onlyEven()，另外 try 大括号内的代码块是不能被 catch 本身捕获的。

```
function callEx() public {
    try externalContract.someFunction() {
        // 尽管外部调用成功了，依旧会回退交易，无法被 catch
        revert();
    } catch {
        ...
    }
}
try/catch 获得返回值
```

对外部调用进行 try/catch 时，允许获得外部调用的返回值，示例代码：

```
contract CalledContract {
    function getTwo() public returns (uint256) {
        return 2;
    }
}

contract TryCatcher {
    CalledContract public externalContract;
```

```
function execute() public returns (uint256, bool) {

    try externalContract.getTwo() returns (uint256 v) {
        uint256 newValue = v + 2;
        return (newValue, true);
    } catch {
        emit CatchEvent();
    }

    // ...
}
```

注意本地变量 newValue 和返回值只在 try 代码块内有效。类似地，也可以在 catch 块内声明变量。

在 catch 语句中也可以使用返回值，外部调用失败时返回的数据将转换为 bytes，catch 中考虑了各种可能的 revert 原因，不过如果由于某种原因转码 bytes 失败，则 try/catch 也会失败，会回退整个交易。

catch 语句中使用以下语法：

```
contract TryCatcher {

    event ReturnDataEvent(bytes someData);

    // ...

    function execute() public returns (uint256, bool) {

        try externalContract.someFunction() {
            // ...
        } catch (bytes memory returnData) {
            emit ReturnDataEvent(returnData);
        }
    }
}
```

指定 catch 条件子句

Solidity 的 try/catch 也可以包括特定的 catch 条件子句。例如：

```
contract TryCatcher {

    event ReturnDataEvent(bytes someData);
    event CatchStringEvent(string someString);
    event SuccessEvent();

    // ...

    function execute() public {

        try externalContract.someFunction() {
            emit SuccessEvent();
        } catch Error(string memory revertReason) {
            emit CatchStringEvent(revertReason);
        } catch (bytes memory returnData) {
            emit ReturnDataEvent(returnData);
        }
    }
}
```

如果错误是由 require（condition，"reason string"）或 revert（"reason string"）引起的，则错误与 catch Error(string memory revertReason) 子句匹配，然后与之匹配的代码块被执行。在任何其他情况下（例如 assert 失败），都会执行更通用的 catch (bytes memory returnData) 子句。

注意：catch Error (string memory revertReason) 不能捕获除上述两种情况以外的任何错误。如果我们仅使用它（不使用其他子句），最终将丢失一些错误。通常需要将 catch 或 catch (bytes memory returnData) 与 catch Error (string memory revertReason) 一起使用，以确保我们涵盖了所有可能的 revert 原因。

在一些特定的情况下，如果 catch Error (string memory revertReason) 解码返回的字符串失败，catch(bytes memory returnData)（如果存在）将能够捕获它。

处理 out-of-gas 失败

首先要明确，如果交易没有足够的 gas 执行，则 out of gas 错误是不能捕获到的。

在某些情况下，我们可能需要为外部调用指定 gas，因此即使交易中有足够的 gas，如果外部调用的执行需要的 gas 比我们设置的多，内部 out of gas 错误可能会被低级的

catch 子句捕获。

```solidity
pragma solidity <0.7.0;
contract CalledContract {
    function someFunction() public returns (uint256) {
        require(true, "This time not reverting");
    }
}

contract TryCatcher {
    event ReturnDataEvent(bytes someData);
    event SuccessEvent();
    CalledContract public externalContract;
    constructor() public {
        externalContract = new CalledContract();
    }

    function execute() public {
// 设置gas为20
        try externalContract.someFunction.gas(20)() {
            // ...
        } catch Error(string memory revertReason) {
            // ...
        } catch (bytes memory returnData) {
            emit ReturnDataEvent(returnData);
        }
    }
}
```

当 gas 设置为 20 时，try 调用的执行将用掉所有的 gas，最后一个 catch 语句将捕获异常：catch（bytes memory returnData）。如果将 gas 设置为更大的量（例如 2 000），执行 try 块将会成功。

第 7 章

Solidity进阶

前面第 6 章介绍了 Solidity 一些最常用的用法，本章将介绍一些进阶的用法，如合约继承、接口、库的使用，另外还会介绍一些平时开发不怎么使用的 ABI 及 Solidity 内联汇编，了解这些知识可以更好地帮助我们理解合约的运行以及阅读他人的代码。

7.1　合约继承

继承是大多数高级语言都具有的特性，Solidity 同样支持继承，Solidity 继承使用的是关键字 is（类似于 Java 等语言的 extends 或 implements），如 contract B is A 表示合约 B 继承合约 A，称 A 为父合约，B 为子合约或派生合约。

当一个合约从多个合约继承时，在区块链上只有一个合约被创建，所有基类合约的代码被编译到创建的合约中，但是注意，这并不会连带部署基类合约。因此当我们使用 super.f() 来调用基类的方法时，不是进行消息调用，而仅仅是代码跳转。

举个例子来说明继承的用法，示例代码如下。

```
pragma solidity >=0.5.0 <0.7.0;


contract Owned {
    constructor() public { owner = msg.sender; }
```

```
    address payable owner;
}

// 使用 is 从另一个合约派生
contract Mortal is Owned {
    function kill() public {
        if (msg.sender == owner) selfdestruct(owner);
    }
}
```

我们在本书 6.2.1 小节也曾介绍过，派生合约可以访问基类合约内的所有非私有（private）成员，因此内部（internal）函数和状态变量在派生合约里是可以直接使用的，比如上面一段代码中的状态变量 owner。

状态变量不能在派生的合约中覆盖。例如，上面一段代码中的派生合约 Mortal 不可以再次声明基类合约中可见的状态变量 owner。

7.1.1 多重继承

Solidity 也支持多重继承，即可以从多个基类合约继承，直接在 is 后面接多个基类合约即可，例如：

```
contract Named is Owned, Mortal {

}
```

注意：如果多个基类合约之间也有继承关系，那么 is 后面的合约的书写顺序就很重要，顺序应该是，基类合约在前，派生合约在后，否则，正如下面的代码，将无法编译。

```
pragma solidity >=0.4.0 <0.7.0;

contract X {}
contract A is X {}
// 编译出错
contract C is A, X {}
```

7.1.2 基类构造函数

派生合约继承基类合约时，如果实现了构造函数，基类合约的代码会被编译器拷贝到派生合约的构造函数中，先看看最简单的情况，也就是构造函数没有参数的情况，用下面一段代码验证。

```
contract A {
    uint public a;
    constructor() public {
        a = 1;
    }
}


contract B is A {
    uint public b ;
    constructor() public {
        b = 2;
    }
}
```

在部署 B 时候，可以查看到 a 为 1，b 为 2。

基类合约构造函数如果有参数，会复杂一些，有两种方式对构造函数传参。

1. 直接在继承列表中指定参数

示例代码如下。

```
contract A {
    uint public a;

    constructor(uint _a) internal {
        a = _a;
    }
}


contract B is A(1) {
    uint public b ;
    constructor() public {
      b = 2;
```

```
    }
}
```

即通过 contract B is A(1) 的方式对构造函数传参进行初始化。

2. 在派生合约的构造函数中使用修饰符方式调用基类合约

示例代码如下。

```
contract B is A {
    uint public b ;

    constructor() A(1)  public {
        b = 2;
    }
}
```

或者是：

```
    constructor(uint _b) A(_b / 2)  public {
        b = _b;
    }
```

不过这样就需要在部署 B 的时候，传入参数。

7.1.3 抽象合约

如果一个合约有构造函数，且是内部（internal）函数，或者合约包含没有实现的函数，这个合约将被标记为抽象合约，使用关键字 abstract，抽象合约无法成功部署，它们通常是用作基类合约。

示例代码如下。

```
abstract contract A {
    uint public a;

    constructor(uint _a) internal {
        a = _a;
    }
}
```

抽象合约可以声明一个纯虚函数[①]，纯虚函数没有具体实现代码的函数，其函数声明用"；"结尾，而不是用"{ }"结尾，例如：

```
pragma solidity >=0.5.0 <0.7.0;

abstract contract A {
    function get() virtual public ;
}
```

如果合约继承自抽象合约，并且没有通过重写（overriding）来实现所有未实现的函数，那么它本身就是抽象的，隐含了一个抽象合约的设计思路，即要求任何继承都必须实施其方法。

7.1.4　函数重写（overriding）

父合约中的虚函数（函数使用了 virtual 修饰）可以在子合约重写该函数，以更改它们在父合约中的行为。重写的函数需要使用关键字 override 修饰。示例代码如下。

```
pragma solidity >=0.6.0 <0.7.0;

contract Base {
    function foo() virtual public {}
}

contract Middle is Base {}
contract Inherited is Middle {
    function foo() public override {}
}
```

对于多重继承，如果有多个父合约有相同定义的函数，override 关键字后必须指定所有的父合约名。

示例代码如下。

```
pragma solidity >=0.6.0 <0.7.0;
```

[①]　纯虚函数和用 virtual 关键字修饰的虚函数略有区别：virtual 关键字只表示该函数可以被重写，virtual 关键字可以修饰在除私有可见性（private）函数的任何函数上，无论函数是纯虚函数还是普通的函数，即便是重写的函数，也依然可以用 virtual 关键字修饰，表示该重写的函数可以被再次重写。

```
contract Base1 {
    function foo() virtual public {}
}

contract Base2 {
    function foo() virtual public {}
}

contract Inherited is Base1, Base2 {
    // 继承自隔两个基类合约定义的 foo()，必须显式地指定 override
    function foo() public override(Base1, Base2) {}
}
```

如果函数没有标记为 virtual（本书 7.2 节介绍的接口除外，因为接口里面所有的函数会自动标记为 virtual），那么派生合约是不能重写来更改函数行为的。另外 private 的函数是不可以标记为 virtual 的。

如果 getter 函数的参数和返回值都和外部函数一致，外部（external）函数是可以被 public 的状态变量重写的，示例代码如下。

```
pragma solidity >=0.6.0 <0.7.0;

contract A {
    function f() external pure virtual returns(uint) { return 5; }
}

contract B is A {
    uint public override f;
}
```

但是 public 的状态变量不能被重写。

7.2 接口

接口和抽象合约类似，与之不同的是，接口不实现任何函数，同时还有以下限制：

（1）无法继承其他合约或接口。

（2）无法定义构造函数。

（3）无法定义变量。

（4）无法定义结构体。

（5）无法定义枚举。

接口由关键字 interface 来表示，示例代码如下。

```
pragma solidity >=0.5.0 <0.7.0;

interface IToken {
    function transfer(address recipient, uint amount) external;
}
```

就像继承其他合约一样，合约可以继承接口，接口中的函数都会隐式地标记为
virtual，意味着它们会被重写。

合约间利用接口通信

除了接口的抽象功能外，接口广泛使用于合约之间的通信，即一个合约调用另一个
合约的接口。

例如，有一个 SimpleToken 合约实现了上一节的 IToken 接口：

```
contract SimpleToken is IToken {
function transfer(address recipient, uint256 amount) public override {
....
}
```

另外一个奖例合约（假设合约名为 Award）则通过给 SimpleToken 合约给用户发送
奖金，奖金就是 SimpleToken 合约表示的代币，这时 Award 就需要与 SimpleToken 通信（外
部函数调用），代码可以这样写：

```
contract Award {
  IToken immutable token;
  // 部署时传入 SimpleToken 合约地址
  constrcutor(IToken t) public {
```

```
        token = t;
    }
    function sendBonus(address user) public {
        token.transfer(user, 100);
    }
}
```

sendBonus 函数用来发送奖金，通过接口函数调用 SimpleToken 实现转账。

7.3　库

在开发合约的时候，总是会有一些函数经常被多个合约调用，这个时候可以把这些函数封装为一个库，库使用关键字 library 来定义。例如，下面的代码定义了一个 SafeMath 库。

```
pragma solidity >=0.5.0 <0.7.0;
library SafeMath {
  function add(uint a, uint b) internal pure returns (uint) {
    uint c = a + b;
    require(c >= a, "SafeMath: addition overflow");
    return c;
  }
}
```

SafeMath 库里面实现了一个加法函数 add()，它可以在多个合约中复用，例如下面的 AddTest 合约就是使用 SafeMath 的 add() 函数来实现加法。

```
import "./SafeMath.sol";
contract AddTest {
    function add (uint x, uint y) public pure returns (uint) {
        return SafeMath.add(x, y);
    }
}
```

当然我们可以在库里封账更多的函数，库是一个很好的代码复用手段。同时要注意，库仅仅由函数构成，它没有自己的状态（后面会进一步解释）。

库在使用中，根据场景的不用，一种是嵌入引用的合约里部署（可以称为"内嵌库"），一种是单独部署（可以称为"链接库"）。

7.3.1 内嵌库

如果合约引用的库函数都是内部函数（见本书 6.2.1 小节的 internal 介绍），那么编译器在编译合约的时候，会把库函数的代码嵌入合约里，就像合约自己实现了这些函数，这时的库并不会单独部署，上面 AddTest 合约引用 SafeMath 库就属于这个情况。

7.3.2 链接库

如果库代码内有公共或外部函数（见本书 6.2.1 小节的 public 及 external 介绍），库就会被单独部署，在以太坊链上有自己的地址，此时合约引用库是通过地址这个"链接"进行（在部署合约的时候，需要进行链接），大家应该还有印象，在本书第 6 章介绍地址类型时，有一个低级函数委托调用 delegatecall()，合约在调用库函数时，就是采用委托调用的方式（这是底层的处理方式，在编写代码时并不需要改动）。

前面提到，库没有自己的状态，因为在委托调用的方式下库合约函数是在发起合约（下文称"主调合约"，即发起调用的合约）的上下文中执行的，因此库合约函数中使用的变量（如果有的话）都来自主调合约的变量，库合约函数使用的 this 也是主调合约的地址。

我们也可以从另一个角度来理解，库是单独部署，而又会被多个合约引用（这也是库最主要的功能：避免在多个合约里重复部署，以节约 gas），如果库拥有自己的状态，那它一定会被多个调用合约修改状态，将无法保证调用库函数输出结果的确定性。

现在我们把前面的 SafeMath 库的 add 函数修改为外部函数，示例代码如下。

```solidity
pragma solidity >=0.5.0 <0.7.0;
library SafeMath {
  function add(uint a, uint b) external pure returns (uint) {
    uint c = a + b;
    require(c >= a, "SafeMath: addition overflow");
    return c;
  }
}
```

　　AddTest 代码不用作任何的更改，因为 SafeMath 库合约是独立部署的，AddTest 合约要调用 SafeMath 库就必须先知道后者的地址，这相当于 AddTest 合约会依赖于 SafeMath 库，因此部署 AddTest 合约会有一点点不同，多了一个 AddTest 合约与 SafeMath 库建立链接的步骤。

　　先来回顾一下合约的部署过程：第一步是由编译器生成合约的字节码，第二步把字节码作为交易的附加数据提交交易。

　　编译器在编译引用了 SafeMath 库的 AddTest 时，编译出来的字节码会留一个空，部署 AddTest 时，需要用 SafeMath 库地址把这个空给填上（这就是链接过程）。

> **感兴趣的读者可以用命令行编译器 solc 操作一下，使用命令：solc --optimize --bin AddTest.sol 可以生成 AddTest 合约的字节码，其中有一段用双下划线留出的空，类似这样：_ _SafeMath_ _，这个空就需要用 SafeMath 库地址替换。**

　　上面介绍的库的部署、链接的过程，通常不需要手动编辑，开发者有更简单的选择，也就是用 Truffle（在本书第 9 章会作进一步介绍）来进行部署，这时仅需要下面 3 行部署语句：

```
deployer.deploy(SafeMath);
deployer.link(SafeMath, AddTest);
deployer.deploy(AddTest);
```

　　如果不理解，可以在阅读完第 9 章之后，再回头看这 3 行部署语句。

7.3.3　Using for

　　在上一节中，我们是通过 SafeMath.add(x, y) 这种方式来调用库函数，还有一个方式是使用 using LibA for B，它表示把所有 LibA 的库函数关联到类型 B。这样就可以在 B 类型直接调用库的函数，描述有一点抽象，请看代码示例。

```
contract testLib {
    using SafeMath for uint;
    function add (uint x, uint y) public pure returns (uint) {
        return x.add(y);
```

```
        }
    }
```

使用 using SafeMath for uint; 后，就可以直接在 uint 类型的 x 上调用 x.add(y)，代码明显更加简洁了。

using LibA for * 则表示 LibA 中的函数可以关联到任意的类型上。使用 using...for... 看上去就像扩展了类型的能力。比如，我们可以给数组添加一个 indexOf 函数，查看一个元素在数组中的位置，示例代码如下。

```solidity
pragma solidity >=0.4.16 <0.7.0;

library Search {
    function indexOf(uint[] storage self, uint value)
        public
        view
        returns (uint)
    {
        for (uint i = 0; i < self.length; i++)
            if (self[i] == value) return i;
        return uint(-1);
    }
}

contract C {
    using Search for uint[];
    uint[] data;

    function append(uint value) public {
        data.push(value);
    }

    function replace(uint _old, uint _new) public {
        // 执行库函数调用
        uint index = data.indexOf(_old);
        if (index == uint(-1))
            data.push(_new);
        else
            data[index] = _new;
```

```
        }
    }
```

这段代码中 indexOf 的第一个参数存储变量 self，实际上对应着合约 C 的 data 变量。

7.4 应用程序二进制接口（ABI）

在以太坊（Ethereum）生态系统中，应用程序二进制接口（Application Binary Interface，ABI）是从区块链外部与合约进行交互，以及合约与合约之间进行交互的一种标准方式。

7.4.1 ABI 编码

在本书第 4 章，我们介绍以太坊交易和比特币交易的不同时，以太坊交易多了一个 DATA 字段，DATA 的内容会解析为对函数的消息调用，DATA 的内容其实就是 ABI 编码。以下面这个简单的合约为例来理解一下。

```solidity
pragma solidity ^0.5.0;
contract Counter {
    uint counter;

    constructor() public {
        counter = 0;
    }
    function count() public {
        counter = counter + 1;
    }

    function get() public view returns (uint) {
        return counter;
    }
}
```

按照本书第 5 章的方法，把合约部署到以太坊测试网络 Ropsten 上，并调用

count()，然后查看实际调用附带的输入数据，在区块链浏览器 etherscan 上交易的信息在该地址：https://ropsten.etherscan.io/tx/0xafcf79373cb38081743fe5f0ba745c6846c6b08f375fda028556b4e52330088b，如图 7-1 所示。

图 7-1　调用信息截图

可以看到，交易通过携带附加数据 0x06661abd 来表示调用函数 count() , 0x06661abd 被称为 "函数选择器"（Function Selector）。

7.4.2　函数选择器

在调用函数时，用前面 4 字节的函数选择器指定要调用的函数，函数选择器是某个函数签名（下文介绍）的 Keccak（SHA-3）哈希的前 4 字节，即：

```
bytes4(keccak256("count()"))
```

count() 的 Keccak 的哈希结果是：06661abdecfcab6f8e8cf2e41182a05dfd130c76cb32b448d9306aa9791f3899，开发者可以用一个在线哈希的工具[①]验证下，取出前面 4 个字节就是 0x06661abd。

函数签名是包含函数名及参数类型的字符串，比如上文中的 count() 就是函数签名，

① 该在线工具的链接：https://emn178.github.io/online-tools/keccak_256.html。

当函数有参数时，使用参数的基本类型，并且不需要变量名，因此函数 add(uint i) 的签名是 add(uint256)，如果有多个参数，使用"，"隔开，并且要去掉表达式中的所有空格。因此，foo(uint a, bool b) 函数的签名是 foo(uint256,bool)，函数选择器计算则是：

```
bytes4(keccak256("foo(uint256,bool)"))
```

公有或外部（public /external）函数都有成员属性 .selector 来获取函数的函数选择器。

7.4.3 参数编码

如果函数带有参数，编码的第 5 字节开始是函数的参数。在前面的 Counter 合约里添加一个带参数的方法：

```
function add(uint i) public {
    counter = counter + i;
}
```

重新部署之后，使用 16 作为参数调用 add 函数，调用方法如图 7-2 所示。

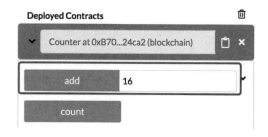

图 7-2　Remix 调用 Add 函数

在 etherscan 上参看交易附加的输入数据，查询地址为：https://ropsten.etherscan.io/tx/0x5f2a2c6d94aff3461c1e8251ebc5204619acfef66e53955dd2cb81fcc57e12b6，该截图如图 7-3 所示。

⑦ Input Data:

```
Function: add(uint256 _value) ***

MethodID: 0x1003e2d2
[0]:
0000000000000000000000000000000000000000000000000000000000000010
```

图 7-3　函数调用的 ABI 编码

输入数据为:0x1003e2d200000000000000000000000000000000000000000000000000000000000000010。其中，前 4 个字节 0x1003e2d2 为 add 函数的函数选择器，后面的 32 个字节是参数 16 的二进制表示，会补充到 32 字节长度。不同的类型，其参数编码方式会有所不同，详细的编码方式可以参考 ABI 编码规范：https://learnblockchain.cn/docs/solidity/abi-spec.html。

通常，开发人员并不需要进行 ABI 编码调用函数，只需要提供 ABI 的接口描述 JSON 文件，编码由 web3 或 ether.js 库来完成。

7.4.4　ABI 接口描述

ABI 接口描述是由编译器编译代码之后，生成的一个对合约所有接口和事件描述的 JSON 文件。

描述函数的 JSON 包含以下字段。

- type：可取值有function、constructor、fallback，默认为function。
- name：函数名称。
- inputs：一系列对象，每个对象包含以下属性。
  - name：参数名称。
  - type：参数的规范类型。
  - components：当type是元组（tuple）时，components列出元组中每个元素的名称（name）和类型（type）。
- outputs：一系列类似inputs的对象，无返回值时，可以省略。
- payable：true表示函数可以接收以太币，否则表示不能接收，默认值为false。
- stateMutability：函数的可变性状态，可取值有：pure、view、nonpayable、payable。
- constant：如果函数被指定为pure或view，则为true。

事件描述的 JSON 包含以下字段。

- type：总是"event"。
- name：事件名称。
- inputs：对象数组，每个数组对象会包含以下属性。
  - name：参数名称。
  - type：参数的权威类型。

    ○ components：供元组（tuple）类型使用。

■ indexed：如果此字段是日志的一个主题，则为true，否则为false。

■ anonymous：如果事件被声明为anonymous，则为true。

在 Remix 的编译器页面，编译输出的 ABI 接口描述文件，查看一下 Counter 合约的接口描述，只需要在如图 7-4 所示红框处单击"ABI"，ABI 描述就会复制到剪切板上。

图 7-4　获取 ABI 信息

下面是 ABI 描述代码示例。

```
[
    {
        "constant": false,
        "inputs": [],
        "name": "count",
        "outputs": [],
        "payable": false,
        "stateMutability": "nonpayable",
        "type": "function"
    },
    {
        "constant": true,
        "inputs": [],
```

```
        "name": "get",
        "outputs": [
            {
                "internalType": "uint256",
                "name": "",
                "type": "uint256"
            }
        ],
        "payable": false,
        "stateMutability": "view",
        "type": "function"
    },
    {
        "inputs": [],
        "payable": false,
        "stateMutability": "nonpayable",
        "type": "constructor"
    }
]
```

JSON 数组中包含了 3 个函数描述，描述合约所有接口方法，在合约外部（如 DAPP）调用合约方法时，就需要利用这个描述来获得合约的方法，本书第 9 章会进一步介绍 ABI JSON 的应用。

7.5 Solidity 全局 API

其实我们在前面的章节里已经介绍过一些 Solidity 全局 API 的使用，比如获取一个地址的余额：`<addr>.balance`，向一个地址转账：`<addr>.transfer()` 以及错误处理相关的 `require()`、`asset()`、`revert()` 等。

Solidity 的全局 API 相当于很多语言的核心库或标准库，它们是语言层面的 API，即语言自带实现的一些函数或者属性，在编写智能合约时可以直接调用它们。

除了在其他章节介绍的，Solidity 全局 API 还有以下属性和方法，按照功能分成了 3 小节，大家可以把这 3 个小节当作 API 文档的索引目录。

7.5.1 区块和交易属性 API

- blockhash(uint blockNumber) returns (bytes32)：获得指定区块的区块哈希，参数 blockNumber仅支持传入最新的256个区块，且不包括当前区块（备注：returns后面表示的是函数返回的类型，下同）。

- block.coinbase (address)：获得挖出当前区块的矿工地址（备注：()内表示获取属性的类型，下同）。

- block.difficulty (uint)：获得当前区块难度。

- block.gaslimit (uint)：获得当前区块最大 gas 限值。

- block.number (uint)：获得当前区块号。

- block.timestamp (uint)：获得当前区块以秒为单位的时间戳。

- gasleft() returns (uint256)：获得当前执行还剩余多少gas。

- msg.data (bytes)：获取当前调用完整的calldata参数数据。

- msg.sender (address)：当前调用的消息发送者。

- msg.sig (bytes4)：当前调用函数的标识符。

- msg.value (uint)：当前调用发送的以太币数量（以wei为单位）。

- tx.gasprice (uint)：获得当前交易的gas价格。

- tx.origin (address payable)：获得交易的起始发起者，如果交易只有当前一个调用，那么tx.origin会和msg.sender相等，如果交易中触发了多个子调用，msg.sender会是每个发起子调用的合约地址，而tx.origin依旧是发起交易的签名者。

7.5.2 ABI 编码及解码函数 API

- abi.decode(bytes memory encodedData, (…)) returns (…)：对给定的数据进行ABI解码，而数据的类型在括号中第二个参数给出。例如，(uint a, uint[2] memory b, bytes memory c) = abi.decode(data, (uint, uint[2], bytes)) 是从data数据中解码出3个变量a、b、c。

- abi.encode(…) returns (bytes)：对给定参数进行ABI编码，即上一个方法的方向操作。

- abi.encodePacked(⋯) returns (bytes)：对给定参数执行ABI编码，和上一个函数编码时会把参数填充到32个字节长度不同，encodePacked编码的参数数据会紧密地拼在一起。
- abi.encodeWithSelector(bytes4 selector, ⋯) returns (bytes)：从第二个参数开始进行ABI编码，并在前面加上给定的函数选择器（参数）一起返回。
- abi.encodeWithSignature(string signature, ⋯) returns (bytes) 等价于 abi.encodeWithSelector(bytes4(keccak256(signature), ⋯)。

ABI 编码函数主要是用于构造函数调用数据（而不实际调用），另外有时我们需要一些数据进行密码学哈希计算（如接下来 7.5.3 小节中的哈希函数），这些哈希计算通常需要 bytes 类型的数据，这时我们就可以使用上面的 ABI 编码函数把需要哈希的数据类型转化为 bytes 类型。

7.5.3　数学和密码学函数 API

- addmod(uint x, uint y, uint k) returns (uint)：计算 (x + y) % k，即先求和再求模。求和可以在任意精度下执行，即求和的结果可以超过uint的最大值（2的256次方）。求模运算会对k != 0作校验。
- mulmod(uint x, uint y, uint k) returns (uint)：计算 (x * y) % k，即先作乘法再求模，乘法可在任意精度下执行，即乘法的结果可以超过uint的最大值。求模运算会对k != 0作校验。
- keccak256((bytes memory) returns (bytes32)：用Keccak-256算法计算哈希。
- sha256(bytes memory) returns (bytes32)：计算参数的SHA-256哈希。
- ripemd160(bytes memory) returns (bytes20)：计算参数的RIPEMD-160哈希。
- ecrecover(bytes32 hash, uint8 v, bytes32 r, bytes32 s) returns (address)：利用椭圆曲线签名恢复与公钥相关的地址（即通过签名数据获得地址），错误返回零值。函数参数对应于 ECDSA签名的值：
  - r = 签名的前 32 字节
  - s = 签名的第2个32 字节
  - v = 签名的最后一个字节

7.6 使用内联汇编

本节的内容在智能合约开发中使用较少，读者也可以选择跳过，本节亦是抛砖引玉，内联汇编语言 Yul 仍然在不断地进化，对这部分内容感兴趣的读者最好是阅读官方的第一手资料[①]。

7.6.1 汇编基础概念

实际上很多高级语言（例如 C、Go 或 Java）编写的程序，在执行之前都将先编译为"汇编语言"。汇编语言与 CPU 或虚拟机绑定实现指令集，通过指令来告诉 CPU 或虚拟机执行一些基本任务。

Solidity 语言可以理解为是以太坊虚拟机 EVM 指令集的抽象，让我们编写智能合约更容易。而汇编语言则是 Solidity 语言和 EVM 指令集的一个中间形态，Solidity 也支持直接使用内联汇编，下面是在 Solidity 代码中使用汇编代码的例子。

```
contract Assembler {
 function do_something_cpu() public {
   assembly {
   // 编写汇编代码
   }
 }
}
```

在 Solidity 中使用汇编代码有这样一些好处。

1. 进行细粒度控制

可以在汇编代码中使用汇编操作码直接与 EVM 进行交互，从而对智能合约执行的操作实现更精细的控制。汇编提供了更多的控制权来执行某些仅靠 Solidity 不可能实现的逻辑，例如控制指向特定的内存插槽。在编写库代码时，细粒度控制特别有用，例如这

---

① 参见 https://solidity.readthedocs.io/en/latest/yul.html。

两个库的实现：String Utils（链接：https://github.com/Arachnid/solidity-stringutils/blob/master/src/strings.sol）和 Bytes Utils（链接：https://github.com/GNSPS/solidity-bytes-utils/blob/master/contracts/BytesLib.sol）。

2. 更少的 Gas 消耗

我们通过一个简单的加法运算对比两个版本的 gas 消耗，一个版本是仅使用 Solidity 代码，一个版本是仅使用内联 Assembly。

```
function addAssembly(uint x, uint y) public pure returns (uint) {
    assembly {
        let result := add(x, y)    // x+y
        mstore(0x0, result)        // 在内存中保存结果
        return(0x0, 32)            // 从内存中返回 32 字节
    }
}

function addSolidity(uint x, uint y) public pure returns (uint) {
    return x + y;
}
```

gas 的消耗如图 7-5 所示。

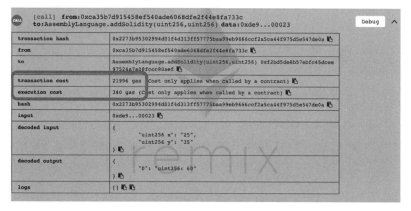

图 7-5　gas 消耗对比图

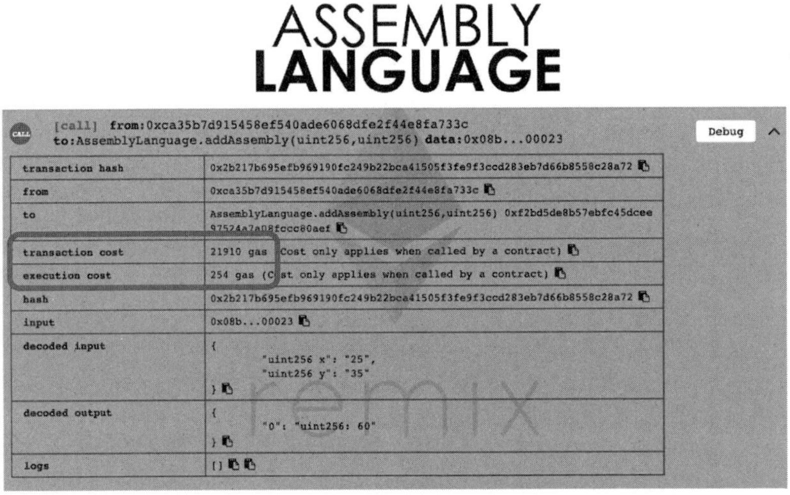

图 7-5 （续）

从图 7-5 可以看到，使用内联汇编可以节省 86 的 gas。对于这个简单的加法操作来说，减少的 gas 并不多，但可以帮助我们明白直接使用内联汇编将消耗更少的 gas，更复杂的逻辑能更显著地节省 gas。

7.6.2 Solidity 中引入汇编

前面已经有个实例，可以在 Solidity 中使用 assembly{} 来嵌入汇编代码段，这被称为内联汇编。

```
assembly {
 // some assembly code here
}
```

在 assembly 块内的代码开发语言被称为 Yul。

Solidity 可以引入多个汇编代码块，不过汇编代码块之间不能通信，也就是说在一个汇编代码块里定义的变量，在另一个汇编代码块中不可以访问。

因此这段代码的 b 无法获取到 a 的值：

```
assembly {
```

```
    let a := 2
}


assembly {
    let b := a                      // Error
}
```

再来一个使用内联汇编代码完成加法的例子，我们重写 addSolidity 函数：

```
function addSolidity(uint x, uint y) public pure returns (uint) {
 assembly {
    let result := add(x, y)        // ① x + y
    mstore(0x0, result)            // ② 将结果存入内存
    return(0x0, 32)                // ③
 }
}
```

对上面这段代码作一个简单的说明：①创建一个新的变量 result，通过 add 操作码计算 x+y，并将计算结果赋值给变量 result；②使用 mstore 操作码将 result 变量的值存入地址 0x0 的内存位置；③表示从内存地址 0x 返回 32 字节。

7.6.3　汇编变量定义与赋值

在 Yul 语言中，使用 let 关键字定义变量。使用 := 操作符给变量赋值。

```
assembly {
 let x := 2
}
```

Solidity 只需要用 =，因此不要忘了 "："。如果没有使用给变量赋值，那么变量会被初始化为 0。

```
assembly {
  let x                            // 自动初始化为 x = 0
  x := 5                           // x 现在的值是 5
}
```

也可以用表达式给变量赋值，例如：

```
assembly {
  let a := add(x, 3)
}
```

7.6.4 汇编中的块和作用域

在 Yul 汇编语言中，用一对大括号来表示一个代码块，变量的作用域是当前的代码块，即变量在当前的代码块中有效。

```
assembly {
    let x := 3              // 变量 x 一直可见
  {
    let y := x             // 正确
  }                        // 到此处会销毁 y

  {
    let z := y             // 错误
  }
}
```

在上面的示例代码中，y 和 z 都是仅在所在块内有效，因此 z 获取不到 y 的值。

不过在函数和循环中，作用域规则有些不一样，在接下来的循环及函数部分会介绍。

7.6.5 汇编中访问变量

在汇编中，只需要使用变量名就可以访问局部变量（指在函数内部定义的变量），无论该变量是定义在汇编块中，还是在 Solidity 代码中，示例代码如下。

```
function localvar() public pure {
  uint b = 5;

  assembly {
      let x := add(2, 3)
      let y := mul(x, b)      // 使用了外面的 b
      let z := add(x, y)      // 访问了内部定义的 x,y
```

```
        }
    }
```

7.6.6 for 循环

Yul 同样支持 for 循环，这段示例代码表示对 value+2 计算 n 次：

```
function forloop(uint n, uint value) public pure returns (uint) {
    assembly {
        for { let i := 0 } lt(i, n) { i := add(i, 1) } {
            value := add(2, value)
        }
        mstore(0x0, value)
        return(0x0, 32)
    }
}
```

for 循环的条件部分包含 3 个元素：

- 初始化条件：`let i := 0`。
- 判断条件：`lt(i, n)`，这是函数式风格，表示i小于n。
- 迭代后续步骤：`add(i, 1)`。

可以看出，for 循环中变量的作用范围和前面介绍的作用域略有不同。在初始化部分定义的变量在循环条件的其他部分都有效。在 for 循环的其他部分声明的变量依旧遵守 7.6.4 节介绍的作用域规则。此外，汇编语言中没有 while 循环。

7.6.7 if 判断语句

汇编支持使用 if 语句来设置代码执行的条件，但是没有 else 分支，同时每个条件对应的执行代码都需要用大括号包起来。

```
assembly {
    if slt(x, 0) { x := sub(0, x) }      // 正确
    if eq(value, 0) revert(0, 0)         // 错误，需要大括号
}
```

7.6.8　汇编 Switch 语句

EVM 汇编中也有 switch 语句，它将表达式的值与多个常量进行对比，并选择相应的代码分支来执行。switch 语句支持默认分支 default，当表达式的值不匹配任何其他分支条件时，将执行默认分支的代码。

```
assembly {
    let x := 0
    switch calldataload(4)
    case 0 {
        x := calldataload(0x24)
    }
    default {
        x := calldataload(0x44)
    }
    sstore(0, div(x, 2))
}
```

switch 语句的分支条件类型相同但值不同，同时分支条件涵盖所有可能的值，那么不允许再出现 default 条件。

要注意的是，Solidity 语言中是没有 switch 语句的。

7.6.9　汇编函数

可以在内联汇编中定义自定义底层函数，调用这些自定义的函数和使用内置的操作码一样。

下面的汇编函数用来分配指定长度（length）的内存，并返回内存指针 pos。

```
assembly {
    function alloc(length) -> pos {          // ①
        pos := mload(0x40)
        mstore(0x40, add(pos, length))
    }
    let free_memory_pointer := alloc(64)  // ②
}
```

上面的代码：①定义了 alloc 函数，函数使用 -> 指定返回值变量，不需要显式 return 返回语句；②使用了定义的函数。

定义的函数不需要指定汇编函数的可见性，因为它们仅在定义所在的汇编代码块内有效。

7.6.10　元组

汇编函数可以返回多个值，它们被称为一个元组（tuple），可以通过元组一次给多个变量赋值，如：

```
assembly {
    function f() -> a, b {}
    let c, d := f()
}
```

7.6.11　汇编缺点

上面我们介绍了汇编语言的一些基本语法，可以帮助我们在智能合约中实现简单的内联汇编代码。不过，一定要谨记，内联汇编是一种以较低级别访问以太坊虚拟机的方法。它会绕过例如 Solidity 编译器的安全检查。只有在我们对自身能力非常有信心且必需时才使用它。

第 8 章
智能合约实战

我们在第 6 章、第 7 章学习了 solidity 语言的语法及特性，这一章我们用前面学习的知识来实践开发几个经典的合约。这些合约实践还涉及这些内容：如何使用其他人制造的"轮子"（例如如何基于 OpenZeppelin 开发）、代币相关的标准（如 ERC20、ERC721、ERC777 等）以及支付通道的概念。

8.1 OpenZeppelin

OpenZeppelin 是 以 太 坊 生 态 中 一 个 非 常 了 不 起 的 项 目，OpenZeppelin 提供了很多经过社区反复审计及验证的合约模板（如 ERC20、ERC721）及函数库（SafeMath），我们在开发过程中，通过复用这些代码，不仅提高了效率，也可以显著提高合约的安全性。

为使用 OpenZeppelin 库，可以通过 npm 来安装 OpenZeppelin。

```
npm install @openzeppelin/contracts
```

安装完成之后，在项目的 node_modules/@openzeppelin/contract 目录下可以找到合约源码，不同用途的合约分成了 11 个文件夹，如图 8-1 所示。

各个文件夹提供的合约功能如下。

- cryptography：提供加密、解密工具，实现了椭圆曲线签名及 Merkle 证明工具。

- introspection：合约自省功能，说明合约自身提供了哪些函数接口，主要实现了 ERC165 和 ERC1820。
- math：提供数学运算工具，包含 Math.sol 和 SafeMath.sol。
- token：实现了 ERC20、ERC721、ERC777 三个标准代币。
- ownership：实现了合约所有权。
- access：实现了合约函数访问控制功能。
- crowdsale：实现了合约众筹、代币定价等功能。
- lifecycle：实现声明周期功能，如可暂定、可销毁等操作。
- payment：实现合约资金托管，如支付（充值）、取回、悬赏等功能。
- utils：实现工具方法，如判断是否为合约地址、数组操作、函数可重入的控制等。

图 8-1　OpenZeppelin 库

本书使用的 OpenZeppelin 是 2.3.0 版本，随着版本的升级，内容可能有所变化，OpenZeppelin 使用起来很简单，通过 import 关键字引入对应的代码即可，以下代码为智能合约加入所有权功能。

```solidity
pragma solidity ^0.5.0;
import "@openzeppelin/contracts/ownership/Ownable.sol";
contract MyContract is Ownable {
  ...
}
```

如果需要修改 OpenZeppelin 代码，找到 OpenZeppelin 代码库 GitHub 地址（https://github.com/OpenZeppelin/openzeppelin-contracts），通过 git clone 把代码拷贝到本地进行修改。

OpenZeppelin 涉及的内容较多，本章只挑选一些最常用的功能进行介绍，包括对整型运算进行安全检查的 SafeMath 库、地址工具的使用、用来发布合约接口的 ERC165，以及 3 个最常用的代币标准：ERC20、ERC777、ERC721。

8.2 SafeMath 安全算数运算

SafeMath 针对 256 位整数进行加减乘除运算添加了额外的异常处理，避免整型溢出漏洞，SafeMath 的代码如下：

```solidity
pragma solidity ^0.5.0;

library SafeMath {
    //  加法运算，溢出时抛出异常
    function add(uint256 a, uint256 b) internal pure returns (uint256) {
        uint256 c = a + b;
        require(c >= a, "SafeMath: addition overflow");
        return c;
    }

    //  减法运算，溢出时抛出异常
    function sub(uint256 a, uint256 b) internal pure returns (uint256) {
        require(b <= a, "SafeMath: subtraction overflow");
        uint256 c = a - b;
        return c;
    }

    //  乘法运算，溢出时抛出异常
    function mul(uint256 a, uint256 b) internal pure returns (uint256) {
        if (a == 0) {
            return 0;
        }

        uint256 c = a * b;
        require(c / a == b, "SafeMath: multiplication overflow");
        return c;
    }
```

```
//  除法运算, 除 0 异常
function div(uint256 a, uint256 b) internal pure returns (uint256) {
    require(b > 0, "SafeMath: division by zero");
    uint256 c = a / b;
    return c;
}
}
```

由于 SafeMath 是一个库, 可以使用 using...for... 把这几个函数关联到 uint256 上:

```
pragma solidity ^0.5.0;

import "@openzeppelin/contracts/contracts/math/SafeMath.sol";

contract MyContract {
  using SafeMath for uint256;
  uint counter;

  function add(uint i) public {
      //  使用 SafeMath 的 add 方法
      counter = counter.add(i);
    }

}
```

8.3 地址工具

Address.sol 提供 isContract() 函数来判断一个地址是否为合约地址, 判断的方法是查看合约是否有相应的关联代码, Address 源码如下:

```
pragma solidity ^0.5.0;

library Address {
    function isContract(address account) internal view returns (bool) {
        uint256 size;
        assembly { size := extcodesize(account) }
```

```
        return size > 0;
    }
}
```

Address.sol 使用了第 7 章介绍的内联汇编来实现，extcodesize 函数取得输入参数 account 地址所关联的 EVM 代码的字节码长度，因为只有合约账户才有对应的字节码，其长度才大于 0。

注意：如果在合约的构造函数中对当前的合约调用 isContract，会返回 false，因为在构造函数执行完之前，合约的代码还没有保存。

使用 Address.sol 的示例代码如下。

```
pragma solidity ^0.5.0;

import "@openzeppelin/contracts/contracts/utils/Address.sol";

contract MyToken {
  using Address for address;
  function send(address recipient, uint256 amount) external {
      if (recipient.isContract()) {
        // do something
      }
  }
}
```

MyToken 合约中，如果接受代币的地址是合约地址，可以进行额外的操作。

8.4　ERC165 接口发现

ERC165 表示的是 EIP165（第 165 个提案）确定的标准，这里简单介绍一下以太坊上的应用标准是怎么形成的。以太坊是去中心化网络，任何人都可以提出改进提案（EIP：Ethereum Improvement Proposals），提案就是在 EIP GitHub 库（地址：https://github.com/ethereum/EIPs）提出一个 Issues，Issues 的编号就是提案的编号，提案根据解决问题的不同，会分为协议改进和应用标准（通常为合约接口标准）等类型。协议改进的提案在经过社区投票采纳后，会实现到以太坊的客户端。而应用标准就是 ERC，它的全称是

Ethereum Request for Comment（以太坊征求意见稿），它是一个推荐大家使用的建议（不强制使用），是由社区形成的共识标准。

ERC165 提案主要用途是声明合约实现了哪些接口，提案的接口定义如下：

```solidity
pragma solidity ^0.5.0;

interface IERC165 {
    // @param interfaceID   参数：接口 ID
     function supportsInterface(bytes4 interfaceID) external view
returns (bool);
}
```

实现 ERC165 标准的合约可以通过 supportsInterface 接口来查询它是否实现了某个函数，函数的参数 interfaceID 是函数选择器（参考第 7 章），当合约实现了函数选择器对应的函数，supportsInterface 接口需要返回 true，否则为 false（特殊情况下，如果参数 interfaceID 为 0xffffffff，也需要返回 false）。

ERC165 提案同时要求，实现 supportsInterface 函数消耗的 gas 应该在 30 000 gas 以内。

ERC165 参考实现

OpenZeppelin 中的 ERC165Reg 是对 ERC165 的一个实现，代码如下：

```solidity
pragma solidity ^0.5.0;
import "./IERC165.sol";
contract ERC165Reg is IERC165 {
    /*
     * bytes4(keccak256('supportsInterface(bytes4)')) == 0x01ffc9a7
     */
    bytes4 private constant _INTERFACE_ID_ERC165 = 0x01ffc9a7;
    mapping(bytes4 => bool) private _supportedInterfaces;
    constructor () internal {
        _registerInterface(_INTERFACE_ID_ERC165);
        _registerInterface(this.test.selector);  //  注册合约对外接口
    }
     function supportsInterface(bytes4 interfaceId) external view
returns (bool) {
        return _supportedInterfaces[interfaceId];
    }
    function _registerInterface(bytes4 interfaceId) internal {
```

```
        require(interfaceId != 0xffffffff, "ERC165: invalid interface
id");
        _supportedInterfaces[interfaceId] = true;
    }
    function test() external returns (bool) {
    }
}
```

在上面的实现中，使用了一个 mapping 来存储合约支持的接口，支持的接口通过调用 _registerInterface 进行注册（只有注册之后，才能通过 supportsInterface 查询到），在上面的代码中注册了两个函数，一个是 ERC165 标准定义的函数 supportsInterface，一个是自定义的函数 test()，当我们需要实现 ERC165 标准时，可以继承 ERC165Reg，并调用 _registerInterface 来注册我们自己实现的函数。

8.5 ERC20 代币

ERC20 Token 是目前最为广泛使用的代币标准，所有的钱包和交易所都是按照这个标准对代币进行支持的。ERC20 标准约定了代币名称、总量及相关的交易函数。

```
pragma solidity ^0.5.0;
interface IERC20 {
    function name() public view returns (string);
    function symbol() public view returns (string);
    function decimals() public view returns (uint8);
    function totalSupply() external view returns (uint256);
    function balanceOf(address account) external view returns
(uint256);
    function transfer(address recipient, uint256 amount) external
returns (bool);
    function allowance(address owner, address spender) external view
returns (uint256);
    function approve(address spender, uint256 amount) external returns
(bool);
    function transferFrom(address sender, address recipient, uint256
amount) external returns (bool);
```

```
        event Transfer(address indexed from, address indexed to, uint256
value);
        event Approval(address indexed owner, address indexed spender,
uint256 value);
    }
```

ERC20 接口定义中，有一些接口是不强制要求实现的（下面的解释说明中标记了可选的接口），ERC20 接口各函数说明如下。

- name()：（可选）函数返回代币的名称，如"MyToken"。
- symbol()：（可选）函数返回代币符号，如"MT"。
- decimals：（可选）函数返回代币小数点位数。
- totalSupply()：发行代币总量。
- balanceOf()：查看对应账号的代币余额。
- transfer()：实现代币转账交易，成功转账必须触发事件Transfer。
- transferFrom()：给被授权的用户（合约）使用，成功转账必须触发Transfer事件。
- allowance()：返回授权给某用户（合约）的代币使用额度。
- approve()：授权用户可代表我们花费多少代币，必须触发Approval事件。

OpenZeppelin 实现代码如下：

```solidity
pragma solidity ^0.5.0;
import "./IERC20.sol";
import "../../math/SafeMath.sol";
contract ERC20 is IERC20 {
    using SafeMath for uint256;

    mapping (address => uint256) private _balances;
     mapping (address => mapping (address => uint256)) private _
allowances;
    uint256 private _totalSupply;
    function totalSupply() public view returns (uint256) {
        return _totalSupply;
    }
    function balanceOf(address account) public view returns (uint256) {
        return _balances[account];
```

```
    }
    function transfer(address recipient, uint256 amount) public
returns (bool) {
        _transfer(msg.sender, recipient, amount);
        return true;
    }
    function allowance(address owner, address spender) public view
returns (uint256) {
        return _allowances[owner][spender];
    }
    function approve(address spender, uint256 value) public returns
(bool) {
        _approve(msg.sender, spender, value);
        return true;
    }
    function transferFrom(address sender, address recipient, uint256
amount) public returns (bool) {
        _transfer(sender, recipient, amount);
        _approve(sender, msg.sender, _allowances[sender][msg.sender].
sub(amount));
        return true;
    }
    function _transfer(address sender, address recipient, uint256
amount) internal {
        require(sender != address(0), "ERC20: transfer from the zero
address");
        require(recipient != address(0), "ERC20: transfer to the zero
address");
        _balances[sender] = _balances[sender].sub(amount);
        _balances[recipient] = _balances[recipient].add(amount);
        emit Transfer(sender, recipient, amount);
    }
    function _mint(address account, uint256 amount) internal {
        require(account != address(0), "ERC20: mint to the zero
address");
        _totalSupply = _totalSupply.add(amount);
        _balances[account] = _balances[account].add(amount);
        emit Transfer(address(0), account, amount);
    }
```

```
        function _approve(address owner, address spender, uint256 value)
internal {
            require(owner != address(0), "ERC20: approve from the zero
address");
            require(spender != address(0), "ERC20: approve to the zero
address");
          _allowances[owner][spender] = value;
          emit Approval(owner, spender, value);
      }
   }
```

ERC20.sol 包含标准中所有的必须要实现的函数，可选的函数则放在另一个文件 ERC20Detailed.sol 中（后面也会贴出代码）。

ERC20 实现的关键是使用了两个 mapping:_balances 和 _allowances，_balances 用来保存某个地址的余额，_allowances 用来保存某个地址授权给另一个地址可使用的余额。

transfer() 用来实现代币转账的转账，它有两个参数：转账的目标（接收者）及数量。在执行 transfer() 的时候（对照 _transfer() 的实现），主要是修改控制账号余额的 _balances 变量，修改方法为：发送方账号（即交易的发起人）的余额减去相应的金额，同时目标账号的余额加上相应的金额，加减法使用了 safemath 来防止溢出，transfer() 的实现需要触发 Transfer 事件。

approve() 函数和 transferFrom() 函数需要配合使用，使用场景是这样的：我们先通过 approve() 授权第三方可以转移我们的币，然后第三方通过 transferFrom() 去转移币。举一个通俗的例子：假如使用代币来发送工资，总经理就可以授权财务使用部分代币（使用 approve() 函数），财务把代币发放给员工（使用 transferFrom() 函数）。

目前最常用的一个场景是去中心化交易（以下简称 DEX，它使用智能合约来处理代币之间的兑换）。假如 Bob 要使用 DEX 智能合约用 100 个代币 A 购买 150 个代币 B，那么通常操作步骤是：Bob 先把 100 个 A 授权给 DEX，然后调用 DEX 的兑换函数，在兑换函数里使用 transferFrom() 函数把 Bob 的 100 个 A 转走，之后再转给 Bob150 个 B。

approve() 函数通过修改 _allowances 变量来控制被授权人及授权代币数量（请对照上面代码的 _approve() 函数），_allowances[owner][spender]=value; 的意思是：owner 账号授权 spender 账号可消费数量为 value 的代币。

transferFrom() 是由被授权人发起调用，transferFrom() 的第一个参数 sender 是真正

扣除代币的账号（也就是 _allowances 中的 owner）。

ERC20Detailed 的实现比较简单，仅仅初始化代币名称、代币符号、小数位数这 3 个变量，代码如下：

```solidity
pragma solidity ^0.5.0;
import "./IERC20.sol";
contract ERC20Detailed is IERC20 {
    string private _name;
    string private _symbol;
    uint8 private _decimals;
     constructor (string memory name, string memory symbol, uint8
decimals) public {
        _name = name;
        _symbol = symbol;
        _decimals = decimals;
    }
    function name() public view returns (string memory) {
        return _name;
    }
    function symbol() public view returns (string memory) {
        return _symbol;
    }
    function decimals() public view returns (uint8) {
        return _decimals;
    }
}
```

ERC20 实现

有了 ERC20.sol 和 ERC20Detailed.sol，实现一个自己的代币就很简单了，现在我们实现一个有 4 位小数、名称为 My Token 的代币，只需要以下几行代码：

```solidity
pragma solidity ^0.5.0;
import "@openzeppelin/contracts/ERC20Detailed.sol"
import "@openzeppelin/contracts/ERC20.sol"
contract MyToken is  ERC20 , ERC20Detailed("My Token", "MT", 4) {
    constructor() public {
        _mint(msg.sender, 1000000000 * 10 ** 4);
    }
}
```

第 6 行的 _mint() 函数是在 ERC20.sol 中实现的，用来初始化代币发行量。

8.6 ERC777 功能型代币

ERC20 代币简洁实用，非常合适用它来代表某种权益，不过有时候在 ERC20 添加一些功能就会显得有些力不从心，举两个典型的场景：

（1）使用 ERC20 代币购买商品时，ERC20 合约上无法记录购买具体商品的信息，那就需要额外用其他的方式记录，势必增加整个过程的成本。

（2）在经典的"存币生息"Defi 应用中，理想的情况是代币在转入存币生息合约之后，后者就开始计息，然而由于 ERC20 代币的缺陷，存币生息合约实际上无法知道有人向它转账，因此也无法开始计息。

> **如果要解决场景（2）的问题，在 ERC20 标准中必须把存币生息分解为两步，第一步：让用户用 approve() 函数授权存币生息合约可以转移用户的币；第二步：再次让用户调用存币生息合约的计息函数，计息函数中通过 transferFrom 把代币转移到自身合约内，开始计息。**

除此之外，ERC20 还有一个缺陷：ERC20 误转入一个合约后，如果目标合约没有对代币作相应的处理，则代币将永远锁死在合约里，没有办法把代币从合约里取出来。

ERC777 很好地解决了这些问题，同时 ERC777 也兼容 ERC20 标准。建议大家在开发新的代币时使用 ERC777 标准。

ERC777 定义了 send（dest, value, data）函数来进行代币的转账。

> **ERC777 标准特意避开和 ERC20 标准使用同样的 transfer() 函数，这样就能让用户同时实现两个函数以兼容两个标准。**

send() 函数有一个额外的参数 data 用来携带转账的附加信息，同时 send 函数在转账时还会对代币的持有者和接收者发送通知，以方便在转账发生时，持有者和接收者可以进行额外的处理。

> **代币的持有者和接收者需要实现额外的函数才能收到转账通知。**

send 函数的通知是通过 ERC1820 接口注册表合约来实现的，所以我们先介绍 ERC1820。

8.6.1 ERC1820 接口注册表

前文介绍的 ERC165 标准可以声明合约实现了哪些接口，却没法为普通账户地址声明实现了哪些接口。ERC1820 标准通过一个全局的注册表合约来记录任何地址声明的接口，其实现机制类似于 Windows 的系统注册表，注册表记录的内容包含地址（声明实现接口的地址）、注册的接口、接口实现在哪个合约地址（可以和第一个地址一样）。

ERC1820 是一个全局的合约，它在链上有一个固定的合约地址，并且在所有的以太坊网络（包含测试、以太坊经典等）上都具有相同合约地址，这个地址总是：0x1820a4B 7618BdE71Dce8cdc73aAB6C95905faD24，因此总是可以在这个合约上查询地址实现了哪些接口。

> **ERC1820 是通过非常巧妙的方式（被称为无密钥部署方法）部署的。有兴趣可以阅读 ERC1820 标准 – 部署方法部分，链接：https://learnblockchain.cn/docs/eips/eip-1820.html。**

需要注意的是，ERC1820 标准是一个实现了的合约，前面讲到的如 ERC20 标准定义的是接口，需要用户来实现部署（例如参考 OpenZeppelin 的模板来实现）。

对于 ERC1820 合约，除了地址、接口、合约三个部分，还需要了解几个要点。

（1）ERC1820 引入了管理员角色，由管理员来设置哪个合约在哪个地址实现了哪一个接口。

（2）ERC1820 要求实现接口的合约，必须实现 canImplementInterfaceForAddress 函数，来声明其实现的接口，并且当用户查询其实现的接口时，必须返回常量 ERC1820_ ACCEPT_MAGIC。

（3）ERC1820 也兼容 ERC165，即也可以在 ERC1820 合约上查询 ERC165 接口，为此 ERC1820 使用了函数签名的完整 Keccak256 哈希来表示接口（下方代码的 interfaceHash），而不是 ERC165 接口定义的前 4 个字节的函数选择器。

在了解上面的要点后，理解下方 ERC1820 合约的官方实现代码就比较容易了，看看它是如何实现接口注册的。为了方便理解，代码中已经加入注释。

```solidity
pragma solidity 0.5.3;
contract ERC1820Registry {
    bytes4 constant internal INVALID_ID = 0xffffffff;
    bytes4 constant internal ERC165ID = 0x01ffc9a7;
    // 标准定义的一个常量，如果合约实现了某地址的接口，则返回这个常量
    bytes32 constant internal ERC1820_ACCEPT_MAGIC = keccak256(abi.
encodePacked("ERC1820_ACCEPT_MAGIC"));
    // 记录地址、接口及实现合约地址，分别对应着注册表要记录的 3 个内容
    mapping(address => mapping(bytes32 => address)) internal
interfaces;
    // 映射地址到管理者
    mapping(address => address) internal managers;
    // 每个地址和 ERC165 接口的 flag，表示是否缓存了“某地址实现的 ERC165 接口”这样
一条记录
    mapping(address => mapping(bytes4 => bool)) internal erc165Cached;
    // 接口实现事件
    event InterfaceImplementerSet(address indexed addr, bytes32
indexed interfaceHash, address indexed implementer);
    // 更改管理事件
    event ManagerChanged(address indexed addr, address indexed
newManager);

    // 获取给定地址及接口的实现合约地址
    function getInterfaceImplementer(address _addr, bytes32 _
interfaceHash) external view returns (address) {
        address addr = _addr == address(0) ? msg.sender : _addr;
        if (isERC165Interface(_interfaceHash)) {
            bytes4 erc165InterfaceHash = bytes4(_interfaceHash);
            return implementsERC165Interface(addr, erc165InterfaceHash)
? addr : address(0);
        }
        return interfaces[addr][_interfaceHash];
    }

    // 设置某个地址的接口由哪个合约实现，需要由管理员来设置
    function setInterfaceImplementer(address _addr, bytes32 _
interfaceHash, address _implementer) external {
        address addr = _addr == address(0) ? msg.sender : _addr;
        require(getManager(addr) == msg.sender, "Not the manager");
```

```
                    require(!isERC165Interface(_interfaceHash), "Must not be an
ERC165 hash");
            if (_implementer != address(0) && _implementer != msg.sender) {
                require(
                    ERC1820ImplementerInterface(_implementer)
                        .canImplementInterfaceForAddress(_interfaceHash,
addr) == ERC1820_ACCEPT_MAGIC,
                    "Does not implement the interface"
                );
            }
            interfaces[addr][_interfaceHash] = _implementer;
            emit InterfaceImplementerSet(addr, _interfaceHash, _
implementer);
        }
        // 为地址 _addr 设置新的管理员地址
        function setManager(address _addr, address _newManager) external {
            require(getManager(_addr) == msg.sender, "Not the manager");
            managers[_addr] = _newManager == _addr ? address(0) : _
newManager;
            emit ManagerChanged(_addr, _newManager);
        }


        // 获取地址 _addr 的管理员
        function getManager(address _addr) public view returns(address) {
            // By default the manager of an address is the same address
            if (managers[_addr] == address(0)) {
                return _addr;
            } else {
                return managers[_addr];
            }
        }
        // 返回接口的 keccak256 哈希值
        function interfaceHash(string calldata _interfaceName) external
pure returns(bytes32) {
            return keccak256(abi.encodePacked(_interfaceName));
        }
        /* --- ERC165 相关方法 --- */
        // 更新合约是否实现了 ERC165 接口的缓存
        function updateERC165Cache(address _contract, bytes4 _interfaceId)
external {
```

```
                interfaces[_contract][_interfaceId] = implementsERC165Interfac
eNoCache(
                _contract, _interfaceId) ? _contract : address(0);
            erc165Cached[_contract][_interfaceId] = true;
        }
    // 检查合约是否实现 ERC165 接口
    function implementsERC165Interface(address _contract, bytes4 _
interfaceId) public view returns (bool) {
        if (!erc165Cached[_contract][_interfaceId]) {
                return implementsERC165InterfaceNoCache(_contract, _
interfaceId);
        }
        return interfaces[_contract][_interfaceId] == _contract;
    }
    // 在不使用缓存的情况下检查合约是否实现 ERC165 接口
    function implementsERC165InterfaceNoCache(address _contract,
bytes4 _interfaceId) public view returns (bool) {
        uint256 success;
        uint256 result;
        (success, result) = noThrowCall(_contract, ERC165ID);
        if (success == 0 || result == 0) {
            return false;
        }
        (success, result) = noThrowCall(_contract, INVALID_ID);
        if (success == 0 || result != 0) {
            return false;
        }
        (success, result) = noThrowCall(_contract, _interfaceId);
        if (success == 1 && result == 1) {
            return true;
        }
        return false;
    }
    // 检查 _interfaceHash 是否为 ERC165 接口
    function isERC165Interface(bytes32 _interfaceHash) internal pure
returns (bool) {
        return _interfaceHash & 0x00000000FFFFFFFFFFFFFFFFFFFFFFFF
FFFFFFFFFFFFFFFFFFFFFFFFFFFF == 0;
    }
```

```
    // 调用合约接口，如果函数不存在也不抛出异常
    function noThrowCall(address _contract, bytes4 _interfaceId)
        internal view returns (uint256 success, uint256 result)
    {
        bytes4 erc165ID = ERC165ID;
        assembly {
            let x := mload(0x40)
            mstore(x, erc165ID)
            mstore(add(x, 0x04), _interfaceId)
            success := staticcall(
                30000,
                _contract,
                x,
                0x24,
                x,
                0x20
            )

            result := mload(x)
        }
    }
}
```

ERC1820 合约中的两个函数——setInterfaceImplementer 和 getInterfaceImplementer 最值得关注，setInterfaceImplementer 用来设置某个地址（参数 _addr）的某个接口（参数 _interfaceHash）由哪个合约实现（参数 _implementer），检查状态成功后，信息会记录到 interfaces 映射中（`interfaces[addr][_interfaceHash]=_implementer;`），getInterfaceImplementer 则是在 interfaces 映射中查询接口的实现。

另一方面，如果一个合约要为某个地址（或自身）实现某个接口，则需要实现下面这个接口。

```
interface ERC1820ImplementerInterface {
    function canImplementInterfaceForAddress(bytes32 interfaceHash,
address addr) external view returns(bytes32);
}
```

在合约实现 ERC1820ImplementerInterface 接口后，如果调用 canImplementInterface

ForAddress 返回 ERC1820_ACCEPT_MAGIC，这表示该合约在地址（参数 addr）上实现了 interfaceHash 对应的接口，在 ERC1820 合约中的 setInterfaceImplementer 函数在设置接口实现时，会通过 canImplementInterfaceForAddress 检查合约是否实现了接口。

8.6.2　ERC777 标准

本节的主题是 ERC777，因为 ERC777 依赖 ERC1820 来实现转账时对持有者和接受者的通知，才插入了上面 ERC1820 的介绍。回到 ERC777，我们先通过 ERC777 的接口定义来进一步理解 ERC777 标准。

```
interface ERC777Token {
    function name() external view returns (string memory);
    function symbol() external view returns (string memory);
    function totalSupply() external view returns (uint256);
    function balanceOf(address holder) external view returns (uint256);
    // 定义代币最小的划分粒度
    function granularity() external view returns (uint256);
    // 操作员相关的操作（操作员是可以代表持有者发送和销毁代币的账号地址）
    function defaultOperators() external view returns (address[]
memory);
    function isOperatorFor(
        address operator,
        address holder
    ) external view returns (bool);
    function authorizeOperator(address operator) external;
    function revokeOperator(address operator) external;
    // 发送代币
    function send(address to, uint256 amount, bytes calldata data)
external;
    function operatorSend(
        address from,
        address to,
        uint256 amount,
        bytes calldata data,
        bytes calldata operatorData
    ) external;
```

```solidity
// 销毁代币
function burn(uint256 amount, bytes calldata data) external;
function operatorBurn(
    address from,
    uint256 amount,
    bytes calldata data,
    bytes calldata operatorData
) external;
// 发送代币事件
event Sent(
    address indexed operator,
    address indexed from,
    address indexed to,
    uint256 amount,
    bytes data,
    bytes operatorData
);
// 铸币事件
event Minted(
    address indexed operator,
    address indexed to,
    uint256 amount,
    bytes data,
    bytes operatorData
);
// 销毁代币事件
event Burned(
    address indexed operator,
    address indexed from,
    uint256 amount,
    bytes data,
    bytes operatorData
);
// 授权操作员事件
event AuthorizedOperator(
    address indexed operator,
    address indexed holder
);
// 撤销操作员事件
```

```
        event RevokedOperator(address indexed operator, address indexed
holder);
    }
```

接口定义在代码库（https://github.com/OpenZeppelin/openzeppelin-contracts）路径为 contracts/token/ERC777/IERC777.sol 的文件中。

所有的 ERC777 合约必须实现上述接口，同时通过 ERC1820 标准注册 ERC777 Token 接口，注册方法是：调用 ERC1820 注册合约的 setInterfaceImplementer 方法，参数 _addr 及 _implementer 均是合约的地址，_interfaceHash 是 "ERC777Token" 的 keccak256 哈希值 （0xac7fbab5f54a3ca8194167523c6753bfeb96a445279294b6125b68cce2177054）。

ERC777 与 ERC20 代币标准保持向后兼容，因此标准的接口函数是分开的，可以选择一起实现，ERC20 函数应该仅限于从老合约中调用，ERC777 要实现 ERC20 标准，同样通过 ERC1820 合约调用 setInterfaceImplementer 方法来注册 ERC20 Token 接口，接口哈希是 ERC20 Token 的 keccak256 哈希（0xaea199e31a596269b42cdafd93407f14436db6e 4cad65417994c2eb37381e05a）。

ERC777 标准的 name()、symbol()、totalSupply()、balanceOf（address）函数的含义和 ERC20 中完全一样，granularity() 用来定义代币最小的划分粒度（>=1），必须在创建时设定，之后不可以更改。它表示的是代币最小的操作单位，即不管是在铸币、转账还是销毁环节，操作的代币数量必需是粒度的整数倍。

> **granularity 和 ERC20 的 decimals 函数不一样，decimals 用来定义小数位数，是内部存储单位，例如，0.5 个代币在合约里存储的值为 500 000 000 000 000 000(0.5×10^{18})。decimals() 是 ERC20 可选函数，为了兼容 ERC20 代币，decimals 函数要求必须返回 18。**
>
> **而 granularity 表示的是最小操作单位，它是在存储单位上的划分粒度，如果粒度 granularity 为 2，则必须将 2 个存储单位的代币作为一份来转账。**

操作员

ERC777 引入了一个操作员角色（前文所说接口的 operator），操作员定义为操作代币的角色。每个地址默认是自己代币的操作员。不过，将持有人和操作员的概念分开，可以提供更大的灵活性。

> 与 ERC20 中的 approve、transferFrom 不同，ERC20 未明确定义批准地址的角色。

此外，ERC777 还可以定义默认操作员（默认操作员列表只能在代币创建时定义的，并且不能更改），默认操作员是被所有持有人授权的操作员，这可以为项目方管理代币带来方便。当然，持有人也有权撤销默认操作员。

操作员相关的函数有以下几个。

- defaultOperators()：获取代币合约默认的操作员列表。
- authorizeOperator(address operator)：设置一个地址作为msg.sender的操作员，需要触发AuthorizedOperator事件。
- revokeOperator(address operator)：移除msg.sender上operator操作员的权限，需要触发RevokedOperator事件。
- isOperatorFor(address operator, address holder)：验证是否为某个持有者的操作员。

发送代币

发送代币功能上和 ERC20 的转账类似，但是 ERC777 的发送代币可以携带更多的参数，ERC777 发送代币使用以下两个方法：

```
send(address to, uint256 amount, bytes calldata data) external

function operatorSend(
    address from,
    address to,
    uint256 amount,
    bytes calldata data,
    bytes calldata operatorData
) external
```

operatorSend 可以通过参数 operatorData 携带操作者的信息，发送代币除了执行持有者和接收者账户的余额加减和触发事件之外，还有**下列规定**：

（1）如果持有者有通过 ERC1820 注册 ERC777TokensSender 实现接口，ERC777 实现合约必须调用其 tokensToSend() 钩子函数（英文中称为 Hook 函数）。

（2）如果接收者有通过 ERC1820 注册 ERC777TokensRecipient 实现接口，ERC777 实现合约必须调用其 tokensReceived() 钩子函数。

（3）如果有 tokensToSend() 钩子函数，必须在修改余额状态之前调用。

（4）如果有 tokensReceived() 钩子函数，必须在修改余额状态之后调用。

（5）调用钩子函数及触发事件时，data 和 operatorData 必须原样传递，因为 tokensToSend 和 tokensReceived 函数可能根据这个数据取消转账（触发 revert）。

如果持有者希望在转账时收到代币转移通知，需要实现 ERC777TokensSender 接口，ERC777TokensSender 接口定义如下：

```
interface ERC777TokensSender {
    function tokensToSend(
        address operator,
        address from,
        address to,
        uint256 amount,
        bytes calldata userData,
        bytes calldata operatorData
    ) external;
}
```

此接口定义在代码库的路径为 contracts/token/ERC777/IERC777Sender.sol 的文件中。

在合约实现 tokensToSend() 函数后，调用 ERC1820 注册表合约上的 setInterfaceImplementer（address _addr, bytes32 _interfaceHash, address _implementer）函数，_addr 使用持有者地址，_interfaceHash 使用 ERC777TokensSender 的 keccak256 哈希值（0x29ddb589b1fb5fc7cf394961c1adf5f8c6454761adf795e67fe149f658abe895），_implementer 使用的是实现 ERC777TokensSender 的合约地址。

有一个地方需要注意：对于所有的 ERC777 合约，一个持有者地址只能注册一个合约来实现 ERC777TokensSender 接口。但是实现 ERC777TokensSender 接口的合约可能会被多个 ERC777 合约调用，在 tokensToSend 函数的实现合约里，msg.sender 是 ERC777 合约地址，而不是操作者。

如果接收者希望在转账时收到代币转移通知，需要实现 ERC777TokensRecipient 接口，ERC777TokensRecipient 接口定义如下：

```
interface ERC777TokensRecipient {
    function tokensReceived(
        address operator,
```

```
        address from,
        address to,
        uint256 amount,
        bytes calldata data,
        bytes calldata operatorData
    ) external;
}
```

接口定义在代码库的路径为 contracts/token/ERC777/IERC777Recipient.sol 的文件中。

在合约实现 ERC777TokensRecipient 接口后，使用和上面一样的方式注册，不过接口的哈希使用 ERC777TokensRecipient 的 keccak256 哈希值（0xb281fc8c12954d22544db45de3159a39272895b169a852b314f9cc762e44c53b）。

如果接收者是一个合约地址，则合约必须要注册及实现 ERC777TokensRecipient 接口（这可以防止代币被锁死），如果没有实现，ERC777 代币合约需要回退交易。

铸币与销毁

铸币（挖矿）是产生新币的过程，销毁代币则相反。

> **在 ERC20 中，没有明确定义这两个行为，通常会用 transfer 方法和 Transfer 事件来表达。来自全零地址的转账是铸币，转给全零地址则是销毁。**

ERC777 则定义了代币从铸币、转移到销毁的整个生命周期。

ERC777 没有定义铸币的方法名，只定义了 Minted 事件，因为很多代币是在创建的时候就确定好了代币的数量。如果有需要，合约可以定义自己的铸币函数，ERC777 要求在实现铸币函数时必须要满足以下要求：

（1）必须触发 Minted 事件；

（2）发行量需要加上铸币量，如果接收者是不为 0 的地址，则把铸币量加到接收者的余额中；

（3）如果接收者有通过 ERC1820 注册 ERC777TokensRecipient 实现接口，代币合约必须调用其 tokensReceived() 钩子函数。

ERC777 定义了两个函数用于销毁代币（burn 和 operatorBurn），可以方便钱包和 DAPPs 有统一的接口交互。burn 和 operatorBurn 的实现同样有要求：

（1）必须触发 Burned 事件；

（2）总供应量必须减去代币销毁量，持有者的余额必须减少代币销毁的数量；

（3）如果持有者通过 ERC1820 注册了 ERC777TokensSender 接口的实现，必须调用持有者的 tokensToSend() 钩子函数；

注意：0 个代币数量的交易（不管是转移、铸币与销毁）也是合法的，同样满足粒度（granularity）的整数倍，因此需要正确处理。

8.6.3　ERC777 实现

可以看出 ERC777 在实现时相比 ERC20 有更多的要求，增加我们实现的难度，幸运的是，OpenZeppelin 帮我们做好了模板，以下是 OpenZeppelin 实现的 ERC777 合约模板：

```solidity
pragma solidity ^0.5.0;

import "./IERC777.sol";
import "./IERC777Recipient.sol";
import "./IERC777Sender.sol";
import "../../token/ERC20/IERC20.sol";
import "../../math/SafeMath.sol";
import "../../utils/Address.sol";
import "../../introspection/IERC1820Registry.sol";

// 合约实现兼容了ERC20
contract ERC777 is IERC777, IERC20 {
    using SafeMath for uint256;
    using Address for address;

    // ERC1820注册表合约地址
    IERC1820Registry private _erc1820 = IERC1820Registry(0x1820a4B7618
BdE71Dce8cdc73aAB6C95905faD24);

    mapping(address => uint256) private _balances;

    uint256 private _totalSupply;

    string private _name;
    string private _symbol;
```

```solidity
    // 硬编码 keccak256("ERC777TokensSender") 为了减少 gas
    bytes32 constant private TOKENS_SENDER_INTERFACE_HASH =
        0x29ddb589b1fb5fc7cf394961c1adf5f8c6454761adf795e67fe149f658abe895;

    // keccak256("ERC777TokensRecipient")
    bytes32 constant private TOKENS_RECIPIENT_INTERFACE_HASH =
        0xb281fc8c12954d22544db45de3159a39272895b169a852b314f9cc762e44c53b;

    // 保存默认操作者列表
    address[] private _defaultOperatorsArray;

    // 为了索引默认操作者状态使用的 mapping
    mapping(address => bool) private _defaultOperators;

    // 保存授权的操作者
    mapping(address => mapping(address => bool)) private _operators;
    // 保存取消授权的默认操作者
    mapping(address => mapping(address => bool)) private _revokedDefaultOperators;

    // 为了兼容 ERC20（保存授权信息）
    mapping (address => mapping (address => uint256)) private _allowances;

    /**
     * defaultOperators 是默认操作员，可以为空
     */
    constructor(
        string memory name,
        string memory symbol,
        address[] memory defaultOperators
    ) public {
        _name = name;
        _symbol = symbol;

        _defaultOperatorsArray = defaultOperators;
```

```
        for (uint256 i = 0; i < _defaultOperatorsArray.length; i++) {
            _defaultOperators[_defaultOperatorsArray[i]] = true;
        }

        // 注册接口
        _erc1820.setInterfaceImplementer(address(this),
keccak256("ERC777Token"), address(this));
        _erc1820.setInterfaceImplementer(address(this),
keccak256("ERC20Token"), address(this));
    }

    function name() public view returns (string memory) {
        return _name;
    }

    function symbol() public view returns (string memory) {
        return _symbol;
    }

    // 为了兼容 ERC20
    function decimals() public pure returns (uint8) {
        return 18;
    }

    // 默认粒度为 1
    function granularity() public view returns (uint256) {
        return 1;
    }

    function totalSupply() public view returns (uint256) {
        return _totalSupply;
    }

     function balanceOf(address tokenHolder) public view returns
(uint256) {
        return _balances[tokenHolder];
    }

    // 同时触发 ERC20 的 Transfer 事件
```

```
    function send(address recipient, uint256 amount, bytes calldata
data) external {
        _send(msg.sender, msg.sender, recipient, amount, data, "",
true);
    }

    // 为兼容ERC20的转账，同时触发Sent事件
    function transfer(address recipient, uint256 amount) external
returns (bool) {
        require(recipient != address(0), "ERC777: transfer to the zero
address");

        address from = msg.sender;

        _callTokensToSend(from, from, recipient, amount, "", "");

        _move(from, from, recipient, amount, "", "");

        // 最后一个参数表示不要求接收者实现钩子函数tokensReceived
        _callTokensReceived(from, from, recipient, amount, "", "",
false);

        return true;
    }

    // 为了兼容ERC20，触发Transfer事件
    function burn(uint256 amount, bytes calldata data) external {
        _burn(msg.sender, msg.sender, amount, data, "");
    }

    // 判断是否为操作员
    function isOperatorFor(
        address operator,
        address tokenHolder
    ) public view returns (bool) {
        return operator == tokenHolder ||
            (_defaultOperators[operator] && !_revokedDefaultOperators[
tokenHolder][operator]) ||
            _operators[tokenHolder][operator];
```

```
    }

    // 授权操作员
    function authorizeOperator(address operator) external {
        require(msg.sender != operator, "ERC777: authorizing self as
operator");

        if (_defaultOperators[operator]) {
            delete _revokedDefaultOperators[msg.sender][operator];
        } else {
            _operators[msg.sender][operator] = true;
        }

        emit AuthorizedOperator(operator, msg.sender);
    }

    // 撤销操作员
    function revokeOperator(address operator) external {
        require(operator != msg.sender, "ERC777: revoking self as
operator");

        if (_defaultOperators[operator]) {
            _revokedDefaultOperators[msg.sender][operator] = true;
        } else {
            delete _operators[msg.sender][operator];
        }

        emit RevokedOperator(operator, msg.sender);
    }

    // 默认操作者
    function defaultOperators() public view returns (address[]
memory) {
        return _defaultOperatorsArray;
    }

    // 转移代币，需要有操作者权限，触发 Sent 和 Transfer 事件
    function operatorSend(
        address sender,
```

```
        address recipient,
        uint256 amount,
        bytes calldata data,
        bytes calldata operatorData
    )
    external
    {
        require(isOperatorFor(msg.sender, sender), "ERC777: caller is
not an operator for holder");
        _send(msg.sender, sender, recipient, amount, data,
operatorData, true);
    }

    // 销毁代币
    function operatorBurn(address account, uint256 amount, bytes
calldata data, bytes calldata operatorData) external {
        require(isOperatorFor(msg.sender, account), "ERC777: caller is
not an operator for holder");
        _burn(msg.sender, account, amount, data, operatorData);
    }

    // 为了兼容ERC20，获取授权
    function allowance(address holder, address spender) public view
returns (uint256) {
        return _allowances[holder][spender];
    }

    // 为了兼容ERC20，进行授权
    function approve(address spender, uint256 value) external returns
(bool) {
        address holder = msg.sender;
        _approve(holder, spender, value);
        return true;
    }

    // 注意，操作员没有权限调用（除非经过approve）
    // 触发Sent和Transfer事件
```

```solidity
    function transferFrom(address holder, address recipient, uint256
amount) external returns (bool) {
        require(recipient != address(0), "ERC777: transfer to the zero
address");
        require(holder != address(0), "ERC777: transfer from the zero
address");
        address spender = msg.sender;
        _callTokensToSend(spender, holder, recipient, amount, "", "");
        _move(spender, holder, recipient, amount, "", "");
        _approve(holder, spender, _allowances[holder][spender].
sub(amount));
        _callTokensReceived(spender, holder, recipient, amount, "",
"", false);
        return true;
    }


    // 铸币函数（即常说的“挖矿”）
    function _mint(
        address operator,
        address account,
        uint256 amount,
        bytes memory userData,
        bytes memory operatorData
    )
    internal
    {
        require(account != address(0), "ERC777: mint to the zero
address");

        // Update state variables
        _totalSupply = _totalSupply.add(amount);
        _balances[account] = _balances[account].add(amount);

        _callTokensReceived(operator, address(0), account, amount,
userData, operatorData, true);

        emit Minted(operator, account, amount, userData,
operatorData);
        emit Transfer(address(0), account, amount);
```

```
    }

    // 转移 token
    // 最后一个参数 requireReceptionAck 表示是否必须实现
ERC777TokensRecipient
    function _send(
        address operator,
        address from,
        address to,
        uint256 amount,
        bytes memory userData,
        bytes memory operatorData,
        bool requireReceptionAck
    )
        private
    {
        require(from != address(0), "ERC777: send from the zero
address");
        require(to != address(0), "ERC777: send to the zero address");

        _callTokensToSend(operator, from, to, amount, userData,
operatorData);

        _move(operator, from, to, amount, userData, operatorData);

        _callTokensReceived(operator, from, to, amount, userData,
operatorData, requireReceptionAck);
    }

    // 销毁代币实现
    function _burn(
        address operator,
        address from,
        uint256 amount,
        bytes memory data,
        bytes memory operatorData
    )
        private
    {
```

```
        require(from != address(0), "ERC777: burn from the zero
address");

        _callTokensToSend(operator, from, address(0), amount, data,
operatorData);

        // Update state variables
        _totalSupply = _totalSupply.sub(amount);
        _balances[from] = _balances[from].sub(amount);

        emit Burned(operator, from, amount, data, operatorData);
        emit Transfer(from, address(0), amount);
    }

//  转移所有权
    function _move(
        address operator,
        address from,
        address to,
        uint256 amount,
        bytes memory userData,
        bytes memory operatorData
    )
        private
    {
        _balances[from] = _balances[from].sub(amount);
        _balances[to] = _balances[to].add(amount);

        emit Sent(operator, from, to, amount, userData, operatorData);
        emit Transfer(from, to, amount);
    }

    function _approve(address holder, address spender, uint256 value)
private {
        // TODO: restore this require statement if this function
becomes internal, or is called at a new callsite. It is
        // currently unnecessary.
        //require(holder != address(0), "ERC777: approve from the zero
address");
```

```
        require(spender != address(0), "ERC777: approve to the zero
address");

        _allowances[holder][spender] = value;
        emit Approval(holder, spender, value);
    }

    // 尝试调用持有者的 tokensToSend() 函数
    function _callTokensToSend(
        address operator,
        address from,
        address to,
        uint256 amount,
        bytes memory userData,
        bytes memory operatorData
    )
        private
    {
        address implementer = _erc1820.getInterfaceImplementer(from,
TOKENS_SENDER_INTERFACE_HASH);
        if (implementer != address(0)) {
            IERC777Sender(implementer).tokensToSend(operator, from,
to, amount, userData, operatorData);
        }
    }

    // 尝试调用接收者的 tokensReceived()
    function _callTokensReceived(
        address operator,
        address from,
        address to,
        uint256 amount,
        bytes memory userData,
        bytes memory operatorData,
        bool requireReceptionAck
    )
        private
    {
```

```
            address implementer = _erc1820.getInterfaceImplementer(to,
TOKENS_RECIPIENT_INTERFACE_HASH);
        if (implementer != address(0)) {
                IERC777Recipient(implementer).tokensReceived(operator,
from, to, amount, userData, operatorData);
        } else if (requireReceptionAck) {
                require(!to.isContract(), "ERC777: token recipient
contract has no implementer for ERC777TokensRecipient");
        }
    }
}
```

大家可以在 OpenZeppelin 代码库的路径为 contracts/token/ERC777/ERC777.sol 的文件中找到以上代码。以上是一个模板实现，基于 ERC777 模板，可以很容易实现一个自己的 ERC777 代币，例如实现一个发行 21 000 000 个的 M7 代币的代码示例如下。

```
pragma solidity ^0.5.0;

import "@openzeppelin/contracts/token/ERC777/ERC777.sol";

contract MyERC777 is ERC777 {
    constructor(
        address[] memory defaultOperators
    )
        ERC777("MyERC777", "M7", defaultOperators)
        public
    {
        uint initialSupply = 21000000 * 10 ** 18;
        _mint(msg.sender, msg.sender, initialSupply, "", "");
    }
}
```

8.6.4　实现钩子函数

前面我们介绍了如果想要收到转账等操作的通知，就需要实现钩子函数，如果不需要通知，普通账户之间是可以不实现钩子函数的，但是转入到合约则要求合约一定要实现 ERC777TokensRecipient 接口定义的 tokensReceived() 钩子函数，我们假设有这样一个需求：寺庙实现了一个功德箱合约，功德箱合约在接受代币的时候要记录每位施主的善款金额。

实现 ERC777TokensRecipient

下面就来实现下功德箱合约，示例代码如下。

```solidity
pragma solidity ^0.5.0;

import "@openzeppelin/contracts/token/ERC777/IERC777Recipient.sol";
import "@openzeppelin/contracts/token/ERC777/IERC777.sol";
import "@openzeppelin/contracts/introspection/IERC1820Registry.sol";

contract Merit is IERC777Recipient {

  mapping(address => uint) public givers;
  address _owner;
  IERC777 _token;

  IERC1820Registry private _erc1820 = IERC1820Registry(0x1820a4B7618Bd
E71Dce8cdc73aAB6C95905faD24);

  // keccak256("ERC777TokensRecipient")
  bytes32 constant private TOKENS_RECIPIENT_INTERFACE_HASH =
      0xb281fc8c12954d22544db45de3159a39272895b169a852b314f9cc762e44c
53b;

  constructor(IERC777 token) public {
    _erc1820.setInterfaceImplementer(address(this), TOKENS_RECIPIENT_
INTERFACE_HASH, address(this));
    _owner = msg.sender;
    _token = token;
  }

  function tokensReceived(
      address operator,
      address from,
      address to,
      uint amount,
      bytes calldata userData,
```

```
        bytes calldata operatorData
    ) external {
      givers[from] += amount;
    }


// 方丈取回功德箱 token
    function withdraw () external {
      require(msg.sender == _owner, "no permision");
      uint balance = _token.balanceOf(address(this));
      _token.send(_owner, balance, "");
    }


}
```

功德箱合约在构造的时候，调用 ERC1820 注册表合约的 setInterfaceImplementer 注册接口，这样在收到代币时，会调用 tokensReceived 函数，tokensReceived 函数通过 givers mapping 来保存每个施主的善款金额。

注意：如果是在本地的开发者网络环境，可能会没有 ERC1820 注册表合约，如果没有，需要先部署 ERC1820 注册表合约[①]。

代理合约实现 ERC777TokensSender

如果持有者想对发出去的代币有更多的控制，可以使用一个代理合约来对发出的代币进行管理，假设这样一个需求，如果发现接收的地址在黑名单内，转账进行阻止，来看看如何实现。

根据 ERC1820 标准，只有账号的管理者才可以为账号注册接口实现合约，在刚刚实现 ERC777TokensRecipient 时，由于每个地址都是自身的管理者，因此可以在构造函数里直接调用 setInterfaceImplementer 设置接口实现，按照刚刚的假设需求，实现 ERC777TokensSender 有些不一样，代码如下：

```
pragma solidity ^0.5.0;

import "@openzeppelin/contracts/token/ERC777/IERC777Sender.sol";
import "@openzeppelin/contracts/token/ERC777/IERC777.sol";
import "@openzeppelin/contracts/introspection/IERC1820Registry.sol";
```

① EIP1820 提案：https://learnblockchain.cn/docs/eips/eip-1820.html。

```
    import "@openzeppelin/contracts/introspection/IERC1820Implementer.
sol";


    contract SenderControl is IERC777Sender, IERC1820Implementer {

    IERC1820Registry private _erc1820 = IERC1820Registry(0x1820a4B7618Bd
E71Dce8cdc73aAB6C95905faD24);
     bytes32 constant private ERC1820_ACCEPT_MAGIC = keccak256(abi.
encodePacked("ERC1820_ACCEPT_MAGIC"));

    //   keccak256("ERC777TokensSender")
    bytes32 constant private TOKENS_SENDER_INTERFACE_HASH =
        0x29ddb589b1fb5fc7cf394961c1adf5f8c6454761adf795e67fe149f658a
be895;

    mapping(address => bool) blacklist;
    address _owner;

    constructor() public {
      _owner = msg.sender;
    }

    // account call erc1820.setInterfaceImplementer
     function canImplementInterfaceForAddress(bytes32 interfaceHash,
address account) external view returns (bytes32) {
      if (interfaceHash == TOKENS_SENDER_INTERFACE_HASH) {
        return ERC1820_ACCEPT_MAGIC;
      } else {
        return bytes32(0x00);
      }
    }

    function setBlack(address account, bool b) external {
      require(msg.sender == _owner, "no premission");
      blacklist[account] = b;
    }

    function tokensToSend(
```

```
        address operator,
        address from,
        address to,
        uint amount,
        bytes calldata userData,
        bytes calldata operatorData
    ) external {
      if (blacklist[to]) {
        revert("ohh... on blacklist");
      }
    }
  }
}
```

这个合约要代理某个账号完成黑名单功能，按照前面 ERC1820 要求，在调用 setInterfaceImplementer 时，如果一个 msg.sender 和实现合约不是一个地址时，则实现合约需要实现 canImplementInterfaceForAddress 函数，并对实现的函数返回 ERC1820_ACCEPT_MAGIC。

剩下的实现就很简单了，合约函数 setBlack() 用来设置黑名单，它使用一个 mapping 状态变量来管理黑名单，在 tokensToSend 函数的实现里，先检查接收者是否在黑名单内，如果在，则 revert 回退交易，阻止转账。

给账号（假设为 A）设置代理合约的方法为：先部署代理合约，获得代理合约地址，然后用 A 账号去调用 ERC1820 的 setInterfaceImplementer 函数，参数分别是 A 的地址、接口的 keccak256 即 0x29ddb589b1fb5fc7cf394961c1adf5f8c6454761adf795e67fe149f658abe895 以及代理合约地址。

通过实现 ERC777TokensSender 和 ERC777TokensRecipient 可以延伸出很多有意思的玩法，各位读者可以自行探索。

8.7 ERC721

前面介绍的 ERC20 及 ERC777，每一个币都是无差别的，称为同质化代币，总是可以使用一个币去替换另一个币，现实中还有另一类资产，如独特的艺术品、虚拟收藏品、歌手演唱的歌曲、画家的一幅画、领养的一只宠物。这类资产的特点是每一个资产都是独一无二的，且不可以再分割，这类资产就是非同质化资产（Non-Fungible），ERC721 就使用 Token 来表示这类资产。

8.7.1 ERC721 代币规范

```solidity
pragma solidity ^0.5.0;

contract IERC721 is IERC165 {
    // 当任何 NFT 的所有权更改时（不管哪种方式），就会触发此事件
     event Transfer(address indexed from, address indexed to, uint256
indexed tokenId);

    // 当更改或确认 NFT 的授权地址时触发
     event Approval(address indexed owner, address indexed approved,
uint256 indexed tokenId);

    // 所有者启用或禁用操作员时触发（操作员可管理所有者所持有的 NFTs）
     event ApprovalForAll(address indexed owner, address indexed
operator, bool approved);


    // 统计所持有的 NFTs 数量
    function balanceOf(address _owner) external view returns (uint256);

    // 返回所有者
    function ownerOf(uint256 _tokenId) external view returns (address);

    // 将 NFT 的所有权从一个地址转移到另一个地址
     function safeTransferFrom(address _from, address _to, uint256 _
tokenId, bytes data) external payable;

    // 将 NFT 的所有权从一个地址转移到另一个地址，功能同上，不带 data 参数
     function safeTransferFrom(address _from, address _to, uint256 _
tokenId) external payable;

    // 转移所有权——调用者负责确认 _to 是否有能力接收 NFTs，否则可能永久丢失
     function transferFrom(address _from, address _to, uint256 _
tokenId) external payable;
```

```
        // 更改或确认 NFT 的授权地址
        function approve(address _approved, uint256 _tokenId) external
payable;

        // 启用或禁用第三方（操作员）管理 msg.sender 所有资产
        function setApprovalForAll(address _operator, bool _approved)
external;

        // 获取单个 NFT 的授权地址
        function getApproved(uint256 _tokenId) external view returns
(address);

        // 查询一个地址是否是另一个地址的授权操作员
        function isApprovedForAll(address _owner, address _operator)
external view returns (bool);
    }
```

如果合约（应用）要接受 NFT 的安全转账，则必须实现以下接口。

```
    // 按 ERC-165 标准，接口 id 为 0x150b7a02
    interface ERC721TokenReceiver {
        // 处理接收 NFT
        // ERC721 智能合约在 transfer 完成后，在接收者地址上调用这个函数
        /// @return 正确处理时返回 `bytes4(keccak256("onERC721Received(addres
s,address,uint256,bytes)"))`
        function onERC721Received(address _operator, address _from,
uint256 _tokenId, bytes _data) external returns(bytes4);
    }
```

以下元信息（描述代币本身的信息）扩展是可选的，但是可以提供一些资产代表的
信息以便查询。

```
    /// @title ERC-721 非同质化代币标准，可选元信息扩展
    ///  Note: 按 ERC-165 标准，接口 id 为 0x5b5e139f
    interface ERC721Metadata /* is ERC721 */ {
        // NFTs 集合的名字
        function name() external view returns (string _name);
```

```
        // NFTs 缩写代号
        function symbol() external view returns (string _symbol);

        // 一个给定资产的唯一的统一资源标识符 (URI)
        // 如果 _tokenId 无效，抛出异常
        /// URI 也许指向一个符合 "ERC721 元数据 JSON Schema" 的 JSON 文件
        function tokenURI(uint256 _tokenId) external view returns (string);
}
```

以下是 "ERC721 元数据 JSON Schema" 描述：

```
{
    "title": "Asset Metadata",
    "type": "object",
    "properties": {
        "name": {
            "type": "string",
            "description": "指示 NFT 代表什么"
        },
        "description": {
            "type": "string",
            "description": "描述 NFT 代表的资产"
        },
        "image": {
            "type": "string",
                "description": "指向 NFT 表示资产的资源的 URI（MIME 类型为
image/*），可以考虑宽度在 320 到 1 080 像素之间，宽高比在 1.91:1 到 4:5 之间的图像。"
        }
    }
}
```

非同质资产不能像账本中的数字那样"集合"在一起，每个资产必须单独跟踪所有权，因此需要在合约内部用唯一 uint256 ID 标识码来标识每个资产，该标识码在整个合约期内不得更改。标准并没有限定 ID 标识码的规则，不过开发者可以选择实现下面的枚举接口，方便用户查询 NFTs 的完整列表。

```
/// @title ERC-721 非同质化代币标准枚举扩展信息（可选接口）
///   Note: 按 ERC-165 标准，接口 id 为 0x780e9d63
```

```
interface ERC721Enumerable /* is ERC721 */ {
    // NFTs 计数
    /// @return 返回合约有效跟踪(所有者不为零地址)的 NFT 数量
    function totalSupply() external view returns (uint256);

    // 枚举索引 NFT
    // 如果 _index >= totalSupply() 则抛出异常
      function tokenByIndex(uint256 _index) external view returns
(uint256);

    // 枚举索引某个所有者的 NFTs
      function tokenOfOwnerByIndex(address _owner, uint256 _index)
external view returns (uint256);
    }
```

8.7.2 ERC721 实现

以下是 OpenZeppelin 实现的 ERC721，代码可以在 openzeppelin 合约代码库 [①] 的 token/ERC721 目录下找到。

```
pragma solidity ^0.5.0;

import "./IERC721.sol";
import "./IERC721Receiver.sol";
import "../../math/SafeMath.sol";
import "../../utils/Address.sol";
import "../../drafts/Counters.sol";
import "../../introspection/ERC165.sol";


contract ERC721 is ERC165, IERC721 {
    using SafeMath for uint256;
    using Address for address;
    using Counters for Counters.Counter;

    // 等于 bytes4(keccak256("onERC721Received(address,address,uint256,
bytes)"))
```

---

① 代码库地址：https://github.com/OpenZeppelin/openzeppelin-contracts。

```
        // 也是 IERC721Receiver(0).onERC721Received.selector
        bytes4 private constant _ERC721_RECEIVED = 0x150b7a02;

        // 记录 id 及所有者
        mapping (uint256 => address) private _tokenOwner;

        // 记录 id 及对应的授权地址
        mapping (uint256 => address) private _tokenApprovals;

        // 某个地址拥有的 token 数量
        mapping (address => Counters.Counter) private _ownedTokensCount;

        // 所有者的授权操作员列表
         mapping (address => mapping (address => bool)) private _
operatorApprovals;

        // 实现的接口
        /*
         *      bytes4(keccak256('balanceOf(address)')) == 0x70a08231
         *      bytes4(keccak256('ownerOf(uint256)')) == 0x6352211e
         *      bytes4(keccak256('approve(address,uint256)')) == 0x095ea7b3
         *      bytes4(keccak256('getApproved(uint256)')) == 0x081812fc
          *       bytes4(keccak256('setApprovalForAll(address,bool)')) ==
0xa22cb465
          *       bytes4(keccak256('isApprovedForAll(address,address)')) ==
0xe985e9c
         *       bytes4(keccak256('transferFrom(address,address,uint256)'))
== 0x23b872dd
          *        bytes4(keccak256('safeTransferFrom(address,address,ui
nt256)')) == 0x42842e0e
         *        bytes4(keccak256('safeTransferFrom(address,address,uint256,
bytes)')) == 0xb88d4fde
         *
         *      => 0x70a08231 ^ 0x6352211e ^ 0x095ea7b3 ^ 0x081812fc ^
         *             0xa22cb465 ^ 0xe985e9c ^ 0x23b872dd ^ 0x42842e0e ^
0xb88d4fde == 0x80ac58cd
         */
        bytes4 private constant _INTERFACE_ID_ERC721 = 0x80ac58cd;
```

```
// 构造函数
constructor () public {
    // 注册支持的接口
    _registerInterface(_INTERFACE_ID_ERC721);
}


// 返回持有数量
function balanceOf(address owner) public view returns (uint256) {
        require(owner != address(0), "ERC721: balance query for the
zero address");

        return _ownedTokensCount[owner].current();
}


// 返回持有者
function ownerOf(uint256 tokenId) public view returns (address) {
    address owner = _tokenOwner[tokenId];
        require(owner != address(0), "ERC721: owner query for
nonexistent token");

        return owner;
}


// 授权另一个地址可以转移对应的 token，授权给零地址表示 token 不授权给其他地址

function approve(address to, uint256 tokenId) public {
    address owner = ownerOf(tokenId);
    require(to != owner, "ERC721: approval to current owner");

        require(msg.sender == owner || isApprovedForAll(owner, msg.
sender),
            "ERC721: approve caller is not owner nor approved for all"
        );

        _tokenApprovals[tokenId] = to;
        emit Approval(owner, to, tokenId);
}
```

```solidity
    // 获取单个NFT的授权地址
    function getApproved(uint256 tokenId) public view returns
(address) {
        require(_exists(tokenId), "ERC721: approved query for
nonexistent token");

        return _tokenApprovals[tokenId];
    }

    // 启用或禁用操作员管理 msg.sender 所有资产
    function setApprovalForAll(address to, bool approved) public {
        require(to != msg.sender, "ERC721: approve to caller");

        _operatorApprovals[msg.sender][to] = approved;
        emit ApprovalForAll(msg.sender, to, approved);
    }

    // 查询一个地址 operator 是否是 owner 的授权操作员
    function isApprovedForAll(address owner, address operator) public
view returns (bool) {
        return _operatorApprovals[owner][operator];
    }

    // 转移所有权
    function transferFrom(address from, address to, uint256 tokenId)
public {
        //solhint-disable-next-line max-line-length
        require(_isApprovedOrOwner(msg.sender, tokenId), "ERC721:
transfer caller is not owner nor approved");

        _transferFrom(from, to, tokenId);
    }

    // 安全转移所有权，如果接受的是合约，必须有 onERC721Received 实现

    function safeTransferFrom(address from, address to, uint256
tokenId) public {
        safeTransferFrom(from, to, tokenId, "");
    }
```

```
        function safeTransferFrom(address from, address to, uint256
tokenId, bytes memory _data) public {
            transferFrom(from, to, tokenId);
            require(_checkOnERC721Received(from, to, tokenId, _data),
"ERC721: transfer to non ERC721Receiver implementer");
        }

        // token 是否存在
        function _exists(uint256 tokenId) internal view returns (bool) {
            address owner = _tokenOwner[tokenId];
            return owner != address(0);
        }

        // 检查 spender 是否经过授权
        function _isApprovedOrOwner(address spender, uint256 tokenId)
internal view returns (bool) {
            require(_exists(tokenId), "ERC721: operator query for
nonexistent token");
            address owner = ownerOf(tokenId);
            return (spender == owner || getApproved(tokenId) == spender ||
isApprovedForAll(owner, spender));
        }

        // 挖出一个新的币
        function _mint(address to, uint256 tokenId) internal {
            require(to != address(0), "ERC721: mint to the zero address");
            require(!_exists(tokenId), "ERC721: token already minted");

            _tokenOwner[tokenId] = to;
            _ownedTokensCount[to].increment();

            emit Transfer(address(0), to, tokenId);
        }

        // 销毁
        function _burn(address owner, uint256 tokenId) internal {
            require(ownerOf(tokenId) == owner, "ERC721: burn of token that
is not own");
```

```
        _clearApproval(tokenId);

        _ownedTokensCount[owner].decrement();
        _tokenOwner[tokenId] = address(0);

        emit Transfer(owner, address(0), tokenId);
    }

    function _burn(uint256 tokenId) internal {
        _burn(ownerOf(tokenId), tokenId);
    }

    // 实际实现转移所有权的方法
    function _transferFrom(address from, address to, uint256 tokenId)
internal {
        require(ownerOf(tokenId) == from, "ERC721: transfer of token
that is not own");
        require(to != address(0), "ERC721: transfer to the zero
address");

        _clearApproval(tokenId);

        _ownedTokensCount[from].decrement();
        _ownedTokensCount[to].increment();

        _tokenOwner[tokenId] = to;

        emit Transfer(from, to, tokenId);
    }

    // 检查合约账号接收 token 时，是否实现了 onERC721Received
    function _checkOnERC721Received(address from, address to, uint256
tokenId, bytes memory _data)
        internal returns (bool)
    {
        if (!to.isContract()) {
            return true;
        }
```

```
        bytes4 retval = IERC721Receiver(to).onERC721Received(msg.
sender, from, tokenId, _data);
        return (retval == _ERC721_RECEIVED);
    }

    // 清除授权
    function _clearApproval(uint256 tokenId) private {
        if (_tokenApprovals[tokenId] != address(0)) {
            _tokenApprovals[tokenId] = address(0);
        }
    }
}
```

以下是元信息实现：

```
pragma solidity ^0.5.0;

import "./ERC721.sol";
import "./IERC721Metadata.sol";
import "../../introspection/ERC165.sol";

contract ERC721Metadata is ERC165, ERC721, IERC721Metadata {
    // Token 名字
    string private _name;

    // Token 代号
    string private _symbol;

    // Optional mapping for token URIs
    mapping(uint256 => string) private _tokenURIs;

    /*
     *     bytes4(keccak256('name()')) == 0x06fdde03
     *     bytes4(keccak256('symbol()')) == 0x95d89b41
     *     bytes4(keccak256('tokenURI(uint256)')) == 0xc87b56dd
     *
     *     => 0x06fdde03 ^ 0x95d89b41 ^ 0xc87b56dd == 0x5b5e139f
     */
```

```
    bytes4 private constant _INTERFACE_ID_ERC721_METADATA =
0x5b5e139f;

    constructor (string memory name, string memory symbol) public {
        _name = name;
        _symbol = symbol;

        _registerInterface(_INTERFACE_ID_ERC721_METADATA);
    }

    function name() external view returns (string memory) {
        return _name;
    }

    function symbol() external view returns (string memory) {
        return _symbol;
    }

    // 返回 token 资源 URI
     function tokenURI(uint256 tokenId) external view returns (string
memory) {
            require(_exists(tokenId), "ERC721Metadata: URI query for
nonexistent token");
            return _tokenURIs[tokenId];
    }


     function _setTokenURI(uint256 tokenId, string memory uri)
internal {
            require(_exists(tokenId), "ERC721Metadata: URI set of
nonexistent token");
        _tokenURIs[tokenId] = uri;
    }

    function _burn(address owner, uint256 tokenId) internal {
        super._burn(owner, tokenId);

        // Clear metadata (if any)
        if (bytes(_tokenURIs[tokenId]).length != 0) {
```

```
            delete _tokenURIs[tokenId];
        }
    }
}
```

以下是实现枚举 token ID：

```solidity
pragma solidity ^0.5.0;


import "./IERC721Enumerable.sol";
import "./ERC721.sol";
import "../../introspection/ERC165.sol";


contract ERC721Enumerable is ERC165, ERC721, IERC721Enumerable {
    // 所有者拥有的 token ID 列表
    mapping(address => uint256[]) private _ownedTokens;

    // token ID 对应的索引号（在拥有者下）
    mapping(uint256 => uint256) private _ownedTokensIndex;

    // 所有的 token ID
    uint256[] private _allTokens;

    // token ID 在所有 token 中的索引号
    mapping(uint256 => uint256) private _allTokensIndex;

    /*
     *     bytes4(keccak256('totalSupply()')) == 0x18160ddd
     *      bytes4(keccak256('tokenOfOwnerByIndex(address,uint256)'))
== 0x2f745c59
     *     bytes4(keccak256('tokenByIndex(uint256)')) == 0x4f6ccce7
     *
     *     => 0x18160ddd ^ 0x2f745c59 ^ 0x4f6ccce7 == 0x780e9d63
     */
    bytes4 private constant _INTERFACE_ID_ERC721_ENUMERABLE =
0x780e9d63;


    constructor () public {
        // register the supported interface to conform to
ERC721Enumerable via ERC165
```

```
        _registerInterface(_INTERFACE_ID_ERC721_ENUMERABLE);
    }

    /**
     * @dev 用持有者索引获取到 token id
     */
    function tokenOfOwnerByIndex(address owner, uint256 index) public
view returns (uint256) {
        require(index < balanceOf(owner), "ERC721Enumerable: owner
index out of bounds");
        return _ownedTokens[owner][index];
    }

    // 合约一共管理了多少 token
    function totalSupply() public view returns (uint256) {
        return _allTokens.length;
    }

    /**
     * @dev 用索引获取到 token id
     */
    function tokenByIndex(uint256 index) public view returns
(uint256) {
        require(index < totalSupply(), "ERC721Enumerable: global index
out of bounds");
        return _allTokens[index];
    }


    function _transferFrom(address from, address to, uint256 tokenId)
internal {
        super._transferFrom(from, to, tokenId);

        _removeTokenFromOwnerEnumeration(from, tokenId);

        _addTokenToOwnerEnumeration(to, tokenId);
    }

    function _mint(address to, uint256 tokenId) internal {
```

```
        super._mint(to, tokenId);

        _addTokenToOwnerEnumeration(to, tokenId);

        _addTokenToAllTokensEnumeration(tokenId);
    }


    function _burn(address owner, uint256 tokenId) internal {
        super._burn(owner, tokenId);

        _removeTokenFromOwnerEnumeration(owner, tokenId);
        // Since tokenId will be deleted, we can clear its slot in _
ownedTokensIndex to trigger a gas refund
        _ownedTokensIndex[tokenId] = 0;

        _removeTokenFromAllTokensEnumeration(tokenId);
    }

    function _tokensOfOwner(address owner) internal view returns
(uint256[] storage) {
        return _ownedTokens[owner];
    }

    /**
     * @dev 填加 token id 到对应的所有者下进行索引
     */
    function _addTokenToOwnerEnumeration(address to, uint256 tokenId)
private {
        _ownedTokensIndex[tokenId] = _ownedTokens[to].length;
        _ownedTokens[to].push(tokenId);
    }

    // 填加 token id 到 token 列表内进行索引
    function _addTokenToAllTokensEnumeration(uint256 tokenId) private {
        _allTokensIndex[tokenId] = _allTokens.length;
        _allTokens.push(tokenId);
    }
```

```
        // 移除相应的索引
      function _removeTokenFromOwnerEnumeration(address from, uint256
tokenId) private {

        uint256 lastTokenIndex = _ownedTokens[from].length.sub(1);
        uint256 tokenIndex = _ownedTokensIndex[tokenId];

        if (tokenIndex != lastTokenIndex) {
            uint256 lastTokenId = _ownedTokens[from][lastTokenIndex];

            _ownedTokens[from][tokenIndex] = lastTokenId; // Move the
last token to the slot of the to-delete token
            _ownedTokensIndex[lastTokenId] = tokenIndex; // Update the
moved token's index
        }

        _ownedTokens[from].length--;

    }

     function _removeTokenFromAllTokensEnumeration(uint256 tokenId)
private {

        uint256 lastTokenIndex = _allTokens.length.sub(1);
        uint256 tokenIndex = _allTokensIndex[tokenId];

        uint256 lastTokenId = _allTokens[lastTokenIndex];

        _allTokens[tokenIndex] = lastTokenId; // Move the last token
to the slot of the to-delete token
        _allTokensIndex[lastTokenId] = tokenIndex; // Update the moved
token's index

        _allTokens.length--;
        _allTokensIndex[tokenId] = 0;
    }
  }
```

8.8　简单的支付通道

上面案例都是基于OpenZepplin库代码来实现的,这节我们来独立实现一个支付通道,支付通道是一个链上链下相互结合的案例。我们通过一个场景来理解它,假设有这样一个场景,小明经常要去楼下的咖啡店喝咖啡,小明每次除了支付 0.05 以太币的咖啡费用之外,还需要支付一笔手续费给矿工。为了节约手续费,小明可以在他与咖啡店之间创建一个支付通道,通过加密签名来实现重复安全的以太币转账,而不用每次都支付手续费。小明可以这样做:

- 创建一个支付通道合约,并存入2个以太币(链上进行)。
- 每次买咖啡时签名一条交易信息给老板,交易信息包含的内容有:总共要支付多少钱给老板及签名数据本身。这是在链下进行的,不用支付手续费。
- 每次买咖啡时时,小明都重复步骤2(只需要不超出2个以太币),而老板任何时候都可以把小明的签名信息发送给链上的支付通道合约,提取小明支付的咖啡费用(同时也意味着老板不想后续收款,选择关闭支付通道)。
- 小明不想喝咖啡了,取回支付通道的余额。

通过这样一条支付通道,小明可以节约大量的手续费。我们看看它如何实现。

8.8.1　创建支付通道智能合约

首先,由小明创建一个支付通道智能合约,支付通道合约指定费用的接收者以及合约有效期。合约代码如下(各函数的说明直接以注释形式给出)。

```solidity
pragma solidity >=0.4.22 <0.7.0;

contract PaymentChannel {
    address payable public sender;          // 付款方
    address payable public recipient;       // 收款方
    uint256 public expiration;              // 有效期, 以防收款人没有关闭通道
```

```solidity
    // payable 可以在创建合约时，存入资金
    constructor (address payable _recipient, uint256 duration)
        public
        payable
    {
        sender = msg.sender;
        recipient = _recipient;
        expiration = now + duration;
    }


    // 判断是否是付款方的签名数据
    function isValidSignature(uint256 amount, bytes memory signature)
        internal
        view
        returns (bool)
    {
        bytes32 message = prefixed(keccak256(abi.encodePacked(this,
amount)));

        return recoverSigner(message, signature) == sender;
    }


    // 收款方（本例是店主）用收到的签名数据调用合约进行收款，同时关闭合约
    function close(uint256 amount, bytes memory signature) public {
        require(msg.sender == recipient);
        require(isValidSignature(amount, signature));

        recipient.transfer(amount);
        selfdestruct(sender);
    }


    //  付款方可以延长有效期
    function extend(uint256 newExpiration) public {
        require(msg.sender == sender);
        require(newExpiration > expiration);

        expiration = newExpiration;
    }
```

```
// 如果过期时间已到，而收款人没有关闭通道，可执行此函数，销毁合约并返还余额
function claimTimeout() public {
    require(now >= expiration);
    selfdestruct(sender);
}


// 从签名信息中分离出v、r、s
function splitSignature(bytes memory sig)
    internal
    pure
    returns (uint8 v, bytes32 r, bytes32 s)
{
    require(sig.length == 65);

    assembly {
        r := mload(add(sig, 32))
        s := mload(add(sig, 64))
        v := byte(0, mload(add(sig, 96)))
    }

    return (v, r, s);
}


// 从签名数据获得签名者地址
function recoverSigner(bytes32 message, bytes memory sig)
    internal
    pure
    returns (address)
{
    (uint8 v, bytes32 r, bytes32 s) = splitSignature(sig);
    return ecrecover(message, v, r, s);
}

/// 加入一个前缀，因为在eth_sign签名的时候会加上
function prefixed(bytes32 hash) internal pure returns (bytes32) {
        return keccak256(abi.encodePacked("\x19Ethereum Signed
Message:\n32", hash));
    }
}
```

小明在创建合约时，就需要打入以太币，因此 constructor() 构造函数需要用 payable 修饰，小明支付咖啡费是通过转给店主一个签名的信息（就像小明给了一张签名的支票到店主一样，下一节会介绍如何进行支付签名），然后店主使用签名信息调用合约的 close() 函数进行提取。close() 函数会先验证签名信息的有效性（防止店主伪造信息），然后再放款。同时为了安全性的考虑，合约加入了一个有效期，要求咖啡店必须在有效期内进行收款，如果没有消费或咖啡店主一直不收款，小明可取回资金。

8.8.2 支付签名

小明向店主发送付款的签名信息，小明用自己的私钥签名，然后直接传输给店主，这是在线下进行的，而非以太坊上的链上交易。

每条签名信息需要包含以下信息：

- 智能合约的地址，用于防止交叉合约重放攻击（防止一个支付通道的消息被用于不同的通道）。
- 到目前为止所要支付的以太币总数。

在很多次支付之后，如果店主想要提取资金，他就可以使用最后一次签名信息（包含累计消费金额）提交到智能合约（调用合约的 close 函数），一次赎回所有的资金。

我们已经知道哪些信息需要包含到签名信息里，需要先把这些信息合并在一起，然后计算哈希，最后进行签名，以下是 JavaScript 用来构造签名信息的代码：

```javascript
function constructPaymentMessage(contractAddress, amount) {
    return abi.soliditySHA3(
        ["address", "uint256"],
        [contractAddress, amount]
    );
}

function signMessage(message, callback) {
    web3.eth.personal.sign(
        "0x" + message.toString("hex"),
        web3.eth.defaultAccount,
        callback
```

```
    );
}


// contractAddress 是合约地址
// amount 是以太币总数，wei 是单位
// callback 是签名完成的回调函数
function signPayment(contractAddress, amount, callback) {
    var message = constructPaymentMessage(contractAddress, amount);
    signMessage(message, callback);
}
```

constructPaymentMessage 函数使用了 ethereumjs-abi 库（代码：https://github.com/ethereumjs/ethereumjs-abi）的 soliditySHA3 用来进行信息拼接与哈希，signMessage 函数使用 Web.js[①] 的 eth.personal.sign 函数进行签名。

这样我们就完成了让合约来担当支付通道的角色，当然，本案例还有一些不完善的地方，比如店家需要有方法在每次收款时及时验证小明签名的正确性，读者可以思考如何实现。

---

① 参考文档：https://learnblockchain.cn/docs/web3.js/web3-eth-personal.html。

第 9 章
去中心化DAPP实战

通过本书前面的内容，我们知道如何使用 Solidity 来开发智能合约，严格地讲，智能合约不是一个独立的应用，而只是业务逻辑的一部分，一个完整的应用还应该包括友好的用户交互界面。在智能合约之上构建的应用，我们称之为 DAPP。本章就来介绍如何开始构建一个 DAPP。

9.1　什么是 DAPP

现在的互联网应用通常都有相应的中心化服务器，在应用端（前端）展现内容的时候，通常是应用端发送一个请求到服务器，服务器返回相应的内容到应用端。整个应用实际上是由中心化的服务器控制的。

DAPP，即 Decentralized APP，意为"去中心化应用"，它运行在去中心化的网络节点上，其应用端其实和现有的互联网应用一样，不过应用的后端不再是中心化的服务器，而是去中心化的网络节点。这个节点可以是网络中任意的节点，应用端发给节点的请求，当节点收到交易请求之后，会把请求广播到整个网络，交易在网络达成共识之后才算是真正得到执行（即处理请求的是整个网络，连接的节点不能独立处理请求）。传统 APP 与 DAPP 架构上的异同如图 9-1 所示。

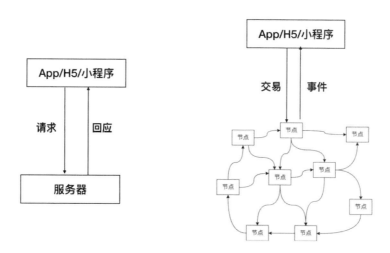

图 9-1 DAPP 架构与 APP 架构的对比

在去中心化应用中，发送给节点的请求通常称为"交易"，交易和普通的请求有几个很大的不同：交易的数据经过用户个人签名（因此需要关联钱包）之后发送到节点；另外，普通的请求大多数都是同步的（及时拿到结果），而交易大多数都是异步的（主要是因为网络共识比较耗时），从节点上获得数据状态（比如交易的结果），一般是通过事件回调来获得。

如何开发 DAPP

在开发中心化应用过程中，最重要的两部分是客户端和后端的服务程序，客户端通过 HTTP 请求链接到后端服务程序，后端服务程序运行在服务器上，比如 Nginx、Apache 等。

开发去中心化应用，最重要的也是两部分：客户端及智能合约。智能合约的作用就像后端服务程序，智能合约运行在节点的以太坊虚拟机（EVM）上，客户端调用智能合约，是通过向节点发起请求完成的。

我们将两者作一个对比：

客户端 <=> 客户端

HTTP 请求 <=> RPC 请求

后端服务程序 <=> 智能合约

Nginx/Apache <=> 节点服务器

DAPP 客户端的开发和现有互联网应用一样。此外，通过上一章的学习，我们已经了解如何进行智能合约的开发，所以我们现在只需要了解客户端如何与智能合约交互。

交互是通过对以太坊节点发起 RPC（远程过程调用）请求来进行的。以太坊节点其实会提供一系列 JSON-RPC 接口，对于开发者来讲，通常需要使用 JSON-RPC 接口封装 Web3 函数库，如 Web3 提供的接口包含获取节点状态、获取账号信息、调用合约、监听合约事件等，目前的主流语言都支持 Web3 的实现，例如：

（1）web3.js 是 JSON-RPC 接口 JavaScript 版本的封装（代码库：https://github.com/ethereum/web3.js）。

（2）web3j 是 JSON-RPC 接口 Java 版本的封装（代码库：https://github.com/web3j/web3j）。

（3）web3.py 是 JSON-RPC 接口 Python 版本的封装（代码库：https://github.com/ethereum/web3.py）。

还有更多版本可以在 GitHub 上找到，本章主要以 Web 应用进行介绍，将使用 web3.js 库。

> **小知识：当前互联网应用通常称为 Web2.0，而基于合约的互联网应用是一场大升级，因此取名为 Web3.0。**

9.2　Web3.js

9.2.1　Web3.js 简介

web3.js 库是一系列模块的集合，服务于以太坊生态系统的各个功能，举几个例子。

- web3-eth：用来与以太坊区块链及合约的交互；
- web3-shh：包含了 Whisper 协议（点对点通信协议）相关的 API；
- web3-bzz：包含了 Swarm 协议（去中心化文件存储协议）相关的 API；
- web3-utils：包含一些常用的工具方法，比如货币单位 wei 与 ether 之间的转换等。

本书并不会讲述所有 Web3.js 中的 API，大家应该养成从 API 文档中查找函数用法的习惯，Web3.js 文档的链接为：https://web3js.readthedocs.io/，如果中文不是很好，推荐登链社区翻译的版本：https://learnblockchain.cn/docs/web3.js/。

其实我们在前面"进入以太坊世界"一章介绍 Geth 时，已经使用了 Web3.js，这是因为在 Geth 库客户端中集成了 web3.js 库，比如 Geth 的查看余额命令：eth.getBalance(eth.accounts[0]) 就使用了以下的 API：

```
web3.eth.getBalance(address[,defaultBlock][,callback])
```

因为与链的交互多是异步操作，很多方法都带有一个回调函数作为最后一个参数，有一点需要注意，web3.js 有两个不兼容的版本：0.20.x 及 1.x。1.x 对 0.20.x 版本做了重构，并且引入了 Promise（这是一个"承诺将来会执行"的对象）来简化异步编程，避免层层的回调嵌套。

作一个对比，下面使用两个版本来获取当前区块号：

```
// 0.20.x 版本
web3.eth.getBlockNumber(function callback(err, value) {
    console.log("BlockNumber:" + value)
});

// 1.x 版本
web3.eth.getBlockNumber().then(console.log);
使用两个版本来获取账号余额：
// 0.20.x 版本
web3.eth.getAccounts(function callback1(error, result){
    web3.eth.getBalance(result[0], function callback2(error, value) {
        console.log("value" + value);
    });
})
// 1.x 版本
web3.eth.getAccounts()
    .then((res) => web3.eth.getBalance(res[0]))
    .then((value) => console.log(value) );
```

使用 1.x 版本代码上要比 0.20.x 版本简洁一些。

9.2.2　引入 Web3.js

如果应用中需要和链进行交互，需要先引入 web3.js 库。根据项目的不同，使用不同的方式引入 Web3.js，例如：

- npm 项目，使用命令 npm install web3 来安装 Web3.js。
- meteor 项目，使用命令 meteor add ethereum:web3 来安装 Web3.js。
- 纯 js 项目，直接用 <script> 标签引入 web3.js 文件。

引入 web3.js 库之后就可以创建 web3 实例，代码如下。

```
// 如果在node.js环境
//var Web3 = require('web3');
var web3 = new Web3(Web3.givenProvider || "ws://localhost:8545");
```

创建 web3 实例时，需要给 Web3 设置一个提供者（Provider）参数，它用来指定 Web3 和哪一个节点通信，有了 Web3 实例之后，就可以调用 web3 的成员方法，如上面 9.2.1 节的获取账户余额。

9.2.3 用 web3.js 跟合约交互

1. 调用合约函数

要调用合约函数，需要先创建一个对应合约的实例，使用如下方法：

var myContract = new web3.eth.Contract（ABI, [, address][, options]）

- 第一个参数 ABI 是合约的接口描述，在第 7 章 Solidity 进阶介绍过，它会由编译器输出。
- 第二个参数是合约部署后的地址。

有了合约实例之后，就可以通过 myContract.methods.myMethod() 调用合约的函数，例如要调用前面在探索智能合约编写的 Counter 合约的 count() 函数，代码如下：

```
var CounterObject = new web3.eth.Contract(CounterABI, Counter合约地址);
// 调用合约的count()方法，让计数器加1
CounterObject.methods.count().send(
    {from: '0xde....'}
)

// 调用合约的get()方法，获得当前计数器结果
CounterObject.methods.get().call(
```

```
      {from: '0xde...'}
)
```

你也许注意到以上代码调用合约的方法有点不同，调用合约其实有两种方式：call()
及 send()。

- call()：用来调用合约的视图方法，它不会修改链上的数据。
- send()：用来调用合约中会修改状态的方法。

call() 和 send() 都带一个可选的 options 对象参数，options 对象包含下面几个字段。

- from：用来指定发起调用的账号。
- gasPrice（可选）：指定发起调用的单位gas的价格。
- gas（可选）：指定发起调用最多能使用的gas（gas limit）。
- value（可选）：指定交易附加的以太币（仅send方式有效）。

2. 监听事件

监听是获取区块链状态变化的主要方式，web3.js 提供了 web3.eth.subscribe 接口来
订阅区块链的状态，例如下面的代码监听了区块头生成事件，当节点收到一个新区块时，
将回调我们传入的函数。

var subscription = web3.eth.subscribe('newBlockHeaders', function(error, result){})

下面介绍如何监听合约的自定义事件。假设合约有 MyEvent 事件，通过 web3.eth.
Contract 创建合约实例 myContract，以下代码就可以监听合约 MyEvent 事件。

myContract.events.MyEvent（{ 可选选项 }, function（error, event){ console.log（event); })

当链上发生了 MyEvent 事件，我们传入的函数（上述代码的第 2 个参数）就会被调用，
可选选项部分可以指定从哪一个区块块开始监听，或者指定监听的数据等。用户监听事件
的程序通常需要常驻后台运行，否则将可能错过一些事件的发生，在9.6 节我们会给出一
个监听合约的示例，帮助大家理解事件，关于web3.js API接口的详情，还需要多多阅读文档。

9.3 DAPP 开发工具

通过前面几章的介绍，我们基本可以通过以下两步开发一个 DAPP：

（1）在 Remix 完成合约的编写、编译、部署；

（2）编写前端，同时利用 Web3 接口调用合约方法。

当我们按照这个步骤去开发应用的时候，项目会很难管理，因为在开发过程中，合约是需要更改的，这样合约的 ABI 及合约地址也会变化，而前端依赖的合约 ABI 及地址也需要进行相应的更改。因此，大一点的项目需要用到相应的框架和脚手架命令来帮助进行项目管理。

9.3.1　Truffle

Truffle 是目前最流行的以太坊 DAPP 开发及测试框架，它可以帮我们简化开发流程，处理大量开发中的琐事，Truffle 的功能包括：

- 内置智能合约编译、链接、部署和二进制（文件）管理。
- 可快速开发自动化智能合约测试框架。
- 可脚本化、可扩展的部署和迁移框架。
- 可管理多个不同的以太坊网络，可部署到任意数量的公共主网和私有网络。
- 使用ERC190标准，使用EthPM和NPM进行包安装管理。
- 支持通过命令控制台直接与智能合约进行交互。
- 支持在Truffle环境中使用外部脚本运行器执行脚本。

通过使用 Truffle 提供的命令，可以方便进行合约编译、部署、测试、打包 DAPP。Truffle 本身是使用 Node 开发的，因此可以使用 npm 命令来安装 Truffle，使用以下命令：

```
npm install -g truffle
```

9.3.2　Ganache

Ganache 是另一个开发者工具，它可以很容易地帮我们在本机模拟出一个以太坊私有链。Ganache 是一个图形界面的应用，安装之后，打开的界面如图 9-2 所示。

从图中可以看到，Ganache 会默认创建 10 个账户，RPC 服务地址是 http://127.0.0.1:7545，在应用上可以实时看到当前的区块高度、账号等信息。

Ganache 提供了多个平台的版本，大家可以到官网（https://www.trufflesuite.com/ganache）进行下载和安装。

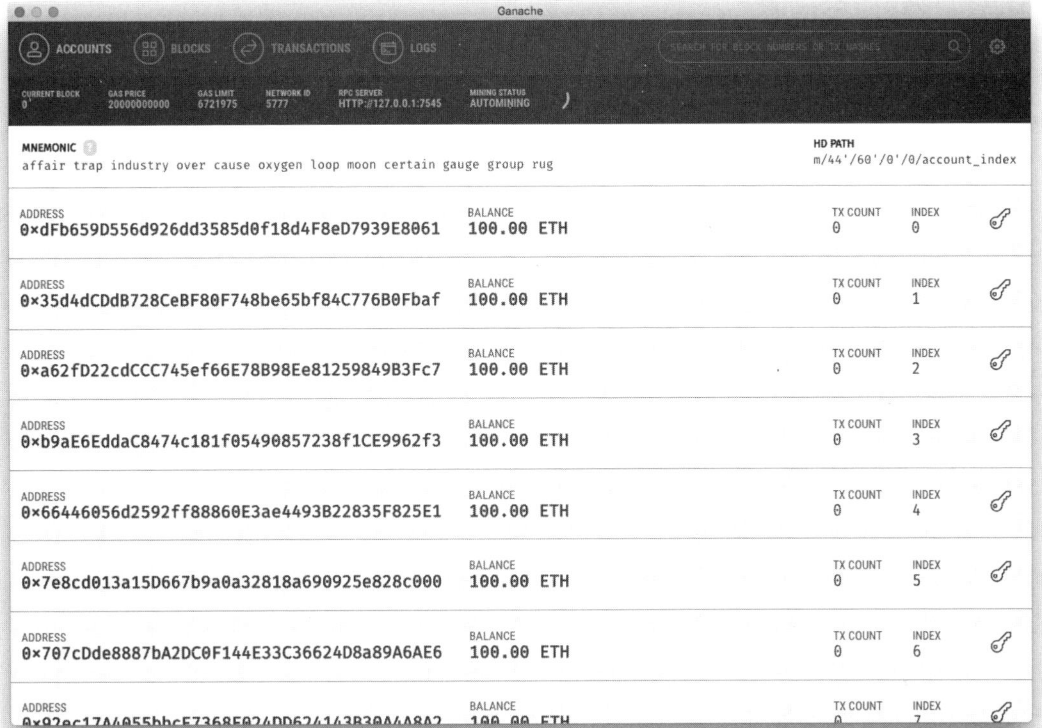

图 9-2　Ganache 界面

9.4　DAPP 投票应用

安装好前面的工具，就可以进行实际的 DAPP 开发，我们通过几个真实的案例来介绍如何使用前面的工具来进行开发。第一个案例是 DAPP 投票应用，投票最担心的是暗箱操作，我们可以利用区块链的去中心化技术来实现一个 DAPP，保证投票的公平、公正。本案例会用到 Solidity 中的映射（mapping）、结构体（struct）及事件（event），可以回顾本书第 6、7 章相关的知识。

9.4.1 投票应用需求

要实现一个投票 DAPP，一般的基本需求是：

（1）每人（账号）只能投一票；

（2）记下一共有多少候选人；

（3）记录每个候选人的得票数。

在用户界面上，需要看到每个候选人的得票数以及选择候选人进行投票，需求设计效果如图 9-3 所示。

图 9-3　投票 DAPP 效果图

9.4.2 创建项目

先为 DAPP 创建一个目录，进入目录使用 truffle init 初始化项目，示例代码如下。

```
→  home > mkdir election
→  home > cd election
→  election > truffle init

√ Preparing to download
√ Downloading
```

```
√ Cleaning up temporary files
√ Setting up box

Unbox successful. Sweet!

Commands:

  Compile:           truffle compile
  Migrate:           truffle migrate
  Test contracts: truffle test
```

truffle init 命令会为我们下载一个空的项目模板来创建工程，工程下会自动创建以下目录和文件。

- contracts：为智能合约的文件夹，所有的智能合约文件都放置在这里。
- migrations：用来指示如何部署（迁移）智能合约。
- test：智能合约测试用例文件夹。
- truffle-config.js：配置文件，配置truffle连接的网络及编译选项。
- src：web网页文件源码文件夹。

truffle init 是从零创建一个项目，这种方式创建的项目通常还需要用 npm init，以便后面安装一些依赖的 npm 软件包。如果大家使用作者 GitHub 上的完整代码（地址：https://github.com/xilibi2003/election），可以直接 npm install 安装所有的依赖。

truffle 还提供了一些 Box（一个打包好的样板工程）为我们配置好了数个相应的前端依赖（例如 React、Vue 等），因此也可以基于已有的 Box 来创建项目。例如，开发 React 项目时，可以使用以下命令创建项目：

```
> truffle unbox react
```

9.4.3 编写智能合约

在项目的 contracts 目录下新建一个合约文件：Election.sol，合约代码如下：

```
pragma solidity ^0.5.0;

contract Election {
```

```
    // 记录候选人及得票数
    struct Candidate {
        uint id;
        string name;        // 候选人的名字
        uint voteCount;  // 得票数
    }

    // 定义一个mapping记录投票记录：每人（账号）只能投一票
    mapping(address => bool) public voters;

// 通过 id 作为 key 访问映射 candidates 来获取候选人名单
    mapping(uint => Candidate) public candidates;

    // 共有多少个候选人
    uint public candidatesCount;

    // 投票事件
    event votedEvent (
        uint indexed _candidateId
    );

    // 创建合约时执行，添加 2 个候选人
    constructor () public {
        addCandidate("Tiny 熊 ");
        addCandidate("Big 熊 ");
    }

    // 添加一个候选人就加入 candidates 映射中，同时候选人数量加 1
    function addCandidate (string memory _name) private {
        candidatesCount ++;
            candidates[candidatesCount] = Candidate(candidatesCount, _
name, 0);
    }

    // 投票就是在对应候选人的 voteCount 加 1
    function vote (uint _candidateId) public {
        require(!voters[msg.sender]);
        require(_candidateId > 0 && _candidateId <= candidatesCount);
```

```
        // 记录谁投票了
        voters[msg.sender] = true;

        // 候选人的 voteCount 加 1
        candidates[_candidateId].voteCount ++;

        // 触发投票事件
        emit votedEvent(_candidateId);
    }
}
```

投票合约 Election 代码中也加入了注释，阅读起来应该不困难，读者最好自己在电脑上演练，以便加深印象。

Election 合约有 3 个函数：

（1）constructor() 构造函数，用来初始化两个候选人。

（2）addCandidate() 函数，用来添加候选人。

（3）vote() 函数，用来给投票人投票。

9.4.4 合约编译及部署

Truffle 提供了命令来编译合约，在项目目录下使用 truffle compile 就可以编译合约，示例代码如下。

```
>  truffle compile

Compiling your contracts...
===========================
> Compiling ./contracts/Election.sol
> Compiling ./contracts/Migrations.sol
> Artifacts written to election/build/contracts
> Compiled successfully using:
   - solc: 0.5.8+commit.23d335f2.Emscripten.clang
```

如果合约没有语法错误，会在 build/contracts 目录下生成包含合约 ABI 及合约字节码的构建文件：Election.json，之后与合约交互时用到 ABI，就需要引入这个文件。

9.4.5 合约部署

如果没有编译错误，合约就可以部署到区块链网络上。部署需要进行两步：

（1）连接区块链网络；

（2）编写一个部署脚本，说明部署规则。

1. 连接区块链网络

在项目初始化时，Truffle 会帮我们创建 truffle-config.js 文件，在这个文件里就可以配置在 Truffle 中连接的网络。truffle-config.js 支持配置多个网络，通常开发时使用本地开发网络，灰度发布时使用以太坊测试网络，产品发布上线使用以太坊主网。

使用本地开发者网络

开发者网络是 Truffle 连接的默认网络，配置一个开发者网络（对应以下代码的 development）的代码如下。

```
module.exports = {
  networks: {
    development: {
      host: "127.0.0.1",
      port: 7545,
      network_id: "5777",    // 网络 id
      gas: 5500000           // 交易的 gas limit
      gasPrice: 10000000000,  // 10 Gwei 发起交易的 gas 价格
    }
  }
}
```

开发者网络一般会设置为链接到本地网络，上面的代码使用了 Ganache RPC 服务的地址及端口（通过配置 host 及 port 也可以链接到其他客户端，如 Geth），表示在部署时将连接到 Ganache 进行部署，配置网络时，还可以指定一些可选的参数，例如：

- gas：指定部署的gas limit。默认为4712388。
- gasPrice：指定部署的gas价格。默认为100000000000，即100 Gwei。
- network_id：指定网络（以太坊每一个网络会有一个对应的编号，以便网络节点之间相互检验）。例如，1为以太坊主网，3为Ropsten网络，上例使用的5777是Ganache的网络ID。

当 Truffle 执行部署时，会使用 Ganache 账号列表中的第一个账号进行部署（即使用第一个账号进行交易签名并支付部署合约的费用）。如果网络配置是连接到 Geth 节点，也同样使用 Geth 加载的第一个账号（Geth 需要用户输入密码解锁账号签名交易，Ganache 则会自动进行交易签名）。

使用 Infura 节点链接到以太坊网络

在 truffle-config.js 的 networks 字段中加入一个连接以太坊测试网络 Ropsten 的配置，如果我们本地有 Geth 节点连接了 Ropsten 网络，则和上面配置开发者网络类似；如果没有搭建自己的节点，可以使用 Infura 提供的节点。Infura 是以太坊基础服务提供商，在 Infura 官网注册一个用于访问 Infura 服务的 token，注册后创建一个项目，复制节点地址（ENDPOINT），如图 9-4 所示。

图 9-4　使用 Infura 服务节点

Infura 仅仅提供节点服务，我们还需要一个部署交易的账号，以便将交易的本地签名打包后提交到 Infura 节点，软件包 HDWalletProvider 可以帮助我们完成这些工作。

通过在项目根目录下执行以下命令安装 HDWalletProvider：

```
npm install truffle-hdwallet-provider
```

然后修改 truffle-config.js 加入一个新网络，这个新的网络使用 HDWalletProvider 来配置：

```
...

// 先引入 HDWalletProvider
var HDWalletProvider = require("truffle-hdwallet-provider");
// 设置签名的钱包助记词
var mnemonic = "orange apple banana ... ";



  ropsten: {
    provider: function() {
        // 使用助记词及前面复制的 Infura 节点链接
        return new HDWalletProvider(mnemonic, "https://ropsten.infura.
io/v3/xxx");
    },
    network_id: '3',
    ...
  },

...
```

如上，Ropsten 网络是通过 provider 来进行配置的，它利用 HDWalletProvider 来连接网络，HDWalletProvider 的第一个参数是助记词，第二个参数是上面复制的 Infura 节点服务地址。

> 注意，在部署合约前，要确保账号有足够的余额。另外，本书为了方便，直接在 truffle-config.js 配置文件中使用的是明文的助记词，在正式的项目中，项目通常有多人开发，truffle-config.js 通常也会被上传到代码服务器中，泄露助记词可能让我们丢失以太币，因此最好是把助记词保存在一个不被 git 管理的文件中。

对于 truffle-config.js 中的每个网络（networks），可以指定 host/port 或 provider 这两种方式来配置，我们在开发者网络中使用了 host/port，在 Ropsten 网络使用了指定 provider 的方式，但是我们不能在同一个网络中同时指定两个方式。

2. 编写部署脚本

在 Truffle 知道了如何连接网络后，就可以编写部署脚本（也被称为迁移脚本）。部署脚本的作用是告诉 Truffle 如何处理我们的合约，比如部署合约的先后顺序、给合约传参数或给合约链接库等。

部署脚本通常都会放置在 migrations 文件夹，如果你动手操作，也许已经发现，在 migrations 文件夹下已经有一个名为 1_initial_migration.js 的部署脚本，用来部署 Migrations.sol 合约（我们稍后介绍 Migrations 合约的作用）。

部署脚本名称前面的序号是用来表示部署脚本的顺序，部署时按照序号从小到大来运行脚本，各个部署脚本不需要保持连续。

现在参照 1_initial_migration.js 创建一个部署 Election 合约的脚本 2_deploy_contracts.js，2_deploy_contracts.js 内容如下：

```
var Election = artifacts.require("./Election.sol");

module.exports = function(deployer) {
  deployer.deploy(Election);
}
```

脚本开始处通过 artifacts.require() 方法告诉 Truffle 我们想要与哪些合约进行交互。这个方法类似于 Node 的 require()，require() 中可以指定合约文件名或合约名（Truffle 要求文件名与合约名一致）。

部署脚本通过 module.exports 语法导出函数，Truffle 就是通过这个导出函数来执行部署，函数会接受 deployer 对象作为它的第一个参数。deployer 对象是用于部署任务最主要的接口，用 deploy 函数进行部署。deploy 函数的原型如下：

```
deployer.deploy(contract, args···, options)
```

args 参数用来指定合约的初始化参数（如果合约的 constructor 有参数，就使用 args 传入），options 可以指定部署合约交易的一些属性，例如指定交易的 gas 等，更多高级用法可以参考 https://learnblockchain.cn/docs/truffle/getting-started/running-migrations.html。

9.4.6 执行部署

配置好区块链网络和部署好脚本后，接下来就可以使用 truffle migrate 命令执行部署。truffle migrate 默认会使用开发者网络（注意要先运行 Ganache），执行 truffle migrate 命令的示例代码如下。

```
> truffle migrate

Compiling your contracts...
===========================
> Everything is up to date, there is nothing to compile.


Starting migrations...
======================
> Network name:    'development'
> Network id:      5777
> Block gas limit: 0x6691b7


1_initial_migration.js
======================

....

2_deploy_contracts.js
=====================

   Deploying 'Election'
   --------------------
   > transaction hash:    0x8ec9530468420b2203c2e9ade5fa838672e08fd879
6da290fc24190ec10507d5
   > Blocks: 0            Seconds: 0
   > contract address:    0x93Ea90D926e263c76dA738327C5A8...B7
   > block number:        3
   > block timestamp:     1574261257
   > account:             0x6C545240Cf99aD139...
   > balance:             99.984713
   > gas used:            460934
   > gas price:           20 gwei
   > value sent:          0 ETH
   > total cost:          0.00921868 ETH


   > Saving migration to chain.
   > Saving artifacts
```

```
    --------------------------------------
    > Total cost:           0.00921868 ETH


Summary
=======
> Total deployments:    2
> Final cost:           0.01444654 ETH
```

执行 truffle migrate 时，在控制台会显示部署的详情，如部署交易的 hash、部署的合约地址、消耗的 gas 费用、部署在哪一个区块上，等等。

回到 Ganache，我们也会看到区块号增长到了 4，如图 9-5 所示。你一定会好奇，明明只用 2 个部署脚本部署了 2 个合约，应该增长 2 个区块才对。

图 9-5　部署后 Ganache 区块号增长

这就需要解释一下 Migrations.sol 合约（这个合约可以在 contracts 目录下找到）的作用，Migrations.sol 是 Truffle 用来避免重复部署的合约，它作为第一个合约进行部署（因为是使用前缀为 1 的脚本 1_initial_migration.js 进行部署的），每当 Truffle 执行完一个部署后，就会把部署的需要写入 Migrations 合约，因此在 truffle migrate 运行时实际会发生 4 笔交易：

（1）运行 1_initial_migration.js 进行部署；

（2）把序号 1 写入合约 Migrations；

（3）运行 2_deploy_contracts.js 进行部署；

（4）把序号 2 写入合约 Migrations。

把序号写入合约是通过调用 Migrations 合约的 setCompleted 函数完成的，序号保存在 last_completed_migration 变量中，表示的是最后部署的脚本序号，之后再加入其他部署文件，假设是 3_yourcontract.js，运行 truffle migrate 时，Truffle 就会首先读取上一次部署到哪个文件，再继续运行比 last_completed_migration 序号大的（所有）部署文件，这样就可以避免重复部署。

> 如果需要强制从某一个序号的部署文件开始执行，可以使用 truffle migrate-f 序号，即通过 -f 来指定部署序号，Truffle 此时将会忽略 last_completed_migration 的值。例如，truffle migrate-f2 会从第 2 个迁移文件开始部署。

在完成部署后，部署信息如合约地址会写入之前编译生成的构建文件 Election.json 中。

如果要部署其他的网络，可以通过 --network 来指定网络，例如部署到 Ropsten 网络，则使用命令：truffle migrate--network ropsen，参数 ropsten 对应 truffle-config.js 在 networks 字段下定义的网络。

9.4.7 合约测试

Truffle 使用 Mocha 测试框架，支持使用 JavaScript 和 Solidity 来编写测试用例。

Mocha 是 JavaScript 的一种单元测试框架，既可以在浏览器环境下运行，也可以在 Node.js 环境下运行。Mocha 可以自动运行所有的测试，并给出测试结果。

以下是一个 JavaScript 测试脚本，用 contract() 函数对一个合约进行测试，里面可以包含多个测试用例，每一个测试用例使用 it 指定。例如，下面的测试代码用来验证合约的时候提供了两个候选人。

```
var Election = artifacts.require("./Election.sol");

contract("Election", function(accounts) {
  var electionInstance;

  // it 定义一个测试用例
  it(" 初始化两个候选人 ", function() {
    return Election.deployed().then(function(instance) {
      return instance.candidatesCount();
    }).then(function(count) {
      // 满足断言 ① 则测试用例通过
      assert.equal(count, 2);
    });
  });
```

———————————
① 断言：用于判断一个表达式，在表达式结果为 False 时触发异常。

```
    ...
});
```

如果不熟悉 JavaScript，也可以选 Solidity 来编写测试，以下是使用 Solidity 完成同样功能的测试用例脚本。

```
pragma solidity ^0.5.0;

import "truffle/Assert.sol";              // 引入的断言
import "truffle/DeployedAddresses.sol";   // 用来获取被测试合约的地址
import "../contracts/Election.sol";       // 被测试合约

contract TestElection {
// 获得部署后的合约实例
  Election election = Election(DeployedAddresses.Election());

  // 定义一个测试用例
  function testInitCandidates() public {
    uint count = election.candidatesCount();

    uint expected = 2;
    //   满足断言则测试用例通过
    Assert.equal(count, expected, "应该有两个候选人");
  }
}
```

测试用例脚本编写完之后，使用命令 truffle test 运行测试用例，它会在控制台打印出测试用例的通过情况，示例代码如下。

```
> truffle test
Using network 'development'.

Compiling your contracts...
===========================
> Compiling ./test/election.sol
> Artifacts written to /var/folders/nv/33j646sj3xsc0trt3t5nn0nh0000gp/
T/test-1191021-6160-1orurfk.xyww
> Compiled successfully using:
    - solc: 0.5.8+commit.23d335f2.Emscripten.clang
```

```
TestElection
  √ testInitCandidates (62ms)

Contract: Election
  √ initializes with two candidates

2 passing (6s)
```

最后一行说明通过了两个测试用例。

如果说传统的互联网应用开发中，开发和测试的时间比是 1∶1，那么在智能合约开发中，测试的时间应该是开发时间的 3 倍，智能合约的测试需要更加重视，尽可能覆盖每一条语句，因为一旦合约中出现 bug，就不像传统的互联网应用那样容易升级，你可能目睹黑客攻击而无能为力。

9.4.8 编写应用前端

在项目目录下新建一个 src 目录用来放置前端代码，新建一个 html 文件，使用 table 标签显示候选人列表（代码有删减，可对照作者在 Github 上提供的源码[①]）：

```html
<table class="table">
  <thead>
    <tr>
      <th scope="col">#</th>
      <th scope="col">候选人 </th>
      <th scope="col">得票数 </th>
    </tr>
  </thead>
  <tbody id="candidatesResults">
  </tbody>
</table>
```

candidatesResultsid 对应 tbody 的内容，稍后在 JavaSript 使用 web3.js 从合约中读取候选人信息后动态填入。使用 form 标签来进行投票操作：

---

① 源码地址：https://github.com/xilibi2003/election。

```
<form onSubmit="App.castVote(); return false;">
  <div class="form-group">
    <label for="candidatesSelect">选择候选人</label>
    <select class="form-control" id="candidatesSelect">
    </select>
  </div>
  <button type="submit" class="btn btn-primary">投票</button>
  <hr />
</form>
```

本案例的界面只需要这两段 HTML 就可以完成，接下来使用 JavaScript 来完成动态操作的部分。

9.4.9 前端与合约交互

新建一个文件 app.js 用来完成交互部分的功能，主要涉及三个部分的内容：

■ 初始化web3及合约

■ 获取候选人填充到前端页面

■ 用户提交投票

app.js 定义一个 APP 类，在类中使用不同的函数完成上面的功能。

1. web3 及合约初始化

为了简单工程使用到的 web3.js 及 truffle-contract.js，我已经在投票合约源代码提供了，大家可以通过 HTML 标签 <script> 直接引入，大一些的项目通常会使用 npm 来依赖包，在下一个案例会进行介绍。

在 APP 类中使用 initWeb3 函数，完成 web3 的初始化，示例代码如下。

```
initWeb3: async function() {
  // 检查浏览器 ethereum 对象
  if (window.ethereum) {
    App.web3Provider = window.ethereum;
    try {
      // 请求账号访问权限
      await window.ethereum.enable();
    } catch (error) {
```

```
        console.error("User denied account access")
    }
}
// 用于兼容老的浏览器钱包插件
else if (window.web3) {
  App.web3Provider = window.web3.currentProvider;
}
else {
    App.web3Provider = new Web3.providers.HttpProvider('http://
localhost:7545');
}
web3 = new Web3(App.web3Provider);
return App.initContract();
}
```

initContract 用来进行合约初始化，示例代码如下。

```
initContract: function() {
  $.getJSON("Election.json", function(election) {
    App.contracts.Election = TruffleContract(election);
    App.contracts.Election.setProvider(App.web3Provider);
    return App.render();
  });
}
```

Election.json 是之前编译部署生成的构建文件，其中记录了合约的 ABI 及合约地址信息，initContract 中使用 jQuery 函数获得 Election.json 的内容进而构造 TruffleContract 对象。

> **提示：Truffle 生成的构建文件（本例中的 Election.json）非常大，包含了合约的源码、编译后的字节码、编译器信息、文档等，在正式的产品中，一定要对构建文件进行精简再使用，否则将严重影响前端页面的加载速度。笔者在 GitHub 中开源了一段用于精简构建文件的脚本，读者可以使用，脚本地址：https://github.com/xilibi2003/truffle-min。**

在 Truffle 项目中，我们通常会使用 TruffleContract 与合约交互，在前面 9.2.3 节我们介绍了 web3.js 与合约交互，TruffleContract 其实是对 web3.js 与合约交互相关的 API 再进一步进行了封装，结合 Truffle 生成的构建文件，与合约交互的 API 更直观和精炼。

例如，使用 web3.js 获取候选人个数的代码大概是这样的：

```
// 构造合约 Election
var Election = new web3.eth.Contract(ElectionABI, Election部署合约地址
地址);
var count = Election.methods.candidatesCount().call()
```

而使用 TruffleContract 的话，代码大概是这样的：

```
// 构造合约 Election
var Election = TruffleContract("Election.json");
var count = Election.candidatesCount()
```

TruffleContract 使用方法简单，如果要了解更多，可以查看 Truffle 的文档：
https://learnblockchain.cn/docs/truffle/reference/contract-abstractions.html。

2. 界面渲染

有了合约对象就可以调用合约函数，获取候选人进行界面渲染，这就是 render() 函数完成的事情，示例代码如下。

```
render: function() {
  var electionInstance;
  App.contracts.Election.deployed().then(function(instance) {
    electionInstance = instance;
    return electionInstance.candidatesCount();  // ①
  }).then(function(candidatesCount) {
    var candidatesResults = $("#candidatesResults");
    candidatesResults.empty();

    var candidatesSelect = $('#candidatesSelect');
    candidatesSelect.empty();

    for (var i = 1; i <= candidatesCount; i++) {
        electionInstance.candidates(i).then(function(candidate) {
// ②
        var id = candidate[0];
        var name = candidate[1];
        var voteCount = candidate[2];
```

```
          // 渲染候选人
          var candidateTemplate = "<tr><th>" + id + "</th><td>" + name
+ "</td><td>" + voteCount + "</td></tr>"
          candidatesResults.append(candidateTemplate); // ③

          // Render candidate ballot option
           var candidateOption = "<option value='" + id + "' >" + name
+ "</ option>"
          candidatesSelect.append(candidateOption);  // ④
        });
      }
    }
```

代码中的几处注释分别表示：

① 获取候选人数量；

② 依次获取每一个候选人信息；

③ 将候选人信息写入候选人表格内；

④ 将候选人信息写入投票选项。

9.4.10 运行 DAPP

由于本案例是一个 Web 应用，我们需要为它准备一个 Web 服务器，这里选择最简单的 lite-server，使用 npm 安装 lite-server，命令如下：

```
> npm install lite-server
```

添加一个服务器配置文件：bs-config.json，这里主要是用来告诉 lite-server 服务器从哪些位置加载网页文件，bs-config.json 配置如下：

```
{
  "server": {
    "baseDir": ["./src", "./build/contracts"]
  }
}
```

baseDir 就是用来配置 lite-server 的加载目录，./src 是网页文件目录，./build/contracts 是 Truffle 编译部署合约输出的构建文件的目录。

与此同时，在 package.json 文件的 scripts 中添加 dev 命令，以便我们使用 npm 命令启动 lite-server，内容如下：

```
"scripts": {
  "dev": "lite-server",
  "test": "echo \"Error: no test specified\" && exit 1"
},
之后就可以使用命令 npm run dev，启动 DAPP：
> npm run dev

> pet-shop@1.0.0 dev /election
> lite-server

** browser-sync config **
{ injectChanges: false,
  files: [ './**/*.{html,htm,css,js}' ],
  watchOptions: { ignored: 'node_modules' },
  server:
   { baseDir: [ './src', './build/contracts' ],
     middleware: [ [Function], [Function] ] } }
[Browsersync] Access URLs:
 ------------------------------------
      Local: http://localhost:3000
```

服务器启动在 3000 端口，在网页浏览器地址栏输入 http://localhost:3000，就可以看到 DAPP 应用。

因为合约部署在本地的 Ganache 网络，因此需要把浏览器的 MetaMask 插件连接到 Ganache 网络，只有网络一致 DAPP 才可以读取到网络上的合约数据。我们在 5.5.2 节介绍过如何切换到以太坊的 Ropsten 网络，方法类似，不过 Ganache 网络是属于自定义的网络，因此在网络列表下选择 Custom RPC，然后使用 http://127.0.0.1:7545 作为 RPC URL 添加一个网络。如果 MetaMask 中没有 Ganache 中的账号，可以从 Ganache 中获取一个私钥，使用 MetaMask 的账号导入功能导入 Ganache 内的账号。

9.4.11　部署到公网服务器

现在的 DAPP 仅可以通过 localhost 在本地访问，现实中，我们需要在 DAPP.mydoname.com 域名下访问 DAPP，并且域名已经指向一台在公网可以访问的服务器。

接下来以 Nginx（一个高性能的 HTTP 和反向代理 Web 服务器）Web 服务器为例，介绍如何进行 DAPP 部署。

在 Nginx 上加入新的站点，如果是 Linux 系统，通常是在路径 /etc/nginx/sites-enabled/ 中添加新的站点配置文件，如 DAPP.conf，内容如下：

```
server {
    listen 80;
    server_name DAPP.mydoname.com;
    root /home/www/DAPP;

    location / {
        root /home/www/DAPP;
        index index.html ;
    }
```

以上代码配置了站点的根目录：/home/www/DAPP，首页为 index.html，然后把 src 及 build/contracts 目录下的文件复制到站点的根目录，即 home/www/DAPP。根目录包含如下文件：

```
├── Election.json
├── Migrations.json
├── css
│   ├── bootstrap.min.css
│   └── bootstrap.min.css.map
├── fonts
├── index.html
└── js
    ├── app.js
    ├── bootstrap.min.js
    ├── jquery.min.js
    ├── truffle-contract.js
    └── web3.min.js
```

之后在浏览器里就可以通过 DAPP.mydoname.com 来访问 DAPP。

9.5 使用 Vue.js 开发众筹 DAPP

9.5.1 Vue.js 简介

Vue.js 是一套在前端开发中广泛采用的用于构建用户界面的渐进式 JavaScript 框架。Vue.js 通过响应的数据绑定和组合的视图组件让界面开发变得非常简单。

除 JavaScript 框架之外，Vue.js 还提供了一个配套的命令行工具 Vue CLI，通常称之为脚手架工具，用来进行项目管理，用来实现比如快速开始零配置原型开发、安装插件库等功能。

Vue CLI 可以通过以下命令安装：

```
> npm install -g @vue/cli
```

运行以下命令来创建一个新项目 crowdfunding：

```
> vue create crowdfunding
```

命令会生成一个项目目录（稍后我们使用这个目录开发本案例），并安装好相应的依赖库，生成的主要文件有：

```
├── package.json
├── public
│   ├── index.html
└── src
    ├── App.vue
    ├── assets
    │   └── logo.png
    ├── components
    │   ├── CrowdFund.vue
    │   └── HelloWorld.vue
    └── main.js
```

简单介绍一下 Vue.js 生成的文件，更多的使用介绍可参考 Vue.js 官方文档。

index.html 是入口文件，里面定义了一个 div 标签：

```
<div id="app"></div>
```

在 main.js 中，会把 APP.vue 的组件内容渲染到 id 为 app 的 div 标签内：

```
new Vue({
  render: h => h(App),
}).$mount('#app')
```

APP.vue 组件又引用了 Hello.vue 组件，而 Hello.vue 组件的内容则是图 9-6 的页面标签。

创建完成后进入目录，就可以运行项目，命令如下：

```
> cd crowdfunding
> npm run serve( 或 yarn serve)
```

此时会在 8080 端口下启动一个 Web 服务，在浏览器中输入 URL：http://localhost: 8080，就可以打开如图 9-6 所示的界面。

图 9-6　Vue.js 默认启动界面截图

9.5.2　众筹需求分析

要完成一个项目，应该先进行需求分析，假设有这样一个场景：我准备写作一本区块链技术的图书，但是不确定有多少人愿意购买这本书。于是，我发起一个众筹，如果在一个月内，能筹集到 10 个 ETH，我就进行写作，并给参与的读者每人赠送一本书，如果未能筹到足够的资金，我就不进行写作，之前参与众筹的读者可以取回之前投入的资金。

同时，为了让读者积极参与，我设置了一个阶梯价格，初始时，参与众筹的价格非常低（0.02 ETH），每筹集满 1 个 ETH 时，价格上涨 0.002ETH。

读者不妨先停一下想想，如果自己接到这样一个需求，应该如何实现。众筹案例完整的代码我已经上传到 GitHub：https://github.com/xilibi2003/crowdfunding，供大家参考。

从以上需求可以归纳出合约三个对外动作（函数）：

（1）汇款进合约，可通过实现合约的回退函数来实现。

（2）读者赎回汇款，这个函数仅仅在众筹未达标之后，由读者本人调用生效。

（3）创作者提取资金，这个函数需要在众筹达标之后，由创作者调用。

除此之外，进一步梳理逻辑，我们发现还需要保存一些状态变量以及添加相应的逻辑：

（1）记录用户众筹的金额，可以使用一个 mapping 类型来保存。

（2）记录当前众筹的价格，价格可以使用一个 uint 类型来保存（还需要一个函数来控制价格逐步上涨）。

（3）记录合约众筹的截止时间，用 uint 类型来保存截止时间戳，可以在构造函数中使用当前时间加上 30 天作为截止时间。

（4）记录合约众筹的收益者（即创作者），用 address 类型记录，在构造函数中记录合约创建者就是创作者。

（5）记录当前众筹状态（是否已经关闭），如果众筹达标（创作者提取资金时应及时关闭状态）之后，就需要阻止用户参与。

9.5.3　实现众筹合约

进入 crowdfunding 目录（前面我们使用 Vue.js 创建了这个目录），使用 truffle init 进行一次 Truffle 项目初始化：

```
> truffle init
```

初始化完成后，会在当前目录下生成 truffle-config.js 配置文件及 contracts migrations 文件夹等内容，Truffle 项目初始化完成之后，就可以在项目下使用 truffle compile 来编译合约以及用 truffle migrate 来部署合约。

在 contracts 目录下创建一个合约文件 Crowdfunding.sol：

```solidity
pragma solidity >=0.4.21 <0.7.0;
contract Crowdfunding {
    // 创作者
    address public author;
    // 参与金额
    mapping(address => uint) public joined;
    // 众筹目标
    uint constant Target = 10 ether;
    // 众筹截止时间
    uint public endTime;
    // 记录当前众筹价格
    uint public price  = 0.02 ether ;
    // 作者提取资金之后，关闭众筹
    bool public closed = false;
    // 部署合约时调用，初始化作者以及众筹结束时间
    constructor() public {
        author = msg.sender;
        endTime = now + 30 days;
    }
    // 更新价格，这是一个内部函数
    function updatePrice() internal {
        uint rise = address(this).balance / 1 ether * 0.002 ether;
        price = 0.02 ether + rise;
    }
    // 用户向合约转账时 触发的回调函数
    receive() external payable {
        require(now < endTime && !closed  , "众筹已结束");
        require(joined[msg.sender] == 0 , "你已经参与过众筹");
        require (msg.value >= price, "出价太低了");
        joined[msg.sender] = msg.value;
        updatePrice();
```

```
    }
    // 作者提取资金
    function withdrawFund() external {
        require(msg.sender == author, "你不是作者");
        require(address(this).balance >= Target, "未达到众筹目标");
        closed = true;
        msg.sender.transfer(address(this).balance);
    }
    // 读者赎回资金
    function withdraw() external {
        require(now > endTime, "还未到众筹结束时间");
        require(!closed, "众筹达标，众筹资金已提取");
        require(Target > address(this).balance, "众筹达标，你没法提取
资金");
        msg.sender.transfer(joined[msg.sender]);
    }
}
```

代码的说明可参照注释，合约代码中使用到了 Solidity 中的一些知识点：

（1）ether：这是货币单位，在第 4 章介绍过。

（2）days：这是时间单位，1 days 对应 1 天的秒数。

（3）now：这是一个 Solidity 的内置属性，用于获取当前的时间戳，单位是秒。

（4）require：在第 6 章的错误处理部分介绍过，如果条件不满足回退交易。

（5）address.transfer(value)：对某一个地址进行转账。

9.5.4　合约部署

在 migrations 下创建一个部署脚本 2_crowfunding.js，和投票合约类似，代码如下：

```
const crowd = artifacts.require("Crowdfunding");
module.exports = function(deployer) {
  deployer.deploy(crowd);
};
```

在 truffe-config.js 配置要部署的网络，同时确保对应的网络节点程序是开启状态，方法和投票合约案例中一样，然后就可以用命令 truffle migrate 进行部署。

9.5.5 众筹 Web 界面实现

Vue.js 创建项目时，默认会有一个 HelloWorld.vue，我们新写一个自己的组件 CrowdFund.vue，并把 App.vue 中对 HelloWorld.vue 的引用替换掉。

App.vue 修改为：

```
<template>
  <div id="app">
    <CrowdFund/>
  </div>
</template>

<script>
import CrowdFund from './components/CrowdFund.vue'

export default {
  name: 'app',
  components: {
    CrowdFund
  }
}
</script>
```

然后在 CrowdFund.vue 里完成众筹界面及相应逻辑，众筹界面需要显示以下几个部分：

（1）当前众筹到的金额。

（2）众筹的截止时间。

（3）当前众筹的价格，参与众筹按钮。

（4）如果是已经参与，显示其参与的价格以及赎回按钮。

（5）如果是创作者，显示一个提取资金按钮。

因为 Vue.js 具有很好的数据绑定及条件渲染特性，因此前端代码写起来会比上一个案例更简单，可以直接在 HTML 模板中使用从合约中获取数据的变量，Vue.js 在渲染时变量替换为对应的数据，代码如下：

```
<template>
<div class="content">
```

```html
<h3> 新书众筹 </h3>
<span> 以最低的价格获取我的新书 </span>

<!-- 众筹的总体状态  -->
<div class="status">
  <div v-if="!closed"> 已众筹资金：<b>{{ total }} ETH </b></div>
  <div v-if="closed"> 众筹已完成 </div>
  <div> 众筹截止时间：{{ endDate }}</div>
</div>

<!-- 当读者参与过，显示如下 div  -->
<div v-if="joined" class="card-bkg">
  <div class="award-des">
    <span> 参与价格 </span>
    <b> {{ joinPrice }} ETH </b>
  </div>

  <button :disabled="closed" @click="withdraw"> 赎回 </button>
</div>

<!-- 当读者未参与，显示如下 div  -->
<div v-if="!joined" class="card-bkg">
  <div class="award-des">
    <span> 当前众筹价格 </span>
    <b> {{ price }} ETH </b>
  </div>

  <button :disabled="closed" @click="join"> 参与众筹 </button>
</div>

<!--  如果是创作者，显示 -->
<div v-if="isAuthor">
  <button :disabled="closed" @click="withdrawFund"> 提取资金 </button>
</div>

</div>
</template>
```

代码中使用 Vue.js 的特性包含：

（1）使用 v-if 进行条件渲染，例如 v-if="joined" 表示当 joined 变量为 true 时，才渲染该标签。

（2）使用 {{ 变量 }} 进行数据绑定，例如：{{price}} ETH ，price 会用其真实的值进行渲染，并且当 price 变量的值更新时，标签才会自动更新。

（3）使用 @click 指令来监听事件，@click 实际上是 v-on:click 的缩写，例如 @click="join" 表示当标签单击时，会调用 join() 函数。

（4）使用 :disabled 绑定一个属性，这实际是 v-bind:disabled，属性的值来源于一个变量。

如果读者对 Vue.js 不了解，可以先在网上阅读 Vue.js 的官方教程，再来阅读本节。

9.5.6　与众筹合约交互

接下来编写 JavaScript 逻辑部分，前端界面与合约进行交互时，需要用到 truffle-contract 及 web3，因为 Vue.js 本身也是通过 npm 进行包管理，因此可以直接通过 npm 进行安装，命令如下：

```
npm install --save truffle-contract web3
```

在 CrowdFund 组件中，我们用几个变量保存从合约获取的值，再加上相应的初始化，这样组件逻辑的主体框架代码就出来了：

```
<script>
export default {
  name: 'CrowdFund',
   // 定义上一节 HTML 模板中使用的变量
  data() {
    return {
      price: null,
      total: 0,
      closed: true,
      joinPrice: null,
      joined: false,
      endDate: "null",
      isAuthor: true,
```

```
        }
    },

    // 当前 Vue 组件被创建时回调的 hook 函数
    async created() {
        // 初始化 web3 及账号
        await this.initWeb3Account()
        // 初始化合约实例
        await this.initContract()
        // 获取合约的状态信息
        await this.getCrowdInfo()
    },

    methods: {
        // 3 个函数待实现
        async initWeb3Account() {}
        async initContract() {}
        async getCrowdInfo() {}
    }
}
</script>
```

以上代码通过 data() 定义好了 HTML 模板中使用的变量，当 Vue 组件被创建时通过回调的 created() 函数来进行初始化工作（这里使用了 async/await 来简化异步调用），在 created() 函数中调用了三个函数：

- initWeb3Account()
- initContract()
- getCrowdInfo()

我们接下来依次实现三个函数。initWeb3Account() 用来完成 web3 及账号初始化，代码和投票案例基本类似，代码如下：

```
import Web3 from "web3";
async initWeb3Account() {
    if (window.ethereum) {
        this.provider = window.ethereum;
        try {
```

```
        await window.ethereum.enable();
    } catch (error) {
        //   console.log("User denied account access");
    }
} else if (window.web3) {
    this.provider = window.web3.currentProvider;
} else {
        this.provider = new Web3.providers.HttpProvider("ht
tp://127.0.0.1:7545");
    }
    this.web3 = new Web3(this.provider);
    this.web3.eth.getAccounts().then(accs => {
        this.account = accs[0]
    })
}
```

这段代码完成了 this.provider、this.web3、this.account 三个变量的赋值，在后面的代码中会被用到。

initContract() 初始化合约实例如下：

```
import contract from "truffle-contract";
import crowd from '../../build/contracts/Crowdfunding.json';

    async initContract() {
        const crowdContract = contract(crowd)
        crowdContract.setProvider(this.provider)
        this.crowdFund = await crowdContract.deployed()
    }
```

第 2 行的 Crowdfunding.json 是 Truffle 编译部署输出的构建文件，同样注意，正式产品中应该使用压缩后的文件。this.crowdFund 变量就是部署的众筹合约 JavaScript 实例，之后就可以通过 this.crowdFund 来调用合约的函数，获取相关变量的值，在 getCrowdInfo() 函数完成这一步：

```
async getCrowdInfo() {

    // 获取合约的余额
    this.web3.eth.getBalance(this.crowdFund.address).then(
```

```
    r => {
      this.total = this.web3.utils.fromWei(r)
    }
  )

  // 获取读者的参与金额
  this.crowdFund.joined(this.account).then(
    r => {
      if (r > 0) {
        this.joined = true
        this.joinPrice = this.web3.utils.fromWei(r)
      }
    }
  )

  // 获取合约的关闭状态
  this.crowdFund.closed().then(
    r => this.closed = r
  )

  // 获取当前的众筹价格
  this.crowdFund.price().then(
    r => this.price = this.web3.utils.fromWei(r)
  )

  // 获取众筹截止时间
  this.crowdFund.endTime().then(r => {
    var endTime = new Date(r * 1000)
    // 把时间戳转化为本地时间
    this.endDate = endTime.toLocaleDateString().replace(/\//g, "-") +
" " + endTime.toTimeString().substr(0, 8);
  })

  // 获取众筹创作者地址
  this.crowdFund.author().then(r => {
    if (this.account == r) {
      this.isAuthor = true
    } else {
      this.isAuthor = false
```

```
    }
  })

}
```

解释代码中使用到的几个技术点。

（1）合约实例 this.crowdFund 调用的函数 joined()、closed()、price() 是由合约中 public 类型的状态变量相应自动生成的访问器函数。可以回顾本书 6.2.8 节。

（2）代码中使用的 this.web3.eth.getBalance() 和 this.web3.utils.fromWei() 是 web3.js 中定义的函数，分别用来获取余额及把单位从 wei 转化为 ether。

至此，完成 DAPP 状态数据的获取，接下来开始处理 3 个单击动作（即 HTML 模板中 @click 触发的函数）：

（1）读者参与众筹的 join() 函数；

（2）读者赎回的 withdraw() 函数；

（3）创作者提取资金的 withdrawFund() 函数。

join() 函数实际上是由读者账号向众筹合约账号发起一笔转账，通过 web3.eth. sendTransaction 完成，代码如下：

```
join() {
  this.web3.eth.sendTransaction({
    from: this.account,
    to: this.crowdFund.address,
    value: this.web3.utils.toWei(this.price)
  }).then(() =>
    this.getCrowdInfo()
  )
}
```

读者进行转账时，就会触发合约的接收函数。

如果众筹未达标，读者可以单击赎回按钮，对应的 withdraw() 函数实现如下：

```
withdraw() {
  this.crowdFund.withdraw({
    from: this.account
  }).then(() => {
```

```
    this.getCrowdInfo()
  })
}
```

如果众筹达标，创作者提取资金 withdrawFund() 函数实现如下：

```
withdrawFund() {
  this.crowdFund.withdrawFund({
    from: this.account
  }).then(() => {
    this.getCrowdInfo()
  })
}
```

到这里众筹案例就全部完成了，完整的代码参考网址：https://github.com/xilibi2003/crowdfunding。

9.5.7　DAPP 运行

在项目的目录下，输入以下命令：

```
> npm run serve（或 yarn serve）
```

在浏览器地址栏输入网址：http://localhost:8080，效果如图 9-7（1）所示。

新书众筹

以最低的价格获取我的新书

已众筹资金：**0.02 ETH**
众筹截止时间：2020-1-18 22:46:20

当前众筹价格
0.02 ETH

参与众筹

图 9-7（1）　第一次参与众筹的界面

如果已经参与过众筹，界面如图 9-7（2）所示。

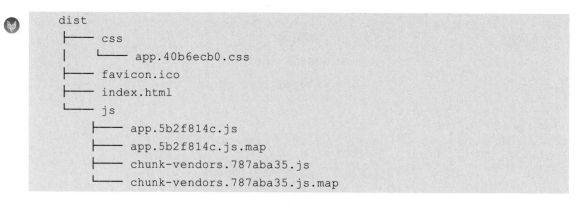

新书众筹

以最低的价格获取我的新书

已众筹资金：**0.02 ETH**
众筹截止时间：2020-1-18 22:46:20

参与价格
0.02 ETH　　　　　　　　　　　　　　　　　　　　　　　赎回

提取资金

图 9-7（2）　以前参与过众筹的界面

因为我还有一个创作者的身份，因此图 9-7（2）还显示一个"提取资金"按钮。

在运行 DAPP 时，要确保 MetaMask 链接的网络和合约部署的网络（此例中使用的是 development 网络）一致，这样 DAPP 才能正确地通过 web3 获取合约的数据。

9.5.8　DAPP 发布

Vue 内建一个用来构建前端页面的命令，我们只需要简单输入以下命令：

```
> npm run build（或 yarn build）
```

它就会在 dist 目录下，构建出用于发布的完整的前端代码，其文件如下：

```
dist
├── css
│   └── app.40b6ecb0.css
├── favicon.ico
├── index.html
└── js
    ├── app.5b2f814c.js
    ├── app.5b2f814c.js.map
    ├── chunk-vendors.787aba35.js
    └── chunk-vendors.787aba35.js.map
```

index.html 就是 DAPP 前端入口文件，把 dist 目录下的所有文件拷贝到公网服务器即可。

9.6　后台监听合约事件

在上面的众筹案例中，每个参与者可以看到自己的参与状态，创作者却没有办法查看所有参与者，有两个办法可以实现查看所有参与者：

（1）加入一个状态变量：address[] joinAccounts，这是一个数组，用来记录所有参与者的地址，每当有新的参与者进来时，往数组中加入参与者地址。

（2）通过触发事件把参与者地址记录到日志中，然后启动一个服务程序监听事件，当事件触发时，把参与者地址记录到数据库中，并提供一个后端服务，把数据库中的参与者列表返回给前端。

两种方法各有优缺点：方法 1 的 gas 消耗会远高于方法 2，优点是不需要额外引入服务器；方法 2 则相反，使用事件的方法 2 其实还有一个好处，就是可以实时监听到事件的变化（通常对应着链上状态的变化），这在一些场合非常有用。

本节将主要介绍方法 2，看看如何通过后台服务，监听事件的变化，本例中我们将使用 Node.js 及 Express 框架作为后台服务（读者也可以选用其他技术栈作为后台服务，技术原理一样）。

9.6.1　Node.js 及 Express 简介

Node.js 就是运行在服务端的 JavaScript。Node.js 是一个基于 Google 的 V8 引擎建立的服务端 JavaScript 运行环境，速度快，性能好。

Express 是一个简洁而灵活的 node.js Web 应用框架，提供了一系列强大特性帮助创建各种 Web 应用。

下面通过编写一个简单的 Hello World 程序，来看看如何使用 Express。在众筹项目目录下新建一个文件夹 server，进入此目录并将其作为后端项目工作目录，命令如下：

```
> mkdir server
> cd server
> npm init
```

然后通过 npm init 命令进行初始化，npm init 会创建一个 package.json 文件进行包管理，同时还会要求我们输入几个参数，例如此应用的名称和版本，命令效果如下：

```
> npm init
This utility will walk you through creating a package.json file.
It only covers the most common items, and tries to guess sensible
defaults.

See `npm help json` for definitive documentation on these fields
and exactly what they do.

Use `npm install <pkg>` afterwards to install a package and
save it as a dependency in the package.json file.

Press ^C at any time to quit.
package name: (server) server
version: (1.0.0)
description: 众筹监听后台 demon
entry point: (index.js)
test command:
git repository:
keywords:
author:
license: (ISC)
About to write to /User/xxx/crowdfunding/server/package.json:

{
  "name": "server",
  "version": "1.0.0",
  "description": "众筹监听后台 demon",
  "main": "index.js",
  "scripts": {
    "test": "echo \"Error: no test specified\" && exit 1"
  },
  "author": "",
  "license": "ISC"
}
```

```
Is this OK? (yes) yes
```

大部分直接按"回车"键接受默认设置即可，这个时候，就可以看到在 server 目录下产生了一个 pacckage.json 文件，继续安装 Express，命令如下：

```
npm install express --save
```

到此，环境安装就完成了，新建一个文件 index.js，编写一段服务端的程序 HelloWorld，代码如下：

```
const express = require('express')
const app = express()

app.get('/', (req, res) => res.send('Hello World!'))

app.listen(3000, () => console.log('Start Server, listening on port
3000!'))
```

上面代码中，引入了 express 模块，它在后台常驻运行，并监听 3000 端口，当客户端发起请求后，响应"Hello World!"字符串，通过以下命令启动服务：

```
> node index.js
Start Server, listening on port 3000!
```

启动后，在浏览器访问地址：http://localhost:3000，就可以看到 Hello World!，如图 9-8 所示。

Hello World!

图 9-8 访问 Express 截图

9.6.2 常驻服务监听合约事件

Express 会启动一个常驻在后台的服务，对刚刚编写的 index.js 进行修改，加入 web3.js 相关代码以实现监听合约事件。

不过我们需要先在 Crowdfunding 合约中加入一个事件：

```
event Join(address indexed, uint price);
```

然后在接收函数中触发这个事件：

```
emit Join(msg.sender, msg.value);
```

修改合约后，使用 truffle migrate --reset 命令重新编译部署（或使用 truffle migrate -f2 指定第 2 个部署脚本编译）。

回到后端，在 server 目录下安装 web3：

```
npm install web3 --save
```

然后修改 index.js，在 index.js 中加入监听 Join 事件代码，代码如下：

```
// express 启动代码
...

// 引入 web 库
var Web3 = require('web3');
// 使用 WebSocket 协议连接节点
let web3 = new Web3(new Web3.providers.WebsocketProvider('ws://
localhost:7545'));


// 获取合约实例
var Crowdfunding = require('../build/contracts/Crowdfunding.json');
const crowdFund = new web3.eth.Contract(
  Crowdfunding.abi,
  Crowdfunding.networks[5777].address
);

// 监听 Join 加速事件
crowdFund.events.Join(function(error, event) {
```

```
  if (error) {
    console.log(error);
  }

  // 打印出交易 hash 及区块号
  console.log(" 交易 hash:" + event.transactionHash);
  console.log(" 区块高度:" + event.blockNumber);

  // 获得监听到的数据
  console.log(" 参与地址:" + event.returnValues.user);
  console.log(" 参与金额:" + event.returnValues.price);
});
```

除以上注释外，对以上代码关键点进行如下介绍。

■ 在初始化web3时，使用了WebsocketProvider，通过WebSocket通信协议与节点通信，如果是使用Geth节点，需要使用选项--ws开启服务，开发使用的Ganache默认开启了WebSocket服务。

> **补充说明：** 由于 HTTP 协议只能单向通信，通信只能由客户端发起，客户端通过 " 轮询 "（周期性地查询状态）服务器获取状态的更新，而 WebSocket 支持双向通行，服务端可以主动向客户端推送信息，客户端也可以主动向服务器发送信息（注意: Express 服务在与节点程序通信时，节点是服务端，Express 服务是客户端）。

■ 获取合约实例时，使用的合约的ABI及合约地址参数，均是通过Truffle编译部署生成的构建文件Crowdfunding.json获取。

■ 通过Web3合约实例后，可以通过myContract.events.EventName()函数传入一个回调函数监听事件的变化。更多的监听事件可以查看文档：https://learnblockchain.cn/docs/web3.js/web3-eth-contract.html#events。

重新启动后台服务：

```
> node index.js
Start Server, listening on port 3000!
```

另开一个命令行控制台窗口，启动前端：

```
> npm run serve（或  yarn serve）
```

在浏览器地址栏中输入：http://localhost:8080/，进入前端页面，单击"参与众筹"，切换到后端的命令行控制台窗口，可以看到打印出四条日志记录：

```
> node index.js
Start Server, listening on port 3000!
交易 hash:0x6c1c5172eae236e9c1f535e...5d45d45254a2435b1cd3891e83635
区块高度:58
参与地址:0x132f44857fe61526...6b4109A198ea...
参与金额:20000000000000000
```

为了方便管理，接下来把监听到的数据写入数据库里。

9.6.3　MySQL 数据库环境准备

这里以 MySQL 数据库为例进行介绍（读者也可以根据自己的喜好选用其他的数据库，比如 PostgreSQL 数据库）。

第一步，安装 MySQL 服务器，进入 MySQL 官方网站下载页面，选择对应版本进行下载（或根据安装指引命令行安装），如图 9-9 所示。

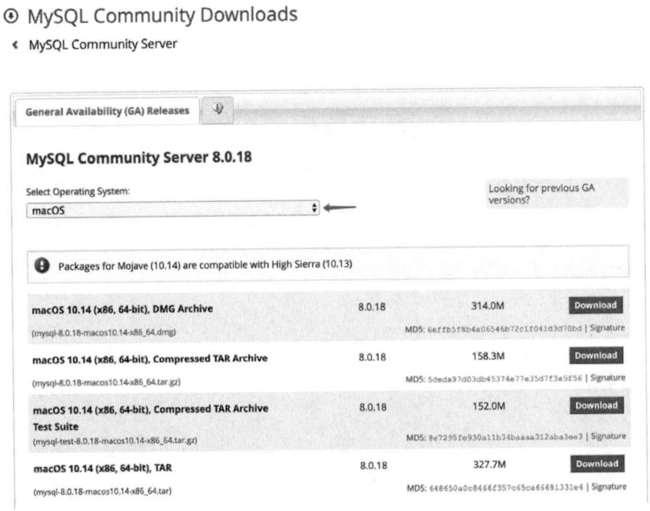

图 9-9　MySQL 下载页面

MySQL 在不同平台下的安装提示略有差别，一般会默认提供一个默认的用户 root，用于登录 MySQL 服务器，在安装过程中提示我们设置 root 密码（如果没有提示，可以在 MySQL 日志中找到默认密码）。

如果觉得自己安装 MySQL 有些吃力，也可以选择集成开发环境，如 Linux 平台的 LAMP、Windows 平台的 WAMP 以及 Mac 平台的 MAMP，它们有更友好的图形界面来管理服务器。使用 Mac 电脑安装完 MAMP 之后，效果如图 9-10 所示，截图右上角的绿点表示 MySQL 服务器已启动。

图 9-10　MAMP 运行截图

通过"启动"页面可以查看 MySQL 服务器的信息，如图 9-11 所示。

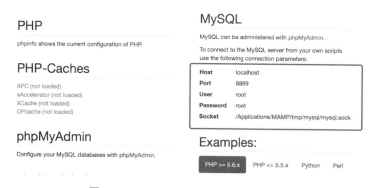

图 9-11　MySQL 端口、登录名及密码

9.6.4 创建数据库及表

有了前面连接数据库的信息，就可以通过 MySQL 的客户端连接上 MySQL 服务器，MySQL 客户端有很多选择，可以选择命令行方式，例如：

```
mysql -S /Applications/MAMP/tmp/mysql/mysql.sock -u root -proot
```

也可以选择 MySQL 官方的客户端 MySQL Workbench[①]，如图 9-12 所示。

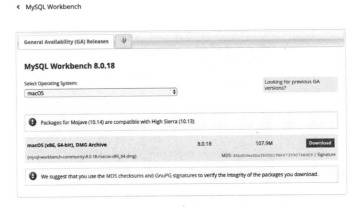

图 9-12　下载 MySQL Workbench

笔者自己使用的是 Sequel Pro（Mac 平台），各种客户端连接服务器的方式都类似，需要填写如图 9-13 所示的几个信息。

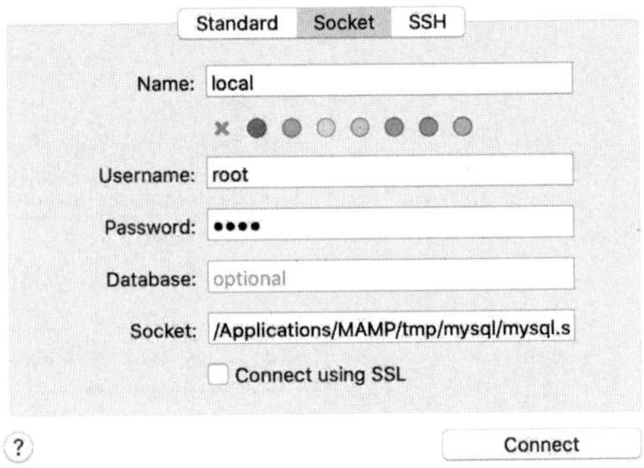

图 9-13　连接 MySQL 服务器

---

① MySQL Workbench 可以在 https://dev.mysql.com/downloads/workbench/ 选择自己的版本下载。

连接上 MySQL 服务器，使用以下命令创建数据库和表来存储众筹数据。

```
CREATE DATABASE crowdfund;
use crowdfund;

CREATE TABLE joins(
  id INT UNIQUE AUTO_INCREMENT,
  address VARCHAR(42) UNIQUE,
  price FLOAT NOT NULL,
  tx VARCHAR(66) NOT NULL,
  block_no INT NOT NULL,
  created_at datetime,
  PRIMARY KEY (id)
);
```

以上 MySQL 代码可以复制到 MySQL 客户端中执行，它创建名为 crowdfund 的数据库，并在数据库中创建 joins 表，joins 表用来存储用户参与众筹的信息，包含的列有：主键 id、地址 address、价格 price、交易 hash、区块号 blockNo。

9.6.5　监听数据入库

先安装 node-mysql 驱动[①]，它提供在 Node.js 程序里连接 MySQL 服务器的接口，安装命令如下：

```
> cd server
> npm install mysql --save
在 inde.js 中引入 mysql，并加入一个插入数据库函数，代码如下：
var mysql  = require('mysql');
// 定义数据插入数据库函数
function insertJoins(address, price, tx, blockNo) {

// 连接数据库（注意请使用自己的 mysql 连接信息）
  var connection = mysql.createConnection({
    host     : 'localhost',
    user     : 'root',
```

---

① 参见 https://github.com/mysqljs/mysql。

```
    password : 'root',
    port     : '8889',
    database : 'crowdfund'
});

connection.connect();
// 构建插入语句
const query = `INSERT into joins (
    address,
    price,
    tx,
    block_no,
    created_at
  ) Values (?,?,?,?,NOW())`;
const params = [address, price, tx, blockNo];

// 执行插入操作
connection.query(query, params, function (error, results) {
  if (error) throw error;
});

connection.end();
}
```

并在上面监听打印日志的后面调用 insertJoins() 函数插入数据库，调用代码如下：

```
insertJoins(event.returnValues.user,
// 把以 wei 为单位的价格转为以 ether 为单位的价格
  web3.utils.fromWei(event.returnValues.price),
  event.transactionHash,
  event.blockNumber )
```

使用 node 重新启动服务：

```
node index.js
```

在 DAPP 前端页面单击"参与众筹"后（如果当前账号参与过，就切换不同的账号参与众筹），如果一切正常，就可以在数据库查询到相应的众筹记录，使用 SQL 语句 select * from joins，如图 9-14 所示。

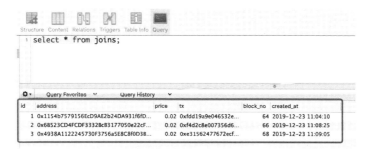

图 9-14　查询数据

在图 9-14 中，显示已经有 3 个用户参与了众筹。

9.6.6　为前端提供众筹记录

通过读取数据库的数据，并在 Express 加入一个路由，接受前端请求后返回读取到的数据，在 index.js 先加入一个 getJoins() 函数来读取数据库数据：

```
// 通过一个回调函数把结果返回
function getJoins(callback) {
// 获取数据库链接
  var connection = getConn();
  connection.connect();

// 查询 SQL
  const query = `SELECT address, price from joins`;
  const params = [];
    // 查询数据库
  connection.query(query, params, (err, rows)=>{
      if(err){
          return callback(err);
      }
      console.log(`result=>`, rows);
      callback(rows);
  });

  connection.end();
}
```

getJoins() 和 insertJoins() 都需要获取数据库链接，为了代码复用，抽象出 getConn()
函数：

```
// 使用自己的 mysql 连接信息
function getConn() {
  return mysql.createConnection({
    host     : 'localhost',
    user     : 'root',
    password : 'root',
    port     : '8889',
    database : 'crowdfund'
  });
}
加入一个新的路由 /joins，代码如下：
app.get('/joins', (req, res) => {
  getJoins( rows=> {
    //  设置允许跨域访问
    res.set({'Access-Control-Allow-Origin': '*'})
    .send(rows)
  });
})
```

使用 node index.js，重新启动 index.js，浏览器访问：http://localhost:3000/joins，将
返回参与众筹用户的 JSON 数组：

```
[
  {
    "address": "0x...b7579156EcD9A...",
    "price": 0.02
  },
  {
    "address": "0x...D4FCDF3332BcB31770...",
    "price": 0.02
  },
  {
    "address": "0x...45730F3756a5E8C8f0D3B...",
    "price": 0.02
  }
]
```

接下来前端组件就可以通过 Ajax 请求访问 http://localhost:3000/joins 接口获取众筹用户列表，前端可以使用 Axios（它是一个基于 promise 的 HTTP 库）来发起 HTTP 请求，在项目根目录下通过 npm 命令来安装 Axios：

```
> npm install axios
```

修改前端 CrowdFund.vue，加入获取众筹列表的 getJoins() 函数：

```
import axios from 'axios'
...
    // 获取众筹列表
    getJoins() {
      axios.get('http://localhost:3000/joins')
        .then(response => {
          this.joinList = response.data
        })
        .catch(function (error) { // Ajax 请求失败处理
          console.log(error);
        });
    }
```

以上代码把 Axios 获取到的众筹列表赋值给 joinList 变量，在 HTML 模板中加入 joinList 的渲染：

```
<!--   如果是创作者，则显示 -->
  <div class="box" v-if="isAuthor">
    <div >
      <p v-bind:key="item" v-for="item in joinList" >
        <label> 地址: {{ item.address }} </label>
        金额: <b> {{ item.price }} </b>
      </p>
    </div>
    <button :disabled="closed" @click="withdrawFund"> 提取资金 </button>
</div>
```

再次用 yarn serve 启动前端应用，浏览器地址栏输入：http://localhost:8080，在 MetaMask 中切换到创作者账号，可以看到输出的众筹列表，效果如图 9-15 所示。

图 9-15　展示众筹列表

到这里，我们就完成在 9.6 节开头所设的目标——创作者查看所有参与用户，我们也简单作一个小结，在众筹 DAPP 案例中，我们通过 Vue.js 开发应用前端，使用 Node.js 后端监控合约事件，并且将一些核心数据用中心化数据库进行了缓存。其实这就囊括所有在 DAPP 开发中涉及的内容。

限于篇幅有限，本节对于 Vue.js、Node.js 以及数据库 MySQL 的使用说明仅仅是抛砖引玉，没有深入介绍，如果读者不熟悉相关知识点，可以进一步阅读相关材料。书中展示的案例代码略有删减，完整代码请查看 GitHub 代码库：https://github.com/xilibi2003/crowdfunding。

9.7　DAPP 去中心化存储

前面实现的 DAPP，不管是投票还是众筹，都通过智能合约实现了规则的透明、运行时的去中心化（假定部署在主网，并公开验证了源码），细心的读者也许会发现一个问题，用户参与交互的前端页面是来自中心化的 Web 服务器，以致我们的去中心化不那么纯粹。

这是当前 HTTP 协议的规则决定的，简单来讲，当我们在浏览器里输入一个 URL 后，总是会先找到这个 URL（域名）对应的服务器 IP 地址（DNS 域名解析），然后请求服务器，并把服务器的响应在浏览器中渲染。

如果中心化服务器对显示内容有完全的控制权，那么内容就有被篡改或删除的风险。

9.7.1 IPFS 协议

IPFS（InterPlanetary File System，星际文件系统）是一种根据内容可寻址、版本化、点对点的分布式存储、传输协议。

我们知道，在现在的网络服务里，内容是基于位置（IP）寻址的，就是说在查找内容的时候，需要先找到内容所在的服务器（根据 IP），然后再到服务器上寻找对应的内容。而在 IPFS 的网络里是根据内容寻址，每一个上传到 IPFS 上面去的文件、文件夹，都是以 Qm 为开头字母的哈希值，无须知道文件存储在哪里，通过哈希值就能够找到这个文件，这种方式叫内容寻址。

IPFS 的目标取代 HTTP，为我们构建一个更好的去中心化的 Web，如果 IPFS 能够得到普及，访问内容就按照如下的方式：

```
ipfs://Qme2qNy61yLj9hzDm4VN6HDEkCmksycgSEM33k4eHCgaVu
ipns://mydoname.io
```

不过当前的浏览器都无法支持 `ipfs://` 文件 hash 访问内容，目前依靠浏览器插件 ipfs 伴侣[①]，通过一个网关访问内容。

IPFS 的几个特点：

（1）当知道一个文件的哈希值之后，可以确保文件不被修改，即可以确保访问的文件是没有被篡改的。因为根据哈希的特点，哪怕源文件有一丁点儿的更改，对应的哈希值也会完全不同。

（2）（理论上）如果 IPFS 得以普及，节点数达到一定规模，内容将永久保存，就算部分节点离线，也不会影响文件的读取。

（3）由于 IPFS 是一个统一的网络，只要文件在网络中被存储过，除了必要的冗余备份，文件不会被重复存储，对比现有互联网的信息孤岛，各中心之间不共享数据，数据不得不重复存储，IPFS 一定意义上节约了空间，使得整个网络带宽的消耗更低，网络更加高效。

（4）相对于中心化存储容易遭受 DDOS 攻击，IPFS 采用分布式存储网络，文件被存储在不同的网络节点，天然避免了 DDOS 攻击，同时，一个文件可以同时从多个节点下载，通信的效率也会更高。

---

① IPFS 伴侣插件：https://github.com/ipfs-shipyard/ipfs-companion。

IPNS

在 IPFS 中，一个文件的哈希值完全取决于其内容，修改它的内容，其对应的哈希值也会发生改变。这样有一个优点是保证文件的不可篡改，提高数据的安全性。但同时我们在开发应用（如 DAPP）时，经常需要更新内容发布新版本，如果每次都让用户在浏览器中输入不同的 IPFS 地址来访问更新后内容的网页，这个体验就会非常糟糕。

IPFS 提供了一个解决方案 IPNS（Inter-Planetary Naming System），它提供了一个被私钥限定的 IPNS 哈希 ID（通常是 PeerID），用来指向具体 IPFS 文件哈希，当有新的内容更新时，就可以更新 IPNS 哈希 ID 的指向。

为了方便读者理解，作一个类比，和 DNS 类似，DNS 记录了域名指向的 IP 地址，如果服务器更改，我们可以更改 DNS 域名指向，保证域名指向最新的服务器。IPNS 则是用一个哈希 ID 指向一个真实内容文件的哈希，文件更新时就可以更改哈希 ID 的指向，当然更新指向需要有哈希 ID 对应的私钥。

9.7.2　IPFS 安装

要使用 IPFS，第一步肯定是先把 IPFS 安装好，IPFS 在 Mac OSX、Linux 及 Window 平台均有提供，可以通过链接 https://dist.ipfs.io/#go-ipfs 下载对应平台可执行文件的压缩包。

对于 Mac OS X 及 Linux 平台，使用以下命令进行安装：

```
$ tar xvfz go-ipfs.tar.gz
$ cd go-ipfs
$ sudo ./install.sh
```

上面先使用 tar 对压缩包进行解压，然后执行 install.sh 进行安装，安装脚本 install. sh 其实就是把可执行文件 ipfs 移动到 $PATH 目录下。安装完成之后，可以在命令行终端敲入 ipfs 试试看，如果显示一堆命令说明，则说明 IPFS 安装成功。

在 Windows 平台也是类似的，把 ipfs.exe 移动到环境变量 %PATH% 指定的目录下。

9.7.3　IPFS 初始化

安装完成之后，使用 IPFS 的第一步，是对 IPFS 进行初始化，使用 ipfs init 进行初始化：

```
> ipfs init
initializing ipfs node at /Users/Emmett/.ipfs
generating 2048-bit RSA keypair...done
peer identity: QmYM36s4ut2TiufVvVUABSVWmx8VvmDU7xKUiVeswBuTva
to get started, enter:

ipfs cat /ipfs/QmS4ustL54uo8FzR9455qaxZwuMiUhyvMcX9Ba8nUH4uVv/readme
```

上面是执行命令及对应输出，在执行 ipfs init 进行初始化时，会执行以下动作：

- 生成一个密钥对并产生对应的节点身份id，在上面ipfs init命令输出的内容提示：peer identity后面的哈希值。节点的身份id用来标识和连接一个节点，每个节点的身份id是独一无二的，因此大家看到的提示也会和这里的不一样。
- 在当前用户的主目录下产生一个.ipfs的隐藏目录，这个目录称之为库（repository）目录，IPFS所有相关的数据都会放在这个目录下。例如，同步文件数据块放在.ipfs/blocks目录，密钥放在.ipfs/keystore目录，IPFS配置文件为.ipfs/config。

9.7.4 上传文件到 IPFS

先创建一个 tinyxiong.txt 文件，可以使用命令行方式创建：

```
> echo "Tiny 熊：深入浅出区块链技术社区发起人，登链学院院长 " >> tinyxiong.txt
```

IPFS 使用 add 命令来添加内容到节点，命令如下：

```
> ipfs add tinyxiong.txt
added QmcPwAPCWkwi5pHqxmPPwgS9vMEx7okvaX2tYkCSxeg5kj tinyxiong.txt
 74 B / 74 B [===================================]100%
```

当它把文件添加到节点时，会为文件生成唯一的哈希：QmcPwAPCWkwi5pHqxmPPwgS9vMEx7okvaX2tYkCSxeg5kj，可以使用 ipfs cat 查看文件的内容：

```
> ipfs cat QmcPwAPCWkwi5pHqxmPPwgS9vMEx7okvaX2tYkCSxeg5kj
Tiny 熊：深入浅出区块链技术社区发起人，登链学院院长
```

注意：此时文件仅仅是在本地的 IPFS 节点中，如果需要把文件同步到网络，就需要开启 daemon 服务，使用命令：

```
> ipfs daemon
Initializing daemon...
go-ipfs version: 0.4.22-
Repo version: 7
System version: amd64/darwin
Golang version: go1.12.7
Swarm listening on /ip4/127.0.0.1/tcp/4001
Swarm listening on /ip4/192.168.2.13/tcp/4001
Swarm listening on /ip6/::1/tcp/4001
Swarm listening on /p2p-circuit
Swarm announcing /ip4/127.0.0.1/tcp/4001
Swarm announcing /ip4/192.168.2.13/tcp/4001
Swarm announcing /ip6/::1/tcp/4001
API server listening on /ip4/127.0.0.1/tcp/5001
WebUI: http://127.0.0.1:5001/webui
Gateway (readonly) server listening on /ip4/127.0.0.1/tcp/8080
Daemon is ready
```

开启 daemon 之后，它就会尝试连接其他的节点，同步数据，通过以下命令可以获得它所连接节点的信息：

```
> ipfs swarm peers
/ip4/104.248.240.207/tcp/4001/ipfs/QmYhbZDN1j5ZGwGzdNZGgAtoUSt9tSwbUvh
n71CgyfCyyL
/ip4/139.99.203.209/tcp/4001/ipfs/QmaUAaUauTfes3pGa9EnkrcsdQhT6DAR3HeF
4Y1TfKGm72
/ip4/140.123.97.118/tcp/4001/ipfs/QmQDLDU81cCdG9fuLr9QnvrtLEXXXGQNv14s
DZFLfTuuCU
/ip4/147.75.45.187/tcp/4001/ipfs/QmSPz3WfZ1xCq6PCFQj3xFHAPBRUudbogcDPS
MtwkQzxGC
/ip4/147.75.70.221/tcp/4001/ipfs/Qme8g49gm3q4Acp7xWBKg3nAa9fxZ1YmyDJdy
GgoG6LsXh
...
```

同时，在本地还会开启两个服务：API 服务及 Web 网关服务。

Web 网关服务默认在 8080 端口，由于当前浏览器还不支持通过 IPFS 协议（ipfs://）来访问文件，如果我们要在浏览器里访问文件的话，就需要借助于 IPFS 提供的网关服务，由浏览器先访问网关，网关去获取 IPFS 网络上的文件。刚刚上传的文件可以通过这个链接访问：http://127.0.0.1:8080/ipfs/QmcPwAPCWkwi5pHqxmPPwgS9vMEx7okvaX2tYkCSxeg5kj，浏览器访问后的结果如图 9-16 所示。

图 9-16　IPFS 网管访问截图

IPFS 也提供了官方的网关服务：https://ipfs.io/，因此也可以通过 https://ipfs.io/ipfs/QmcPwAPCWkwi5pHqxmPPwgS9vMEx7okvaX2tYkCSxeg5kj 来访问刚刚上传到 ipfs 的文件。

Infura 也提供了 IPFS 网关服务，通过 https://ipfs.infura.io/ipfs/QmcPwAPCWkwi5pHqxmPPwgS9vMEx7okvaX2tYkCSxeg5kj 也同样可以访问到 tinyxiong.txt。

API 服务配套了一个 IPFS Web 版的管理控制台，可以通过 http://localhost:5001/webui 进行访问，通过这个控制台添加文件、查看节点连接情况等，如图 9-17 所示。

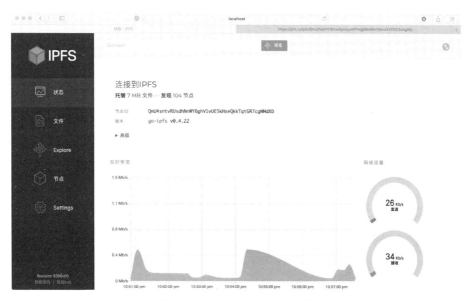

图 9-17　IPFS 管理控制台界面

9.7.5 上传目录到 IPFS

我们先创建一个文件夹 upchain，并把之前的 tinyxiong.txt 放进目录：

```
> mkdir upchain
> mv tinyxiong.txt  upchain
```

上传目录到 IPFS 需要在使用 add 命令时加上 -r，示例如下：

```
> ipfs add -r upchain
added  QmcPwAPCWkwi5pHqxmPPwgS9vMEx7okvaX2tYkCSxeg5kj  upchain/
tinyxiong.txt
added QmcbnUuTyuqGErHtbdpn6Tmr5zXJzBHN4Vs26LsiEv1fo7 upchain
 74 B / 74 B [==============================] 100.00%
```

在上传文件夹时，文件夹也会生成一个对应的哈希，可以通过哈希后接文件名来进行访问，例如：

```
> ipfs cat QmcbnUuTyuqGErHtbdpn6Tmr5zXJzBHN4Vs26LsiEv1fo7/tinyxiong.txt
Tiny 熊：深入浅出区块链技术社区发起人，登链学院院长
```

在浏览器地址栏可以输入：http://127.0.0.1:8080/ipfs/QmcbnUuTyuqGErHtbdpn6Tmr5zXJzBHN4Vs26LsiEv1fo7/tinyxiong.txt 来访问文件。

通过上传目录的方式，我们可以把 DAPP 前端的整个目录上传到 IPFS，实现前端的去中心化。不过，如果页面不是使用相对路径引用 css、js 等文件的话，通过 IPFS 访问 index.html 时，页面控制台会提示一些 404 错误，找不到相应的引用文件，有兴趣的读者可以自己尝试一下，下面要介绍的 Embark 框架集成了 IPFS，就可以解决这个问题。

9.8 Embark 框架

9.8.1 Embark 概述

和前面介绍的 Truffle 类似，Embark 也是一个功能强大的 DAPP 开发框架，它可以帮助开发者快速构建和部署 DAPP。Embark 不单可以与以太坊区块链通信，还集成了

IPFS/Swarm 去中心化存储和 Whisper 网络通信功能。

Embark 有以下特点：

- 合约自动部署，Embark启动后会监听合约的更改，并自动部署。
- 提供命令行工具，比如可直接与合约交互等。
- 提供了非常方便的Debug和测试工具。
- 集成去中心化存储IPFS等，可以方便地把DAPP部署到IPFS等网络上，实现完全的去中心化。
- 方便使用Whisper协议实现点对点的信息通信。
- 提供状态面板（dashboard）及Cockpit辅助应用程序，方便查看合约信息、账号信息、交易状态等，甚至进行代码修改及调试。

9.8.2 Embark 安装

Embark 安装前需要先安装 Geth、IPFS，在 Geth 安装及 IPFS 安装完之后，通过 NPM 安装 Embark：

```
> npm -g install embark
```

可以通过查看软件版本来验证安装是否正确：

```
> geth version
> ipfs --version
> embark --version
```

9.9 Embark 重写投票 DAPP

9.9.1 创建 Embark 项目

Embark 提供 new 命令创建新项目，命令如下：

```
> embark new <YourDAPPName>
```

控制台输入 embark new embark-election 命令后，会利用模板创建一个名为 embark-election 的项目，并安装好相应的依赖库，以下是 embark new embark-election 的运行输出：

```
> embark new embark-election
Initializing Embark template...
Installing packages...
Init complete

App ready at embark-election
```

来看一下 embark 项目的文件结构。

9.9.2 Embark 项目结构

进入 embark-election 之后，可以看到项目下主要包含了以下文件：

```
├── app
│     └── css/
│     └── js/
│     │      └── index.js
│     └── index.html
├── contracts/
├── config
│     ├── blockchain.js
│     └── contracts.js
│     └── storage.js
│     └── communication.js
│     └── webserver.js
└── test/
└── dist/
└── embark.json
```

- app：DAPP的前端代码放在这个目录下，前端代码可以使用自己喜欢的框架来编写，如Vue、Angular、React等。
- contracts：智能合约的源代码放在这个目录下，Embark启动后，默认会跟踪文件夹下合约文件的变化，自动编译部署合约。
- config：包含了不同模块的配置。

    ○ blockchain.js：连接区块链的网络配置，如rpc地址、端口、账号等。

    ○ contracts.js：配置DAPP连接及部署合约参数等。

    ○ storage.js：配置分布式存储组件（如IPFS）及相应连接参数。

    ○ communication.js：配置通信协议（如Whisper）及相应连接参数。

    ○ webserver.js：配置启动DAPP的Web服务，如服务地址和端口。config下的每
      个配置文件都有默认配置。

■ test：合约测试脚本放在这个目录下，支持使用Solidity和JavaScript编写测试用例。

■ dist：DAPP构建后，所有需要部署的文件都放置在这个目录内。

■ embark.json：Embark项目本身的配置，比如可以更改项目的目录结构、编译器版
本等。

9.9.3 编写合约及部署

在项目的 contracts 目录下新建一个合约文件 Election.sol，在前面第 4 节，已经编写
过这个代码，可以直接复制过来。

Embark 合约部署的配置在 config/contracts.js，在 deploy 字段加入 Election 合约：

```
deploy: {
  Election: {
  }
}
```

现在运行 embark run，Embark 会自动编译及部署 Election.sol 到 config/blockchain.js
配置的 development 网络。因为 embark run 等价 embark run development（最后一个参数
表示对应的网络）。

blockchain.js 中的 development 网络是使用 ganache-cli 启动的网络，其配置如下：

```
development: {
  client: 'ganache-cli',
  clientConfig: {
    miningMode: 'dev'
  }
}
```

Embark 启动后，Election.sol 合约的部署日志会在 Embark 的 DashBoard 和 Cockpit 中看到，类似下面的内容：

```
deploying Election with 351122 gas at the price of 1 Wei, estimated
cost: 351122 Wei (txHash: 0x9da4dfb951149...d5c306dcabf300a4)
Election deployed at 0x10C257c76Cd3Dc35cA2618c6137658bFD1fFCcfA using
346374 gas (txHash: 0x9da4dfb951149ea4...d5c306dcabf300a4)
finished deploying contracts
```

9.9.4 Embark DashBoard

Embark 框架提供的 DashBoard 和 Cockpit，是两个非常强大的开发者工具，图 9-18 所示是 DashBoard 的界面截图。

图 9-18　DashBoard 的界面截图

在这个面板中可以看到合约的部署状态、部署地址、当前连接的网络、服务的状态以及 Embark 运行日志，在 DashBoard 最下方还有一个交互式控制台，在这个控制台可以直接使用 Web3 API，并且可以直接使用合约名调用合约方法，例如调用 candidatesCount 获得有多少个候选人：

```
Embark (developmeng) > Election.methods.candidatesCount().call()
```

结果会在日志区域输出。也可以直接使用 web3 对象，如果要发起一个转账，可以输入以下命令：

```
Embark (developmeng) >web3.eth.sendTransaction({to: "0x...", value:
web3.utils.toWei("20") })
```

交易式控制台也可以直接通过命令 embark console 进入。

9.9.5　Embark Cockpit

Cockpit 比 DashBoard 更为强大，它集合了 DashBoard、区块链浏览器、代码编辑 IDE（包含代码的编辑、编译运行及调试）以及一些常用工具集。

DashBoard 的日志里提供了一个链接用来进入 Cockpit，注意查看一下日志：

```
Enter the Cockpit with the following url: http://localhost:55555?token=
f15105c9-c345-4f63-84ef-a5dffac2890c
```

URL 中的 token 是基于安全考虑的，防止其他人通过 Cockpit 访问到我们的 Embark 进程，也可以通过在控制台中输入 token 命令来获得 token 的值。

进入 Cockpit，顶部的 5 个菜单——Dashboard、Deployment、Explorer、Editor、Utils，分别对应 5 个功能，我们看看区块链浏览器 Explorer（见图 9-19）及代码编辑器的界面（见图 9-20）。

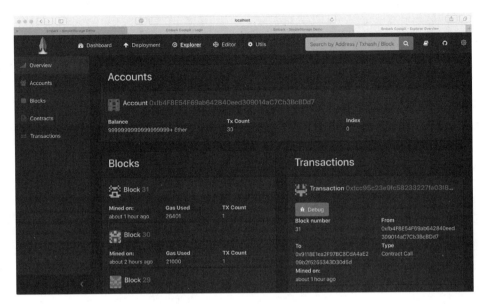

图 9-19　Cockpit 区块链浏览器

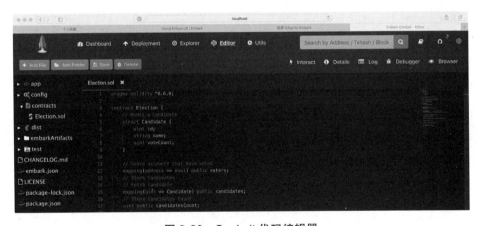

图 9-20　Cockpit 代码编辑器

在 Cockpit 中对代码的更改可直接保存到本地文件系统，非常方便。

9.9.6　Embark Artifacts

合约已经部署好了，接下来需要编写前端与合约交互。Embark 提供了一个 EmbarkJS

的 JavaScript 库，来帮助开发者和合约进行交互。

在使用 web3.js 时，跟合约交互需要知道合约的 ABI 及地址，以创建 JS 环境中对应的合约对象，一般代码是这样的：

```
// 需要 ABI 及地址创建对象
var myContract = new web3.eth.Contract([...ABI...], '0xde0B295...
f4cb697BAe');
```

Embark 在 编 译 部 署 后，每 个 合 约 会 生 成 一 个 对 应 的 构 件 Artifact（可 以 在 embarkArtifacts/contracts/ 目录下找到这些文件），我们可以直接使用 Artifact 生成的合约对象调用合约。

一个构件通常会包含合约的 ABI、部署地址、启动代码及其他的配置数据。

查看一下 Election.sol 对应的构件 Election.js 代码就更容易理解上面这句话：

```
import EmbarkJS from '../embarkjs';

let ElectionJSONConfig = {"contract_name":"Election","address":"0x....",
"code":"...", ... ,"abiDefinition":[...]};

let Election = new EmbarkJS.Blockchain.Contract(ElectionJSONConfig);

export default Election;
```

Election.js 最后一行导出了一个与合约同名的 JavaScript 对象，接下来我们看看怎么使用这个对象。

9.9.7 前端 index.html

在使用 embark new embark-election 创建项目时，前端 app/ 目录下生成了一个 index.html：

```
<html>
  <head>
    <title>Embark</title>
    <link rel="stylesheet" href="css/app.css">
```

```
    <script src="js/app.js"></script>
  </head>
<body>
    <h3>Welcome to Embark!</h3>
  </body>
</html>
```

这里有一个地方需要注意一下，第 4.5 行引入了 css/app.css 和 js/app.js，而其实 app/ 下并没有这两个文件，这两个文件其实是按照 embark.json 配置的规则生成的。

embark.json 关于前端的配置如下：

```
"app": {
  "css/app.css": ["app/css/**"],
  "js/app.js": ["app/js/index.js"],
  "images/": ["app/images/**"],
  "index.html": "app/index.html"
},
```

"css/app.css": ["app/css/**"] 表示所有在 app/css/ 目录下的文件会被压缩到 dist 目录下的 css/app.css，app/js/index.js 则会编译为 js/app.js，其他的配置类似。

embark 以这个方式来统一引用 css 及 js 代码文件，应该就是为了在 IPFS 之类的去中心化存储上访问起来更方便，在 IPFS 上传整个目录时，只能以相对路径去访问资源。

接下来修改前端部分的代码，主要是在 index.html 的 body 加入一个 table 标签用来显示候选人，以及加入一个投票框，示例代码如下（节选）：

```
<table class="table">
  <thead>
    <tr>
      <th scope="col">#</th>
      <th scope="col">候选人 </th>
      <th scope="col">得票数 </th>
    </tr>
  </thead>
  <tbody id="candidatesResults">
  </tbody>
</table>
```

```
<div class="form-group">
<label for="candidatesSelect">选择候选人 </label>
<select class="form-control" id="candidatesSelect">
</select>
</div>
```

我们使用了 bootstrap 前端样式库，把文件拷贝到 app/css 目录下，接下来看关键的一步：前端如何与合约交互。

9.9.8 使用 Artifacts 与合约交互

EmbarkJS 连接 Web3

创建项目时生成的 app/js/index.js 产生了如下代码：

```
import EmbarkJS from 'Embark/EmbarkJS';

EmbarkJS.onReady((err) => {
  // You can execute contract calls after the connection
});
```

这段代码里，EmbarkJS 为我们准备了一个 onReady 回调函数，这是因为 EmbarkJS 会自动帮我们完成与 web3 节点的连接与初始化，当这些就绪后会回调用在 onReady 注册的函数上，前端就可以和链进行交互了。

大家也许会好奇，EmbarkJS 怎么知道我们需要连接那个节点呢？其实在 config/contracts.js 中有一个 DAPPConnection 配置项：

```
DAPPConnection: [
  "$EMBARK",
  "$WEB3",    // 使用浏览器注入的 web3，如 MetaMask 等
  "ws://localhost:8546",
  "http://localhost:8545"
],
```

$EMBARK 是 Embark 在 DAPP 和节点之间实现的一个代理，使用 $EMBARK 有几个好处：

（1）可以在 config/blockchain.js 配置与 DAPP 交互的账号 accounts。

（2）可以更友好地看到交易记录。

EmbarkJS 会从上到下依次尝试 DAPPConnection 提供的链接，如果有一个可以链接上，就会停止尝试。

获取合约数据渲染界面

当 EmbarkJS 环境准备好后，在 onReady 回调函数中，就可以使用构件 Election.js 获取合约数据，如获取调用合约进而获得候选人数量：

```
import EmbarkJS from 'Embark/EmbarkJS';
import Election from '../../embarkArtifacts/contracts/Election.js';

EmbarkJS.onReady((err) => {
    Election.methods.candidatesCount().call().then(count => console.
log(" candidatesCount: " + count);
    );
});
```

代码中直接使用构件导出的 Election 对象，调用合约方法为 Election.methods.candidatesCount().call()，调用合约方法与 web3.js 一致。

了解完如何与合约交互，接下来渲染界面就简单了，我们把代码整理下，分别定义 3 个函数：App.getAccount()、App.render()、App.onVote() 来获取当前账号（需要用来判断哪些账号投过票）、界面渲染、处理投票。

```
EmbarkJS.onReady((err) => {
  App.getAccount();
  App.render();
  App.onVote();
});
```

App.getAccount() 的实现如下：

```
import "./jquery.min.js"

var App = {
  account: null,

  getAccount: function() {
```

```
    web3.eth.getCoinbase(function(err, account) {
      if (err === null) {
        App.account = account;
        console.log(account);
        $("#accountAddress").html("Your Account: " + account);
      }
    })
  },
}
```

在代码中，我们直接使用了 web3 对象，就是因为 EmbarkJS 帮我们进行了 web3 的初始化。另外，我们引入 jquery.min.js 来进行 UI 界面的渲染。

App.render() 的实现（主干）如下：

```
render: function () {
    Election.methods.candidatesCount().call().then(
      candidatesCount =>
      {
        var candidatesResults = $("#candidatesResults");
        var candidatesSelect = $('#candidatesSelect');

        for (var i = 1; i <= candidatesCount; i++) {
                Election.methods.candidates(i).call().
then(function(candidate) {

                var id = candidate[0];
                var name = candidate[1];
                var voteCount = candidate[2];

                // Render candidate Result
                  var candidateTemplate = "<tr><th>" + id + "</th><td>" +
name + "</td><td>" + voteCount + "</td></tr>";
                candidatesResults.append(candidateTemplate);

                // Render candidate ballot option
                  var candidateOption = "<option value='" + id + "' >" +
name + "</ option>";
                candidatesSelect.append(candidateOption);
```

```
      });
    }
  });
}
```

App.onVote() 的实现（主干）如下：

```
onVote: function() {
  $("#vote").click(function(e){
    var candidateId = $('#candidatesSelect').val();
    Election.methods.vote(candidateId).send()
    .then(function(result) {
      App.render();
    }).catch(function(err) {
      console.error(err);
    });
  });
}
```

9.9.9 Embark 部署

使用 embark run 时，Embark 会为我们启动一个 Geth 或 ganache-cli 的本地网络部署合约，以及在 8000 端口上启用一个本地服务器来部署前端应用，我们在浏览器输入 http://localhost:8000/ 就可以看到 DAPP 界面，如图 9-21 所示。

图 9-21　DAPP 界面

当我们的 DAPP 在测试环境通过后，就可以部署到以太坊的主网。

利用 Infura 部署合约

要部署到主网，需要在 blockchain.js 中添加一个主网网络，这里以测试网 Ropsten 网络为例：

```
ropsten: {
    endpoint: "https://ropsten.infura.io/v3/d3fe47c...4f",
    accounts: [
      {
        mnemonic: " 你的助记词 ",
        hdpath: "m/44'/60'/0'/0/",
        numAddresses: "1"
      }
    ]
  }
```

如果我们没有自己的主网节点，可以使用 endpoint 来指向外部节点，最常用的就是 Infura。

添加好配置之后，使用 build 命令来构建主网发布版本：

```
> embark build ropsten  # 最后是网络参数
```

所有的文件生成在 dist 目录下，把它们部署到线上服务器就完成了部署。

DAPP 部署到 IPFS

由于 Embark 集成了 IPFS 服务，可以直接使用 embark upload 命令把 DAPP 部署到 IPFS，如使用 embark upload ropsten 命令：

```
> embark upload ropsten

ipfs process started
loading solc compiler...
compiling solidity contracts...
deploying contracts
Election already deployed at 0x9352fF41...
finished deploying contracts
√ Pipeline: Finished bundling DAPP in 16s
```

```
...

deploying to ipfs!
=== adding dist/ to ipfs
"/usr/local/bin/ipfs" add -r dist/
...
added Qmag282nZorArjnANi1iU6KUVvpkKS1q9N4faWypQVyKuT dist/contracts/
Election.json
added QmYUaCPwvJWiueRXFSTTv8vdedWWzRhRdn8RMw35e7k67u dist/css/app.css
added QmcSQ39mFCafJWU2zbyGtvDxSqfMkzz9qaiVWT8An4iwEP dist/index.html
added QmP5ZzDzVMDoxGasvqw1KwqyiN7DZHWD62pLUzYP8xHNrB dist/js/app.js
added QmbrdYsmvT31dFHsbj1YyFgRFYHv7efKBfYEUDi4E8FEqu dist/contracts
added QmUTu9K5TwZQsiQuH1146ncgFUfCSZfyDUTv86oDkqoiem dist/css
added QmNvk7qMTpwjFeJvjNj7MkkkuqFDhu3NYvyE2F8JuMDi6H dist/js
added QmQWecdHKjXUpKCvEV4JWveEo2QqMaeEVs6UN4k7nbU6e1 dist

=== DAPP available at http://localhost:8080/ipfs/QmQWecdHKjXUpKCvEV4JW
veEo2QqMaeEVs6UN4k7nbU6e1/
=== DAPP available at https://ipfs.infura.io/ipfs/QmQWecdHKjXUpKCvEV4J
WveEo2QqMaeEVs6UN4k7nbU6e1/
```

  embark upload 的日志会输出具体上传了哪些内容，上传完成之后，控制台会提示我们可以通过多个 IPFS 网关访问 DAPP，例如本地的 IPFS 网关可以使用链接：http://localhost:8080/ipfs/QmQWecdHKjXUpKCvEV4JWveEo2QqMaeEVs6UN4k7nbU6e1/，显示的内容和之前用 http://localhost:8000 访问的内容一样。

  部署之后，就可以通过 IPFS 网络来访问 DAPP。

第10章
以太坊钱包开发

数字钱包是我们和区块链世界交互的媒介，这一章，我们来探索实现一个简单的钱包。开头部分会先介绍钱包的理论知识，后面带大家一起来实现一个 Web 版本的钱包。

10.1　数字钱包基础

我们早就接受了"钱包是用来存钱的"这个概念，然而，区块链中的钱包却有一点点不一样，钱包是用来"管"钱（数字资产）的，而不是存钱的，这是怎么回事呢？

链上的数字资产都会对应到一个账号地址上，只有拥有账号的钥匙（私钥）才可以对资产进行消费（用私钥对消费交易进行签名）。私钥和地址的关系如图 10-1 所示。

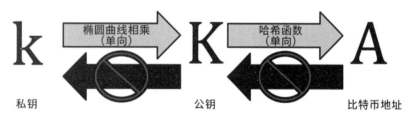

图 10-1　私钥、公钥及地址关系

> 提示：在第 4 章，我们也介绍过账号的概念，不过在第 4 章使用的词是账户，本章更多使用的是账号，它们其实并没有严格的区分，在第 4 章我们侧重介绍其在系统内的形式，本章中我们侧重介绍其地址形式：0xea674...ec8，看上去就是一串号码，因此用账号。

一句话概括就是：**私钥通过椭圆曲线生成公钥，公钥通过哈希函数生成地址，这两个过程都是单向的**。

实际上，数字钱包是一个管理私钥的工具，例如生成一个新私钥（即创建账号）、加密存储私钥、用私钥签名等。钱包并不保存数字资产，所有的数字资产都存储在链上。

私钥

钱包的功能都是基本围绕着私钥的，私钥是一个 32 字节的数，**生成一个私钥本质上是在 1 到 2^{256} 之间随机选一个数字**。因此生成密钥的第一步，也是最重要的一步，是要找到足够安全的随机源。密码学认为，随机应该是不可预测及不可重复的，比如可以掷硬币 256 次，用纸和笔记录正反面并转换为 0 和 1，随机得到的 256 位二进制数字可作为钱包的私钥。

从编程的角度来看，一般是通过在一个密码学安全的随机源（不建议大家自己去写一个随机数）中取出一长串随机字节，对其使用 SHA256 哈希算法进行运算，这样就可以方便地产生一个 256 位的数字。

10.2　钱包相关提案

钱包实际上也是一个私钥的容器。通常，为了更好地保护隐私，一个人会有很多账号的需求，那么就有一堆私钥需要维护管理，加大了钱包及持有人的负担（例如，每个私钥都是完全随机的，备份私钥就会特别麻烦），比特币社区因此提出了一系列改进提案（Bitcoin Improvement Proposal，简称 BIP，如 BIP32 表示第 32 个改进提案）来方便及规范钱包管理私钥，以太坊也继承了这些提案，因此不要奇怪为什么要介绍比特币提案。

10.2.1 BIP32 分层推导

最早期的比特币钱包其实就是一堆相互毫无关系的私钥，还有一个昵称：Just a Bunch Of Keys（一堆私钥）。BIP32 提案 [①] 为了解决这种混乱，提出一个办法，它根据一个随机数种子通过分层确定性推导的方式得到 n 个私钥。这样，在保存的时候，只需要保存一个种子就可以推导出私钥，如图 10-2 所示。

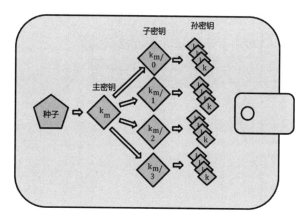

图 10-2　BIP32 推导图（1）

图 10-2 中的孙密钥可以用来签发交易，BIP32 提案的全称是 Hierarchical Deterministic Wallets，也就是我们所说的 **HD 钱包**。

BIP32 分层推导的过程是这样的：第一步，利用随机方式选择一个根种子，再用哈希计算推导出主密钥，如图 10-3 所示。

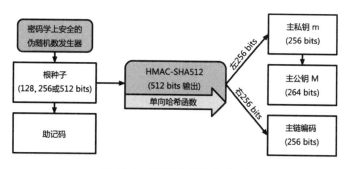

图 10-3　BIP32 推导图（2）

[①]　参见 https://github.com/bitcoin/bips/blob/master/bip-0032.mediawiki。

根种子通过 HMAC-SHA512 算法哈希计算后的结果分为两部分，一边的 256 用来作为主私钥 (m)，另一边的 256 作为主链编码（a master chain code）。接着是第二步，用生成的密钥（由私钥或公钥）及主链编码再加上一个索引号，将作为 HMAC-SHA512 算法的输入继续衍生出下一层的私钥及链编码，如图 10-4 所示。

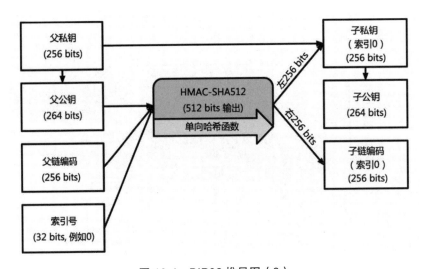

图 10-4　BIP32 推导图（3）

衍生推导的方案其实有两个：一个是用父公钥推导，一个是用父私钥推导（被称作强化衍生方程）。同时，为了区分这两种不同的衍生推导方案，在索引号上也进行了区分，索引号小于 2^{31} 用于常规衍生，而 2^{31} 到 $2^{32}-1$ 之间用于强化衍生，为了方便表示，索引号 i'，表示 $2^{31}+i$。

因此增加索引（水平扩展）及通过子密钥向下一层（深度扩展）可以无限生成私钥。

并且这个推导过程具备确定性及单向性的特点：确定性是指相同的输入，总是有相同的输出；单向性是指子密钥不能推导出同层级的兄弟密钥，也不能推出父密钥。如果没有子链编码也不能推导出孙密钥。

现在我们已经对分层推导有了初步的认识，一句话概括 BIP32 就是：**分层推导方案主要为了避免管理一堆私钥的麻烦。**

10.2.2　密钥路径及 BIP44

通过 BIP32 分层（树状结构）推导出来的密钥，通常用路径来表示，每个级别之间用斜杠 "/" 来分隔，由主私钥衍生出的私钥起始以 "m" 打头。因此，第一个主私钥生成的子私钥是 m/0。第一个公钥是 M/0。第一个子密钥的子密钥就是 m/0/1，依此类推。

BIP44 则是为这个路径约定了一个规范的含义（也扩展了对多币种的支持），BIP44 指定了包含 5 个预定义树状层级的结构：

```
m/purpose'/coin'/account'/change/address_index
```

purpose：Purpose 是固定的，值为 44（或者 0x8000002C），即当前提案的编号。

Coin：代表币种，0 代表比特币，1 代表比特币测试链，60 代表以太坊[①]。

Account：代表这个币的账号编号，从 0 开始。

Change：常量 0 用于外部可见地址（如收款地址），常量 1 用于内部（如找零地址）。

address_index：地址索引，从 0 开始，代表生成第几个地址，官方建议每个 account 下的 address_index 不要超过 20。

以太坊钱包也遵循 BIP44 标准，使用的路径是 m/44'/60'/a'/0/n。

a 表示账号（通常为 0），n 是生成的第 n 个地址，60 是在 SLIP44 提案[②]中确定的以太坊的编码。

所以我们要开发以太坊钱包同样需要对比特币的钱包提案——BIP32、BIP39 有所了解。

一句话概括 BIP44 就是：**给 BIP32 的分层路径定义规范。**

10.2.3　BIP39

BIP32 提案可以让我们保存一个随机数种子（通常用 16 进制数表示），而不是一堆密钥，确实方便一些，不过用户备份它时依旧要小心翼翼，千万不能抄错一个字母。此时使用 BIP39[③]就方便很多，它用助记词的方式生成种子，这样用户只需要记住 12（或 24）个单词，然后让单词序列通过 PBKDF2 与 HMAC-SHA512 函数，进而创建出随机种

---

① BIP44 币种列表：https://github.com/satoshilabs/slips/blob/master/slip-0044.md。

② 参见 https://github.com/satoshilabs/slips/blob/master/slip-0044.md。

③ 参见 https://github.com/bitcoin/bips/blob/master/bip-0039.mediawiki。

子作为 BIP32 的种子。

可以简单作一个对比，下面哪一个种子备份起来更友好：

```
// 随机数种子
090ABCB3A6e1400e9345bC60c78a8BE7
// 助记词种子
candy maple cake sugar pudding cream honey rich smooth crumble sweet
treat
```

使用助记词作为种子其实包含两个部分：生成助记词以及用助记词推导出随机种子。下面分析这整个过程。

10.2.4 生成助记词

生成助记词的过程是这样的：先生成一个 128 位的随机数，再加上随机数校验码占 4 位，得到 132 位的一个数，然后按每 11 位做切分，这样就有了 12 个二进制数，然后用每个数去查 BIP39 定义的单词表[①]，这样就得到 12 个助记词，这个过程如图 10-5 所示。

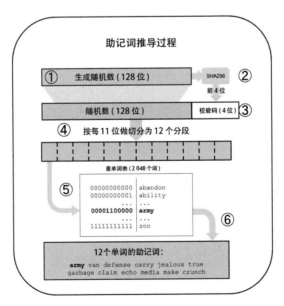

图 10-5　助记词推导（1）

---

① BIP39 定义的单词表：https://github.com/bitcoin/bips/blob/master/bip-0039/bip-0039-wordlists.md。

下面是使用 BIP39 生成助记词的一段代码：

```
var bip39 = require('bip39')
// 生成助记词
var mnemonic = bip39.generateMnemonic()
console.log(mnemonic)
```

10.2.5　用助记词推导出种子

这个过程使用密钥拉伸（Key stretching）函数，这个函数被用来增强弱密钥的安全性，PBKDF2 是常用的密钥拉伸算法中的一种。PBKDF2 的基本原理是通过一个伪随机函数（例如 HMAC 函数），把助记词明文和盐作为输入参数，然后进行重复运算最终生成一个更长的（512 位）密钥种子。这个种子再构建出一个确定性钱包并派生出它的密钥。

密钥拉伸函数需要两个参数：助记词和盐。盐由常量字符串"mnemonic"及一个可选的密码组成，可以用来增加暴力破解的难度。注意使用不同密码，拉伸函数就可以在使用同一个助记词的情况下产生若干个不同的种子，这个过程如图 10-6 所示。

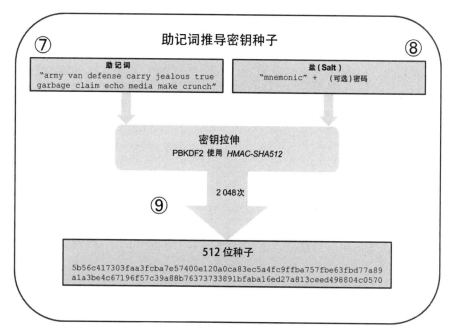

图 10-6　助记词推导（2）

密码可以作为附加的安全因子来保护种子，即使助记词的备份被窃取，也可以保证钱包的安全（这要求密码有足够的复杂度和长度），不过从另外一方面来说，如果我们忘记密码，那么将无法恢复我们的数字资产。

下面是一段 JavaScript 代码，完整地表示账号推导过程：

```javascript
var hdkey = require('ethereumjs-wallet/hdkey')
var util = require('ethereumjs-util')

var seed = bip39.mnemonicToSeed(mnemonic, "pwd");
var hdWallet = hdkey.fromMasterSeed(seed);

var key1 = hdWallet.derivePath("m/44'/60'/0'/0/0");
console.log("私钥: "+util.bufferToHex(key1._hdkey._privateKey));

var address1 = util.pubToAddress(key1._hdkey._publicKey, true);
console.log("地址: "+util.bufferToHex(address1));
console.log("校 验 和 地 址: "+ util.toChecksumAddress(address1.toString('hex')));
```

校验和地址是 EIP-55[1] 中定义的对大小写有要求的一种地址形式。

一句话概括 BIP39 就是：**通过定义助记词让种子的备份更加友好。**

10.3 钱包功能

了解完前面关于钱包的基础理论之后，我们进入开发部分，开发一个去中心化的数字钱包。去中心化钱包指的是账号密钥的管理、交易的签名都是在客户端完成，即私钥的信息都是在用户手中，钱包的开发者（项目方）接触不到私钥的信息。

> **相应地，如果私钥保存在项目方的服务器中，则称为中心化钱包。**

梳理一下钱包通常包含的功能：

- 账号管理（主要是私钥的管理），如创建账号、账号导入导出。

---

[1] EIP-55 校验和地址：https://learnblockchain.cn/docs/eips/eip-55.html。

■ 账号信息展示：如以太币余额、Token（代币）余额。

■ 转账功能：发送以太币及发送Token（代币）。

接下来，我们会逐一介绍如何实现这些功能，我们选择了基于 ethers.js[①] 库来开发这款钱包。ethers.js 和 web3.js 一样，也是一套和以太坊区块链进行交互的库，选择 ethers.js 的原因是，ethers.js 对账号相关的提案进行了实现。

钱包的完整代码上传在作者的 Github，代码地址：https://github.com/xilibi2003/EthWebWallet。

> 本章我们开发的是一个 Web 钱包，不过对于一般用户而言，使用最多的是移动端（安卓及 iOS）的钱包，选择以 Web 钱包为案例，是想在尽可能少的技术路线依赖下，把钱包原理及相关技术点介绍清楚。如果读者需要实现一个移动端钱包，作者开源了一个颇受欢迎的安卓版钱包可供参考，地址为：https://github.com/xilibi2003/Upchain-wallet。

10.4　创建钱包账号

通过前面的介绍，我们知道创建账号可以有两种方式。

■ 方式一：随机生成一个32字节的数当成私钥。

■ 方式二：通过助记词进行确定性推导得出私钥。

10.4.1　随机数为私钥创建账号

即方式一，可以使用 ethers.utils.randomBytes 生成一个随机数，然后使用这个随机数来创建钱包，代码如下：

```
var privateKey = ethers.utils.randomBytes(32);
var wallet = new ethers.Wallet(privateKey);
console.log("账号地址 : " + wallet.address);
```

---

① ethers.js 中文文档：https://learnblockchain.cn/docs/ethers.js/。

上面代码的 wallet 是 ethers 中的一个钱包对象，它除了有代码中出现的 .address 属性之外，还有如获取余额、发送交易等方法，我们在后面会作进一步介绍。

ethers.utils.randomBytes 生成的是一个字节数组，如果想用十六进制数显示，需要转化为 BigNumber[①]，代码如下：

```
let keyNumber = ethers.utils.bigNumberify(privateKey);
console.log(randomNumber._hex);
```

现在我们结合界面（如图 10-7 所示），完整地实现通过加载私钥创建账号。

私钥方式

私钥: `0xe40791401e3b397e69a84c56643fb73fea7879faeb2acd11bfdf8`

加载私钥

图 10-7　加载私钥 UI

HTML 界面代码如下：

```
...
<table>
    <tr>
        <th>私钥:</th>
        <td><input type="text" placeholder="(private key)" id="select-privatekey" /></td>
    </tr>
    <tr>
        <td> </td>
        <td>
            <div id="select-submit-privatekey" class="submit">加载私钥</div>
        </td>
    </tr>
</table>
...
```

---

① 一个在 JavaScript 处理大数的数据结构，用来解决原生 JavaScript 处理大数时存在精度问题。

以上代码在 table 表格中定义一个输入框和按钮，对应的 JavaScript 逻辑代码如下：

```
// 使用 jQuery 获取两个 UI 标签
var inputPrivatekey = $('#select-privatekey');
var submit = $('#select-submit-privatekey');

// 生成一个默认的私钥
let randomNumber = ethers.utils.bigNumberify(ethers.utils.
randomBytes(32));
inputPrivatekey.val(randomNumber._hex);

// 单击"加载私钥"时，创建对应的钱包
submit.click(function() {
    var privateKey = inputPrivatekey.val();
     if (privateKey.substring(0, 2) !== '0x') { privateKey = '0x' +
privateKey; }
    var wallet = new ethers.Wallet(privateKey));

});
```

在以上代码中，我们会为用户默认生成一个随机的私钥，但是用户依旧可以在输入框填入一个已有账号的私钥，此时 ethers.js 会导入对应的账号。

10.4.2　助记词创建账号

前面已经介绍过助记词的推导过程，通过助记词创建账号是目前最主流的方式。

我们需要先生成一个随机数，然后用随机数生成助记词，最后用助记词创建钱包账号，关键代码如下：

```
var rand = ethers.utils.randomBytes(16);

// 生成助记词
var mnemonic = ethers.utils.HDNode.entropyToMnemonic(rand);

var path = "m/44'/60'/0'/0/0";
```

```
// 通过助记词创建钱包
ethers.Wallet.fromMnemonic(mnemonic,path);
```

结合界面来实现通过助记词的方式创建钱包账号，效果如图 10-8 所示，支持用户输入助记词及路径。

助记词方式

填入12个英文助记词，可生成账号，信息不会上传到服务器，可放心使用。

| 助记词: | boring approve trip recipe come random expand usual chair flag d |
| Path: | m/44'/60'/0'/0/0 |

推倒

图 10-8　加载助记词 UI

界面的 HTML 代码如下（代码中定义了两个输入框和一个按钮）：

```
<table>
    <tr>
        <th> 助记词 :</th>
            <td><input type="text" placeholder="(mnemonic phrase)"
id="select-mnemonic-phrase" /></td>
    </tr>
    <tr>
        <th>Path:</th>
            <td><input type="text" placeholder="(path)" id="select-
mnemonic-path" value="m/44'/60'/0'/0/0" /></td>
    </tr>
    <tr>
        <td> </td>
        <td>
            <div id="select-submit-mnemonic" class="submit"> 推倒 </div>
        </td>
    </tr>
</table>
```

对应的逻辑代码（JavaScript）如下：

```
var inputPhrase = $('#select-mnemonic-phrase');
var inputPath = $('#select-mnemonic-path');
var submit = $('#select-submit-mnemonic');

// 默认生成助记词
var mnemonic = ethers.utils.HDNode.entropyToMnemonic(ethers.utils.
randomBytes(16));
inputPhrase.val(mnemonic);

submit.click(function() {
// 检查助记词是否有效
    if (!ethers.utils.HDNode.isValidMnemonic(inputPhrase.val())) {
        return;
    }

// 通过助记词创建钱包对象
    var wallet = ethers.Wallet.fromMnemonic(inputPhrase.val(),
inputPath.val());
});
```

同样，用户可以提供一个保存好的助记词来导入其钱包。

其实，ethers.js 也提供了其他的方式创建账号，例如直接创建一个随机钱包：

```
ethers.Wallet.createRandom();
```

以及接下来 10.5 节的通过 keystore 文件来创建账号。

10.5　导入账号

一个钱包除了自身可以创建账号，还应当可以导入其他钱包创建的账号，前面 10.4 节我们使用私钥及助记词来创建账号，如果是使用已有的私钥及助记词，这其实也是账号导入的过程。

第 4 章我们还提到过以太坊客户端 Geth，Geth 也可以创建钱包，实际用过 Geth 的同学会知道，在创建钱包时需要输入一个密码，这个密码并不是私钥，而是用来加密私钥。

Geth 在创建账号时会生成一个名为 keystore 的 JSON 文件，这个文件通常在同步区块数据的目录下的 keystore 文件夹（如：~/.ethereum/keystore）中，keystore 文件存储着加密后的私钥信息。一个功能完善的钱包，应该需要支持导入 keystore 文件加密的账号。

在介绍如何导入 keystore 文件之前，有必要先理解 keystore 文件的作用及原理。

10.5.1　keystore 文件

我们已经知道，私钥其实就代表一个账号，最简单的保管账号的方式就是直接把私钥保存起来，如果私钥文件被人盗取，我们的数字资产将被洗劫一空。

keystore 文件就是一种以加密的方式存储密钥的文件，发起交易的时候，钱包得先从 keystore 文件中通过输入密码得到私钥，然后进行签名交易。这样做之后就会安全得多，因为只有黑客同时盗取 keystore 文件和密码才能盗取我们的数字资产，相比明文私钥，这会大大提高安全性。

以太坊使用对称加密算法来加密私钥生成 keystore 文件，因此对称加密密钥（其实也是发起交易时进行解密的密钥）的选择就非常关键，这个密钥是使用 KDF 算法推导派生而出的。

KDF 生成密钥

KDF（key derivation functions）密钥衍生算法，它的作用是通过一个密码派生出一个或多个密钥，即从用户密码生成加密私钥用的密钥。

其实 10.2.5 节介绍的助记词推导种子的 PBKDF2 算法就是一种 KDF 算法，其原理是加入一个随机数作为盐以及增加哈希迭代次数以增加复杂度。

而在 keystore 中用的是 Scrypt 算法[1]，用一个公式来表示的话，派生的 Key 生成方程为：

```
DK = Scrypt(salt, dk_len, n, r, p)
```

其中的 salt 是一段随机的盐，dk_len 是输出的哈希值的长度。n 是 CPU/Memory 开销值，开销值越高，计算就越困难。r 表示块大小，p 表示并行度。

> **顺带说一句：莱特币（Litecoin）就使用 Scrypt 作为它的 POW 算法。**

---

[1]　Scrypt 算法参见：https://tools.ietf.org/html/rfc7914。

实际使用中，还会给 Scrypt 运算输入一个用户密码，可以用图 10-9 来表示这个过程。

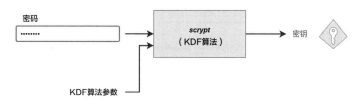

密码

scrypt
（KDF算法）

密钥

KDF算法参数

图 10-9　keystore 对称加密密钥的生成过程

对称加密私钥

上面用 KDF 算法生成了一个密钥，在生成 keystore 文件时，就是使用这个密钥来进行对称加密，keystore 目前的版本中选择的对称加密算法是 aes-128-ctr，加密后，生成的 keystore 文件的内容如下：

```
{
    "address":"856e604698f79cef417aab...",
    "crypto":{
        "cipher":"aes-128-ctr",
         "ciphertext":"13a3ad2135bef1ff228e399dfc8d7757eb4bb1a81d
1b31....",
        "cipherparams":{
            "iv":"92e7468e8625653f85322fb3c..."
        },
        "kdf":"scrypt",
        "kdfparams":{
            "dklen":32,
            "n":262144,
            "p":1,
            "r":8,
            "salt":"3ca198ce53513ce01bd651aee54b16b6a...."
        },
        "mac":"10423d837830594c18a91097d09b7f2316..."
    },
    "id":"5346bac5-0a6f-4ac6-baba-e2f3ad464f3f",
    "version":3
}
```

解释一下各个字段，其中最关键的信息是 crypto 字段。

- crypto：密钥推导算法相关配置。
  - cipher：用于加密以太坊私钥的对称加密算法。上述文件用的是aes-128-ctr加密算法。
  - cipherparams：aes-128-ctr加密算法需要的参数。aes-128-ctr加密算法需要用到一个参数来初始化向量iv。
  - ciphertext：加密算法输出的密文，也是将来解密时需要的输入内容。
  - kdf：指定使用哪一个算法，这里使用的是scrypt算法。
  - kdfparams：Scrypt函数需要的参数。
  - mac：用来校验密码的正确性，下面一个小节单独分析。
- address：表示账号地址。
- version：keystore文件的版本号。
- id：uuid（通用唯一识别码）编号。

我们来完整梳理一下 keystore 文件的产生过程：

（1）使用 Scrypt 算法（根据密码和相应的参数）生成密钥；

（2）使用上一步生成的密钥，加上账号私钥、参数进行对称加密；

（3）把相关的参数和输出的密文保存为 JSON 格式的文件。

keystore 还原出私钥

当我们在使用 keystore 文件来还原私钥时，依然是使用 KDF 生成一个密钥，然后用密钥对 keystore 文件中的密文 ciphertext 进行解密，其过程如图 10-10 所示。

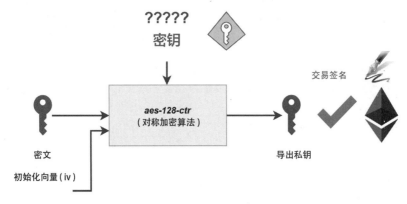

图 10-10 还原私钥

在对称加密算法中，加密和解密其实是一样的，只不过加密的输出是解密的输入。细心的读者会发现，无论使用什么密钥（即便使用错误的密码衍生出来的密钥）来进行解密，都会生成一个私钥，那么要怎么确认解密出来的私钥是之前保存的？

这就是 keystore 文件中 mac 字段的作用。mac 值是 KDF 输出和 ciphertext 密文进行 SHA3-256 运算的结果：

```
mac = sha3(DK[16:32], ciphertext)
```

显然，密码不同，KDF 输出就会不同，计算的 mac 值也会不同，因此可以通过比对 mac 值是否相同来检验密码的正确性。检验过程如图 10-11 所示。

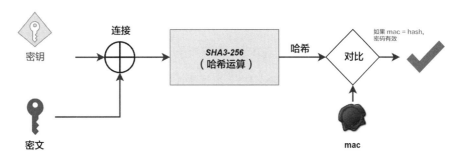

图 10-11　校验私钥

因此解密出私钥的流程如图 10-12 所示。

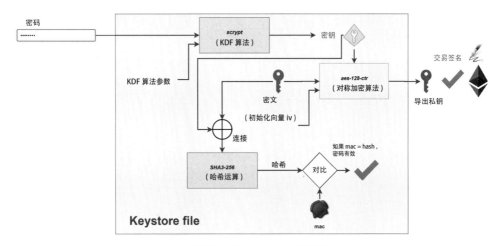

图 10-12　keystore 解密

通过对 keystore 原理的介绍，我们更能理解它的作用，接下来继续完成通过 keystrore 文件实现导入账号。

10.5.2 导出和导入 keystore

ethers.js 直接提供了加载 keystore JSON 文件来创建钱包对象以及加密生成 keystore 文件的方法，代码如下：

```
// 导入 keystore json
ethers.Wallet.fromEncryptedJson(json, password, [progressCallback]).
then(function(wallet) {
        // wallet
});

// 使用钱包对象导出 keystore json
wallet.encrypt(pwd, [progressCallback].then(function(json) {
    // 保存 json
});
```

结合界面来完整地实现 keystore 文件的导出及导入，先实现导出功能，UI 界面如图 10-13 所示。

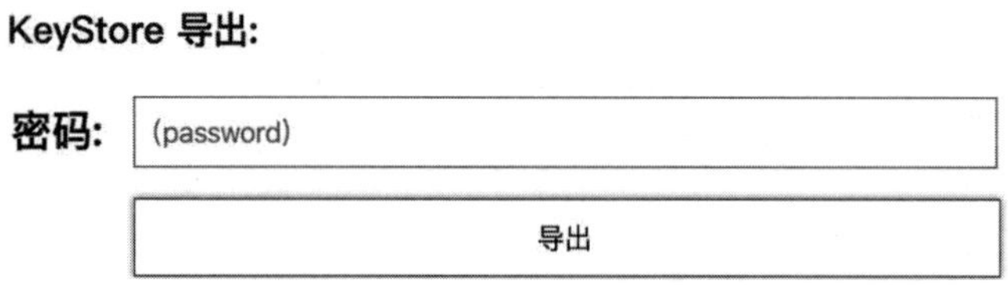

KeyStore 导出：

密码:	(password)

导出

图 10-13　钱包 UI- 导出 keystore

HTML 代码如下：

```
<h3>KeyStore 导出 :</h3>
<table>
    <tr>
        <th> 密码 :</th>
        <td><input type="text" placeholder="(password)" id="save-keystore-file-pwd" /></td>
```

```
        </tr>

        <tr>
            <td> </td>
            <td>
                <div id="save-keystore" class="submit"> 导出 </div>
            </td>
        </tr>
    </table>
```

上面主要定义了一个密码输入框和一个导出按钮，单击"导出"按钮后，逻辑处理代码如下：

```
// 单击"导出"按钮，执行 exportKeystore 函数
$('#save-keystore').click(exportKeystore);

exportKeystore: function() {
    // 获取密码
    var pwd = $('#save-keystore-file-pwd');

    wallet.encrypt(pwd.val()).then(function(json) {
        var blob = new Blob([json], {type: "text/plain;charset=utf-8"});

        // 使用 FileSaver.js 进行文件保存
        saveAs(blob, "keystore.json");

    });
}
```

FileSaver.js[①] 是可以用来在页面保存文件的一个库。

再来看看如何实现导入 keystore 文件，UI 界面如图 10-14 所示。

---

① 参见 https://github.com/eligrey/FileSaver.js。

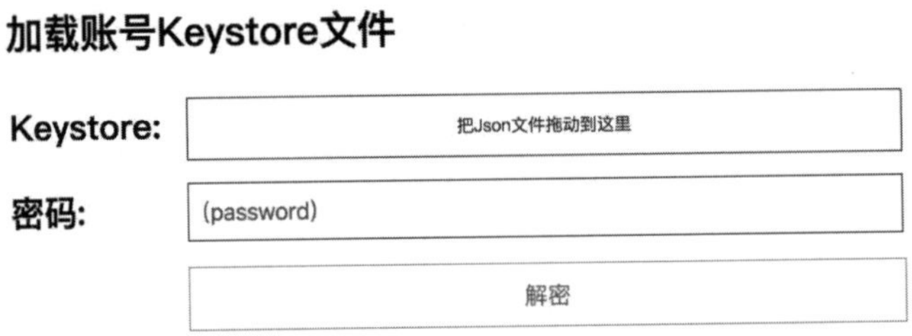

加载账号Keystore文件

Keystore:	把Json文件拖动到这里
密码:	(password)
	解密

图 10-14　钱包 UI- 加载 keystore

HTML 代码如下：

```html
<h2>加载账号 keystore 文件 </h2>
<table>
    <tr>
        <th>Keystore:</th>
        <td><div class="file" id="select-wallet-drop">把 JSON 文件拖动到这
里 </div><input type="file" id="select-wallet-file" /></td>
    </tr>
    <tr>
        <th> 密码 :</th>
        <td><input type="password" placeholder="(password)"
id="select-wallet-password" /></td>
    </tr>
    <tr>
        <td> </td>
        <td>
            <div id="select-submit-wallet" class="submit disable">解密
</div>
        </td>
    </tr>
</table>
```

上面主要定义了一个文件输入框、一个密码输入框以及一个 "解密 " 按钮，因此处理逻辑包含两部分：一是读取文件，二是解析加载账号，关键代码如下：

```javascript
// 使用 FileReader 读取文件
var fileReader = new FileReader();
fileReader.onload = function(e) {
    var json = e.target.result;
```

```
    // 从 JSON 中加载
    ethers.Wallet.fromEncryptedJson(json, password).
then(function(wallet) {
    }, function (error) {
    });
  };
  fileReader.readAsText(inputFile.files[0]);
```

10.6　获取钱包余额

前面 10.4 节、10.5 节介绍创建（或导入）钱包账号的过程都是离线的，也就是说不需要依赖以太坊网络即可创建钱包账号，但如果想获取钱包账号的余额、交易记录以及发起交易，就需要让钱包连上以太坊的网络。

10.6.1　连接以太坊网络

在以太坊中，供用户连接到区块链网络的节点被称作节点提供者（Provider），可以把它理解为是网络连接的抽象，在连接区块链网络时就需要指定一个节点提供者，ethers.js 集成多种封装以方便接入不同的节点，下面举几个例子。

- Web3Provider：使用由MetaMask等钱包注入页面的Provider。
- EtherscanProvider和InfuraProvider：如果没有自己的节点，可以使用Etherscan及Infura的Provider，它们都是以太坊的基础设施服务提供商。
- JsonRpcProvider和IpcProvider：如果有自己的节点可以使用，可以连接主网、测试网络、私有网络或Ganache，这也是本章使用的方式。

使用钱包连接 Provider 的方法如下：

```
    // 连接本地的 Geth 节点，8545 是 Geth 的端口
    var provider = new ethers.providers.JsonRpcProvider("ht
tp://127.0.0.1:8545");

    var activeWallet = wallet.connect(App.provider);
```

wallet 为导入或创建账号时生成的钱包对象，而 activeWallet 将在后面 10.6 节、10.7 节、10.8 节中被用来请求余额以及发送交易。

启动 Geth 的需要注意，需要使用 --rpc --rpccorsdomain 开启 RPC 通信及跨域。

其实 ethers.js 还提供了一种默认的 Provider，它的背后对应着多个节点服务，通过指定参数，就可以连接到相应的节点，用法如下：

```
letdefaultProvider = ethers.getDefaultProvider('ropsten',[options]);
```

getDefaultProvider 的第一个参数 network 网络名称，取值有 rinkeby、ropsten、kovan 等，第二个参数可以指定节点服务商的标识，如 infura 的 projectID。关于 Provider 的更多用法，可以参考 ethers.js 文档。

10.6.2　查询余额

连接到以太坊网络之后，就可以向网络请求余额，为了方便显示交易的情况，这里顺带获取了账号交易数量 Nonce，ether.js 中对应的 API 如下：

```
activeWallet.getBalance().then(function(balance) {
});

activeWallet.getTransactionCount().then(function(transactionCount) {
});
```

activeWallet 是连接了 Provider 的钱包对象，我们要实现的功能是通过钱包对象调用相应的 API，获取余额及交易数量后显示到界面中，显示效果如图 10-15 所示。

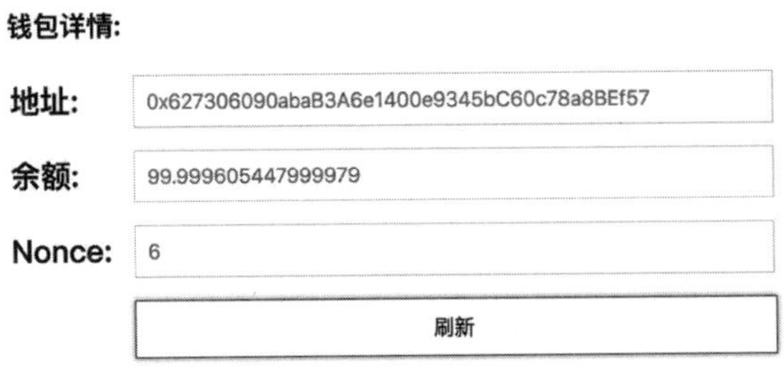

钱包详情：

地址：	0x627306090abaB3A6e1400e9345bC60c78a8BEf57
余额：	99.999605447999979
Nonce：	6

刷新

图 10-15　钱包详情界面

HTML 界面代码如下：

```html
<h3> 钱包详情 :</h3>
<table>
    <tr><th> 地址 :</th>
        <td>
                <input type="text" readonly="readonly" class="readonly"
id="wallet-address" value="" /></div>
        </td>
    </tr>
    <tr><th> 余额 :</th>
        <td>
                <input type="text" readonly="readonly" class="readonly"
id="wallet-balance" value="0.0" /></div>
        </td>
    </tr>
    <tr><th>Nonce:</th>
        <td>
                <input type="text" readonly="readonly" class="readonly"
id="wallet-transaction-count" value="0" /></div>
        </td>
    </tr>
    <tr><td> </td>
        <td>
            <div id="wallet-submit-refresh" class="submit"> 刷新 </div>
        </td>
    </tr>
</table>
```

JavaScript 处理的逻辑就是获取信息之后，填充相应的控件，代码如下：

```javascript
var inputBalance = $('#wallet-balance');
var inputTransactionCount = $('#wallet-transaction-count');

$("#wallet-submit-refresh").click(function() {

// 获取余额时，包含当前正在打包的区块
    activeWallet.getBalance('pending').then(function(balance) {
            // 单位转换: wei -> ether
                inputBalance.val(ethers.utils.formatEther(balance, {
commify: true }));
```

```
        }, function(error) {
        });

        activeWallet.getTransactionCount('pending').then(function
(transactionCount) {
            inputTransactionCount.val(transactionCount);
        }, function(error) {
        });
    });

    // 模拟一次单击获取数据
    $("#wallet-submit-refresh").click();
```

在上述代码中，使用 getBalance() 获取到的金额是以 wei 为单位的金额，而我们通常说的以太币一般是指以 ether 为单位，因此在显示时，我们对金额作了单位转换。

10.7 发送交易

发送交易是钱包中最常用的功能，在 ether.js 发送交易只需要调用钱包对象的 sendTransaction() 函数，不过为了方便读者在其他平台实现它，这里还是探究一下发送交易的细节。发送一个交易其实包含三个动作：

- 构造交易
- 交易签名
- 发送交易

前面两步，构造交易及交易签名是可以在离线的状态下进行的，这样可以降低账号私钥及助记词被盗风险，提高安全性。

10.7.1 构造交易

发送交易的第一步是构造交易结构，我们先来看看一个交易长什么样子：

```
const txParams = {
```

```
    nonce: '0x00',
    gasPrice: '0x09184e72a000',
    gasLimit: '0x2710',
    to: '0x0000000000000000000000000000000000000000',
    value: '0x00',
    data: '0x7f746573743432000000000000000000000000000000000000000000000000000
0000000600057',
    // EIP 155 chainId - mainnet: 1, ropsten: 3
    chainId: 3
}
```

发起交易的时候，就需要填充每一个字段，构建这样一个交易结构。

- to：转账的目标，即向哪一个地址转账。
- value：转账的金额。
- data：交易时附加的消息，如果是对合约地址发起交易，这会转化为对合约函数的执行，可参考前面介绍的ABI编码。
- nonce：交易序列号。
- chainId：链id，用来区分不同的链（分叉链），id可在EIP-155[①]查询。

> 补充：nonce 和 chainId 有一个重要的作用就是防止重放攻击（一个交易被执行多次），如果没有 nonce 的话，收款人可能把这笔签名过的交易再次进行广播，没有 chainId 的话，以太坊上的交易可以拿到其他以太坊链（如以太坊经典 ETC）上再次进行广播。

- gasLimit：和gasPrice一起，用来控制给矿工打包交易的费用。gasLimit用来设置交易的预期工作量，如果实际交易运算工作量超出给定的gasLimit，则交易会触发*out-of-gas*错误。一个普通转账的交易，工作量是固定的，gasLimit为21 000，而执行合约的gasLimit，取决于合约运算的复杂度，通常与链交互的库（如web3.js、ethers.js等）都会提供测算gasLimit的API。
- gasPrice：指定交易发起者愿意为单位工作量支付的费用，几个参数的设置比较固定，gasPrice则需要依赖网络的拥堵情况来设定。因为矿工是按照gasPrice对交易排序后再打包的，gasPrice越高，就排在越靠前，越快被打包，因此如果出价

---

① 参见 https://learnblockchain.cn/docs/eips/eip-155.html。

过低，会导致交易迟迟不能打包确认。在web3和ethers.js中，提供了 **getGasPrice()** 方法用来获取最近几个历史区块gasPrice的中位数，可以作为设定gasPrice的参考值，如果是正式产品，还可以使用第三方提供预测gasPrice的接口，（例如使用 https://ethgasstation.info/index.php），第三方服务通常还会参考当前交易池内的交易数量及价格，可参考性更强一些。

10.7.2 交易签名

在构建交易之后，就是用私钥对其签名，代码如下：

```
const tx = new EthereumTx(txParams)
tx.sign(privateKey)
const serializedTx = tx.serialize()
```

代码使用了ethereumjs-tx库[①]来实现签名。

10.7.3 发送交易

然后就是发送交易，使用 web3.js 完成签名的代码如下：

```
web3.eth.sendRawTransaction(serializedTx, function (err,
transactionHash) {
    console.log(err);
    console.log(transactionHash);
});
```

通过前面三步完成了交易构造、签名及发送的过程，不过 ethers.js 提供了非常简洁的 API 来完成这三步操作，我们基于 ethers.js 来实现发送交易并不需要这么麻烦。

10.7.4 Ethers.js 发送交易

Ethers.js 发送交易只需要调用 Wallet 对象的 sendTransaction() 函数，因为钱包对象

---

① 参见 https://github.com/ethereumjs/ethereumjs-tx。

在创建的时候，已经可以获得私钥相关信息，所以它可以自动帮我们完成签名。

发送交易的代码如下：

```
activeWallet.sendTransaction({
        to: targetAddress,
        value: amountWei,
        gasPrice: activeWallet.provider.getGasPrice(),
        gasLimit: 21000,
    }).then(function(tx) {
    });
```

来看看发送交易的 UI 界面，如图 10-16 所示。

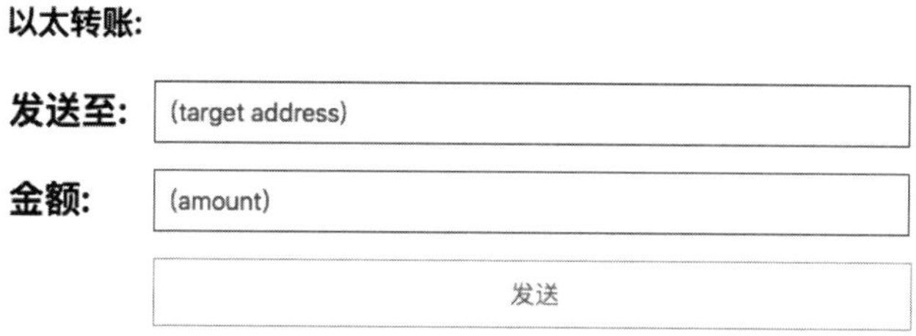

以太转账:

发送至:	(target address)
金额:	(amount)
	发送

图 10-16　以太币转账界面

界面的 HTML 代码如下：

```
<h3> 以太转账 :</h3>
<table>
    <tr> <th> 发送至 :</th>
            <td><input type="text" placeholder="(target address)"
id="wallet-send-target-address" /></td>
    </tr>
    <tr> <th> 金额 :</th>
        <td><input type="text" placeholder="(amount)" id="wallet-send-
amount" /></td>
    </tr>
    <tr> <td> </td>
        <td>
            <div id="wallet-submit-send" class="submit disable"> 发送 </
div>
        </td>
```

```
    </tr>
  </table>
```

上述代码定义了两个文本输入框用来输入转账的目标地址和转账金额，以及一个"发送"按钮用来触发转账，JavaScript 逻辑部分的关键代码如下：

```
    var inputTargetAddress = $('#wallet-send-target-address');
    var inputAmount = $('#wallet-send-amount');
    var submit = $('#wallet-submit-send');

    submit.click(function() {
    // 得到一个 checksum 地址
      var targetAddress = ethers.utils.getAddress(inputTargetAddress.
val());
    // ether -> wei
      var amountWei = ethers.utils.parseEther(inputAmount.val());
      activeWallet.sendTransaction({
        to: targetAddress,
        value: amountWei,
        // gasPrice: activeWallet.provider.getGasPrice(),  (可用默
认值)

        // gasLimit: 21000,
      }).then(function(tx) {
        console.log(tx);
      });
    })
```

在发起转账交易时，我们应该对用户输入的目标地址做一个检查，防止用户输入错误，我们这里使用 getAddress() 得到一个区分大小写的地址。转账交易的金额需要以 wei 为单位，因此代码使用 parseEther() 做了一个单位转换，gasLimit 和 gasPrice 可以省略，这是会自动测量 gasLimit，并使用 getGasPrice() 作为默认值。

10.8　交易 ERC20 代币

第 8 章智能合约案例介绍了如何创建 ERC20 代币，这一节介绍在钱包中交易 ERC20

代币。

钱包中发送 ERC20 代币需要调用 ERC20 合约的 transfer() 函数，获取代币余额调用的是 ERC20 合约的 balanceOf() 函数，调用合约的函数需要知道合约的 ABI 接口信息。符合 ERC20 标准接口的合约，其 ABI 信息都是一样的。

10.8.1　构造合约对象

调用合约函数需要先构造合约对象，ethers.js 构造合约对象需要提供三个参数（ABI、合约地址及 Provider）给 ethers.Contract 构造函数，代码如下：

```
var abi = [...];
var addr = "0x...";
var contract = new ethers.Contract(address, abi, provider);
```

然后就可以使用 contract 对象来调用 Token 合约的函数。

10.8.2　获取代币余额

结合用户交互界面来实现获取代币余额，界面如图 10-17 所示。

TT Token: 0

图 10-17　钱包 UI-Token 余额

在 HTML 里，定义的标签如下：

```
    <tr>
      <th>TT Token:</th>
      <td>
            <input type="text" readonly="readonly" class="readonly"
id="wallet-token-balance" value="0.0" /></div>
      </td>
    </tr>
对应的逻辑代码也很简单：
    var tokenBalance = $('#wallet-token-balance');
    // 直接调用合约方法
```

```
contract.balanceOf(activeWallet.address).then(function(balance){
    tokenBalance.val(balance);
});
```

在合约内部，余额是基于 decimals 来进行内部存储的（可回顾本书第 8 章），调用 balanceOf() 获取的余额需要根据小数点位数进行转换，例如代币的 decimals 是 4，获取的余额是 12 000，则需要转换为 1.2 显示。

10.8.2　转移代币

转移代币界面和 10.7 节的转账界面基本上是一样的，如图 10-18 所示。

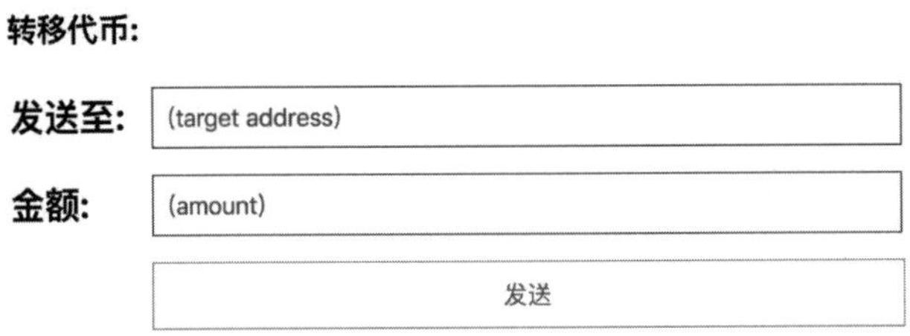

转移代币:

发送至:	(target address)
金额:	(amount)
发送	

图 10-18　钱包 UI-Token 转移

界面的 HTML 代码如下：

```
<h3>转移代币:</h3>
<table>
    <tr>
        <th>发送至:</th>
            <td><input type="text" placeholder="(target address)"
id="wallet-token-send-target-address" /></td>
    </tr>
    <tr>
        <th>金额:</th>
            <td><input type="text" placeholder="(amount)" id="wallet-
token-send-amount" /></td>
    </tr>
    <tr>
        <td> </td>
```

```
            <td>
                <div id="wallet-token-submit-send" class="submit disable">
发送 </div>
            </td>
        </tr>
    </table>
```

上面定义了两个文本输入框和一个"发送"按钮,在逻辑处理部分,转移代币需要发起一个交易以调用合约的 transfer() 方法,不像以太币转账 gas 是固定的,代币转账在不同的合约中消耗的 gas 是不一样的,我们这里演示如何测量 gas。

处理发送逻辑的关键代码如下:

```
var inputTargetAddress = $('#wallet-token-send-target-address');
var inputAmount = $('#wallet-token-send-amount');
var submit = $('#wallet-token-submit-send');

var targetAddress = ethers.utils.getAddress(inputTargetAddress.val());
var amount = inputAmount.val();

submit.click(function() {
// 先计算 transfer 需要的 gas 消耗量,默认值,非必须
    contract.estimate.transfer(targetAddress, amount)
      .then(function(gas) {

            // 必须关联一个钱包对象
            let contractWithSigner = contract.connect(activeWallet);

            // 发起交易,前面两个参数是函数的参数,第三个是交易参数
            contractWithSigner.transfer(targetAddress, amount, {
                gasLimit: gas,
                gasPrice: ethers.utils.parseUnits("10", "gwei"),
            }).then(function(tx) {
                console.log(tx);
                // 刷新上面的 Token 余额,重置输入框
            });
        });
}
```

个地方要注意，在合约调用 transfer() 之前，需要关联钱包对象，因为发起

候需要用它来进行签名。所有会更改区块链数据的函数都需要关联钱包对象，

是调用视图函数（例如调用 balanceOf()）则只需要连接 Provider（我们在构造合约对象时已经将它传入）。代码中使用了 ethers.js 的 Contract 提供了 `contract.estimate.`合约方法 () 来测量合约方法需要的 gasLimit，测量 gasLimit 其实不是必须的，ethers.js在发起交易的时候，其实总是先进行测量。

好了，恭喜你，你已经掌握了如何实现以太坊钱包的大部分知识点。